# Java Persistence et Hibernate

CHEZ LE MÊME ÉDITEUR

*Ouvrages sur Java et JEE*

K. Djaafar. – **Développement JEE 5 avec Eclipse Europa**.
N°12061, 2008, 390 pages.

J. Dubois, J.-P. Retaillé, T. Templier. – **Spring par la pratique**.
*Mieux développer ses applications Java/J2EE avec Spring, Hibernate, Struts, Ajax...*
N°11710, 2006, 518 pages.

A. Goncalves. – **Cahier du programmeur Java EE 5**.
*EJB 3.0, JPA, JSP, JSF, Web Services, JMS, GlassFish, Ant.*
N°12038, 2007, 340 pages.

C. Delannoy. – **Programmer en Java**. *Java 5 et 6.*
N°12232, 5e édition, 2007, 800 pages + CD-Rom.

E. Puybaret. – **Cahier du programmeur Swing**.
N°12019, 2007, 500 pages.

E. Puybaret. – **Cahier du programmeur Java 1.4 et 5.0**.
N°11916, 3e édition, 2006, 380 pages.

J.-P. Retaillé. – **Refactoring des applications Java/J2EE**.
N°11577, 2005, 390 pages.

R. Pawlak, J.-P. Retaillé, L. Seinturier. – **Programmation orientée aspect pour Java/J2EE**.
N°11408, 2004, 462 pages.

R. Fleury. – **Cahier du programmeur Java/XML**. *Méthodes et frameworks : Ant, Junit, Eclipse, Struts-Stxx, Cocoon, Axis, Xerces, Xalan, JDom, XIndice...*
N°11316, 2004, 228 pages.

J. Weaver, K. Mukhar, J. Crume. – **J2EE 1.4**.
N°11484, 2004, 662 pages.

*Autres ouvrages sur le développement Web*

C. Porteneuve – **Bien développer pour le Web 2.0 – Bonnes pratiques Ajax**.
N°12028, 2007, 580 pages.

R. Goetter. – **CSS 2 : pratique du design web**.
N°11976, 2e édition, 2007, 350 pages.

T. Templier, A. Gougeon. – **JavaScript pour le Web 2.0**.
N°12009, 2007, 492 pages.

M. Plasse. – **Développez en Ajax**.
N°11965, 2006, 314 pages.

D. Thomas *et al.* – **Ruby on Rails**.
N°12079, 2e édition, 2007, 750 pages.

E. Daspet et C. Pierre de Geyer. – **PHP 5 avancé**.
N°12167, 4e édition 2007, 792 pages.

# Java Persistence et Hibernate

**Anthony Patricio**

Avec la contribution de Olivier Salvatori

EYROLLES

ÉDITIONS EYROLLES
61, bd Saint-Germain
75240 Paris Cedex 05
www.editions-eyrolles.com

# Préface

Quand le livre *Hibernate 3.0* d'Anthony Patricio est sorti, il est vite devenu la référence pour les développeurs francophones qui voulaient une description pragmatique de la persistance *via* Hibernate.

Le monde de la persistance a depuis lors évolué en se standardisant autour de la spécification Java Persistence API (partie de la spécification Enterprise JavaBeans 3.0). Par son approche pragmatique, Hibernate a eu une influence majeure dans la direction technique de cette spécification. Java 5, et spécialement les annotations, ont aussi largement contribué au succès de cette spécification. En plaçant les métadonnées de persistance au cœur du code Java (*via* les annotations), Java Persistence se focalise sur la simplicité de développement et d'utilisation, reléguant les descripteurs XML aux cas extrêmes.

Hibernate implémente la spécification Java Persistence, mais va aussi plus loin : dans la flexibilité de mapping, dans les fonctionnalités proposées, dans les paramètres d'optimisation, etc.

C'est ce que ce livre couvre : la spécification, ses API, ses annotations, mais aussi les fonctionnalités et extensions propres à Hibernate. Comme son prédécesseur, ce livre prend une approche pragmatique et didactique en se focalisant sur les problèmes auxquels le développeur Java SE et Java EE doit faire face tous les jours en écrivant sa couche de persistance.

La future spécification Java Persistence 2.0 ne sera pas une révolution, comme Java Persistence 1.0 l'a été, mais plutôt une extension dans la capacité de mapping et dans les fonctionnalités offertes, dont beaucoup sont inspirées des extensions Hibernate déjà disponibles. Comme pour sa mouture précédente, le retour de la communauté influence et influencera les choix du groupe d'expertise.

Emmanuel Bernard, membre
de l'équipe Hibernate et du groupe
d'expertise Java Persistence 2.0

# Remerciements

Écrire un ouvrage n'est possible qu'avec une motivation forte et nécessite énormément de temps. Mes premiers remerciements vont donc logiquement à mes managers, François et Luc, pour m'avoir donné les moyens d'écrire en toute sérénité cet ouvrage. C'est un plaisir de travailler avec des personnes et, plus généralement, dans une organisation JBoss, division de Red Hat, dont l'un des objectifs est de partager leur passion pour la technique et d'avoir envie de modeler le paysage du middleware Java dans le bon sens.

Je remercie aussi logiquement la communauté Hibernate, qui m'a donné l'envie de partager davantage mes connaissances de la problématique de la persistance dans le monde Java.

Cet ouvrage, comme toute réalisation, n'aurait pu se faire seul. Je remercie Éric Sulpice, directeur éditorial d'Eyrolles, de m'avoir donné la possibilité de réaliser ce second projet. Merci aussi à Olivier Salvatori pour sa patience, ses conseils experts sur la structure du livre et ses multiples relectures.

Merci à mes camarades de l'équipe Hibernate, Max Rydahl Andersen, Christian Bauer, Emmanuel Bernard, Steve Ebersole et bien sûr Gavin King, pour leurs conseils et leur soutien pendant l'écriture de l'ouvrage et pour avoir offert à la communauté Java l'un des meilleurs outils de mapping objet-relationnel, si ce n'est le meilleur. Encore merci à Emmanuel pour son aide sur plusieurs des chapitres de l'ouvrage et d'une manière générale à Max, Steve et de nouveau Emmanuel pour leur disponibilité et la pédagogie dont ils font régulièrement preuve.

Enfin, merci à mon entourage proche. Je commence par celle qui partage ma vie, Stéphanie, et qui m'a supporté et encouragé pendant ces longs mois d'écriture puis ma famille et mes amis, pour leurs encouragements et leur soutien pendant les derniers mois.

# Table des matières

CHAPITRE 7



CHAPITRE 8

# Avant-propos

Lorsque les standards n'existent pas ou qu'ils tardent à proposer une solution universelle viable, certains outils, frameworks et projets Open Source deviennent des standards de fait. Ce fut le cas de Struts, d'Ant ou encore de Log4J, et surtout d'Hibernate ces cinq dernières années. L'originalité d'Hibernate en la matière a été de s'imposer, alors même qu'existaient deux standards, EJB 2.0 et JDO 1.0.

Deux ans après son lancement, le succès d'Hibernate est tel qu'il a amorcé la spécification de persistance des EJB 3.0. Après plusieurs années d'attente, Java SE et EE se dotent enfin de la brique critique indispensable qui lui manquait jusqu'à présent : Java Persistence.

Pourquoi revenir sur Hibernate alors que cet ouvrage est dédié à Java Persistence ? La spécification Java Persistence couvre une large majorité de cas d'utilisation. Cependant, dès que la complexité ou l'amélioration spécifique de points de performance se fait ressentir, ce sont les implémentations qui prennent le relais en proposant des solutions malheureusement non portables. Dans ce domaine, Hibernate possède la plus grande maturité et le plus large éventail de fonctionnalités supplémentaires.

Les entreprises ont un besoin crucial d'outils fiables et robustes, surtout dans le domaine de la persistance, qui est au cœur même des applications. Un produit qui implémente la spécification Java Persistence n'est pas forcément fiable et performant ; il permet simplement d'exploiter des interfaces standardisées. Il faut donc choisir avec la plus grande attention l'implémentation à utiliser. Sans préjuger de la qualité des différents fournisseurs du marché, il est indéniable qu'Hibernate, de par son histoire et les extensions qu'il propose, est un choix sûr et pérenne.

Java Persistence facilite le traitement de la persistance dans vos applications Java, lequel peut représenter jusqu'à 30 % des coûts de développement des applications écrites en JDBC, sans même parler des phases de maintenance. Une bonne maîtrise de Java Persistence, mais aussi des fonctionnalités spécifiques proposées par Hibernate, accompagnée d'une méthodologie adéquate et d'un outillage ciblé sur vos besoins peuvent vous faire économiser de 75 à 95 % de ces charges.

Au-delà des coûts, les autres apports d'Hibernate sont la qualité des développements, grâce à des mécanismes éprouvés, et le raccourcissement des délais, tout un outillage associé facilitant l'écriture comme la génération du code.

## Objectifs de l'ouvrage

La gratuité d'une implémentation de Java Persistence telle qu'Hibernate ne doit pas faire illusion. Il est nécessaire d'investir dans son apprentissage puis son expertise, seuls gages de réussite de vos projets.

Pour un développeur moyennement expérimenté, la courbe d'apprentissage de Java Persistence est généralement estimée de quatre à six mois pour en maîtriser les 80 % de fonctionnalités les plus utilisées. Cela comprend non pas la maîtrise des syntaxes et API, mais bel et bien le raisonnement en termes objet ainsi que la prise en compte de la propagation et de l'interaction avec la base de données.

Dans ce domaine, il est indispensable de raisonner aussi bien globalement (macrovision applicative) qu'en profondeur (évaluation minutieuse de chaque action et paramétrage). Si vous ajoutez à cela que, tôt ou tard, il sera nécessaire d'exploiter une ou plusieurs fonctionnalités avancées d'Hibernate, l'apprentissage s'en trouve allongé d'autant.

Pour toutes ces raisons, il m'a semblé utile de fournir aux développeurs les moyens d'apprendre l'exhaustivité du produit relativement vite, de manière concrète et avec un maximum d'exemples de code. Tel est l'objectif principal de cet ouvrage.

*Java Persistence with Hibernate,* l'ouvrage de Christian Bauer, coécrit avec Gavin King, le créateur d'Hibernate, est une bible indispensable pour appréhender la problématique de la persistance dans les applications d'entreprise dans ces moindres recoins. Moins théorique et résolument tourné vers la pratique, le présent ouvrage se propose d'illustrer chacune des fonctionnalités de l'outil par un ou plusieurs exemples concrets.

L'objectif principal de ce livre est d'aller droit au but, en introduisant la totalité des problématiques et en détaillant de manière exhaustive la solution à mettre en application.

J'ai voulu que cet ouvrage soit aussi complet que possible, mais aussi agréable à lire, didactique et dynamique, avec des exemples parfois complexes à mettre en œuvre mais dont l'intérêt est toujours facile à cerner.

## Questions-réponses

**Cet ouvrage est-il une seconde édition d'*Hibernate 3.0 Gestion optimale de la persistance dans les applications Java/J2EE* ?**

Non, même s'il est vrai que les deux ouvrages se ressemblent beaucoup. La raison de cette ressemblance est simple : les notions relatives à la problématique de la persistance n'ayant guère évolué, il est logique qu'en termes théoriques les deux ouvrages se rejoignent. J'ai délibérément choisi d'exploiter la même logique d'exemples et de reprendre la plupart des cas d'utilisation, compte tenu des critiques favorables reçues par mon ouvrage précédent. La mise en œuvre des exemples est cependant totalement différente. Elle repose sur un conteneur léger et permet d'aborder aussi bien des exemples en environnement autonome (Java SE) qu'en environnement d'entreprise (Java EE).

Par ailleurs, les formats et API abordés sont totalement différents, la technologie employée étant elle-même différente.

### Cet ouvrage porte-t-il sur Hibernate ?

Oui et non. Non, car le noyau d'Hibernate a toujours reposé sur une définition des métadonnées écrite au format hbm.xml et sur l'utilisation de sessions Hibernate. Nous ne détaillons ni l'un ni l'autre dans ce livre, mais nous focalisons sur le style Java Persistence, à savoir la définition des métadonnées par les annotations et l'utilisation de l'API principale EntityManager, en passant en revue de manière pratique l'intégralité de la spécification. En complément, nous fournissons le détail des fonctionnalités supplémentaires spécifiques fournies par Hibernate, mais toujours en exploitant le style Java Persistence.

### Cet ouvrage détaille-t-il les descripteurs de déploiement d'entités orm.xml et les fichiers de mapping Hibernate hbm.xml ?

Non. Concernant les fichiers de mapping Hibernate hbm.xml, la réponse est fournie à la question précédente. Si toutefois ce format vous intéresse, l'équivalent des chapitres 3 et 4, dédiés aux métadonnées, est fourni au format hbm.xml sur la page dédiée au livre du site Web d'Eyrolles. Il s'agit de deux des chapitres de mon précédent ouvrage, peu de chose ayant changé depuis lors concernant ce format.

En ce qui concerne le format standardisé orm.xml, les raisons de préférer ce format aux annotations sont peu nombreuses. L'important est de comprendre une fonctionnalité. Si vous comprenez un paramétrage *via* les annotations, il vous est facile de vous référer à la spécification pour la traduire au format orm.xml.

### Où peut-on trouver les exemples de code ?

Les exemples de code sont disponibles sur la page dédiée à l'ouvrage du site Web d'Eyrolles, à l'adresse *www.editions-eyrolles.com*. Ils ont été conçus comme des tests unitaires afin que vous puissiez les exécuter facilement et y insérer des assertions.

### L'intégration avec Spring ou Struts est-elle abordée ?

J'ai reçu une critique particulière concernant le fait que mon précédent ouvrage n'abordait pas en détail l'intégration avec Struts. Aujourd'hui, Struts est beaucoup moins utilisé qu'il y a quelques années et continuera de perdre des utilisateurs au profit notamment de JSF.

Cet ouvrage porte sur Java Persistence et non sur Struts ni Spring.

### Comment devenir contributeur du projet Hibernate ?

Il n'y a rien de particulier à faire. Hibernate est le fruit d'une interaction intense entre les utilisateurs, les contributeurs et l'équipe d'Hibernate.

Si vous êtes motivé pour participer à l'évolution d'Hibernate, plusieurs axes peuvent vous intéresser, notamment les suivants : développement de nouvelles fonctionnalités (généralement réservé aux développeurs expérimentés), évolution des outils ou des annotations, documentation, etc.

## Organisation de l'ouvrage

La structure de cet ouvrage a parfois été un casse-tête. Il a fallu jongler dès le début entre la configuration de la persistance *via* les annotations et l'utilisation à proprement parler des API de Java Persistence, le tout sans répéter le guide de référence de l'outil, qui est sans doute le plus complet du monde Open Source.

- **Chapitre 1.** Propose un historique et un état des lieux de la persistance dans le monde Java ainsi que des solutions actuellement disponibles sur le marché. Il présente un exemple très simple d'utilisation de Java Persistence.
- **Chapitre 2.** Décrit le raisonnement à adopter lorsque vous utilisez un mappeur objet-relationnel. Le vocabulaire est posé dès ce chapitre, qui montre également comment installer JBoss intégré, la base d'exécution des exemples qui illustrent ce livre.
- **Chapitre 3.** Montre comment annoter vos entités et propose un référentiel des métadonnées.
- **Chapitre 4.** Apprend à maîtriser les notions abordées dans les trois premiers chapitres. À ce stade de l'ouvrage, vous commencez à entrer dans les fonctionnalités avancées de mapping. Dans ce chapitre, vous découvrirez certains principes avancés de modélisation et les indications indispensables pour mapper vos choix de modélisation.
- **Chapitre 5.** Dédié aux techniques de récupération d'objets. Vous verrez qu'il existe plusieurs méthodes pour interroger le système de stockage de vos objets (la base de données relationnelle).
- **Chapitre 6.** Décrit en détail comment considérer la création, la modification et la suppression des entités. Vous y apprendrez comment prendre en compte la concourance dans vos applications et aborderez la notion de persistance transitive.
- **Chapitre 7.** Présente les techniques les plus répandues pour manipuler le gestionnaire d'entités et propose plusieurs best practices permettant de mettre en œuvre une gestion simple et optimale du gestionnaire d'entités, que votre environnement soit autonome (Java SE) ou d'entreprise (EE).
- **Chapitre 8.** Revient sur certaines fonctionnalités très poussées, spécifiques de l'implémentation de Java Persistence fournie par Hibernate.
- **Chapitre 9.** Se penche sur l'outillage disponible autour d'Hibernate.
- **Chapitre 10.** Traite de la problématique d'intégration des caches de second niveau et des pools de connexions. Il détaille aussi l'utilisation du projet annexe Hibernate Validator.

## Organisation des exemples

Vous pouvez télécharger trois projets depuis la page Web dédiée au livre :

- java-persistance : ce projet couvre 90 % des exemples du livre. Le nommage des packages vous permettra très facilement de cibler les sources à analyser.

- java-persistance-se : ce projet vous permet d'appréhender l'utilisation de Java Persistence en dehors de tout conteneur, en mode autonome. Ce projet est utilisé lors de la mise en œuvre de l'accès concourant au chapitre 6 et au chapitre 7.
- java-persistance-tooling : vous permet d'utiliser les outils Hibernate Tools décrits au chapitre 9.

Ces exemples sont faits pour être manipulés, modifiés, testés avec divers paramétrages. Nous vous conseillons vivement de les exécuter progressivement tout au long de l'ouvrage. Vous les trouverez dans un état légèrement différent de ce qui est présenté dans les chapitres : à vous de les modifier pour pouvoir progresser dans l'ouvrage.

## À qui s'adresse l'ouvrage ?

Cet ouvrage est destiné en priorité aux développeurs d'applications Java devant mettre en place ou exploiter un modèle de classes métier orienté objet. Java Persistence excelle lorsque la phase de conception objet du projet est complète. Les concepteurs pourront constater que la spécification ne les bride pas dans leur modélisation. Pour ces cas avancés, les fonctionnalités spécifiques d'Hibernate gommeront les quelques limitations de la spécification Java Persistence. Si l'accent est mis sur la modélisation de la base de données plutôt que sur le diagramme de classes, Java Persistence étendu par les fonctionnalités spécifiques d'Hibernate saura s'adapter au vu des multiples fonctionnalités de mapping proposées.

Les chefs de projet techniques, les décideurs et les concepteurs y trouveront aussi des éléments primordiaux pour la conception, la mise en place de l'organisation et l'optimisation des projets fondés sur un modèle métier orienté objet.

# 1

# Persistance et mapping objet-relationnel

Ce chapitre introduit les grands principes du mapping objet-relationnel et plus généralement de la persistance dans le monde Java.

La persistance est la notion qui traite de l'écriture de données sur un support informatique. Pour sa part, le mapping objet-relationnel désigne l'interaction transparente entre le cœur d'une application, modélisé en conception orientée objet, et une base de données relationnelle.

Afin de bien comprendre l'évolution de la problématique de la persistance dans le monde Java, nous allons dresser un rapide historique de ce domaine. Avant cela, nous donnerons une brève explication du mode de standardisation utilisé en Java. En fin de chapitre, nous évoquerons plusieurs aspects couverts par la persistance.

## Historique de la persistance en Java

L'accès simple aux données et la persistance des données n'ont jamais vraiment posé problème dans le monde Java, JDBC ayant vite couvert les besoins des applications écrites en Java. Cependant, Java a pour objectif la réalisation d'applications dont la modélisation des problématiques métier est orientée objet. On ne parle donc plus, pour ces applications, de persistance de données mais de persistance d'objets.

Dans le domaine de la persistance, la complexité est élevée. Il s'agit de confondre deux dimensions, l'objet d'un côté et le relationnel de l'autre. Ces dimensions sont critiques et touchent à des notions vitales pour les entreprises, la moindre perte de données pouvant s'avérer catastrophique.

Spécifier une norme fiable, couvrant un maximum de cas d'utilisation et d'environnements, tout en étant plus facile à utiliser, aura nécessité quelque neuf ans de réflexions. Ces années ont été marquées par une succession de déceptions ou lacunes comme les beans entité EJB 1, EJB 2.0 et EJB 2.1, mais aussi l'émergence de produits en marge des normes telles que TopLink (solution propriétaire) ou surtout Hibernate (solution Open Source) pour enfin, grâce à une synthèse pragmatique de tous ces acteurs, aboutir à la spécification Java Persistence.

## Comprendre les standards officiels, les implémentations et les standards de fait

Il en va de l'intérêt de tous que les différentes problématiques de l'informatique soient standardisées. Le JCP (Java Community Process) est une organisation ouverte, qui a pour but de dessiner le monde Java. Lorsque la redondance d'une problématique justifie la nécessité d'un standard, une demande de spécification, ou JSR (Java Specification Request), est émise.

Cette demande est ensuite traitée par un groupe d'experts (Expert Group) d'origines variées. Ces experts ont pour mission de recenser et détailler ce que doit couvrir la spécification. Cela consiste, par exemple, à établir les contrats que les produits doivent couvrir, ces derniers n'étant autres que des interfaces Java à implémenter.

Les JSR les plus connues sont la JSR 907 pour JTA (Java Transaction API), la JSR 127 pour JSF (JavaServer Faces) et, dans le cas qui nous intéresse, la JSR 220 pour les EJB 3.0.

Les fournisseurs voulant pénétrer le marché de la problématique traitée doivent ensuite implémenter la spécification. Se crée ainsi une émulation saine entre les acteurs du marché puisque les utilisateurs peuvent « théoriquement » changer d'implémentation de manière transparente. Il s'agit en partie de théorie, puisque la spécification ne peut couvrir 100 % des cas d'utilisation. En effet, les membres du groupe d'experts ne peuvent se mettre d'accord sur tout, soit par conviction, soit par conflit d'intérêt. Leur travail est difficile puisque la réputation globale du monde Java dépend de l'efficacité de leurs synthèses. Une spécification couvrira donc entre 80 % à 100 % des cas d'utilisation rencontrés par les utilisateurs finals. Pour le reste, chaque implémentation pourra proposer des fonctionnalités spécifiques, mais non portables.

De mauvaises normes ou l'absence de norme engendrent parfois des standards de fait, non reconnus par le JCP, mais adoptés en masse par la communauté Java. Ce fut le cas pour Hibernate, suite aux échecs successifs des standards EJB 1.0 et 2.1 en matière de beans entités, et à la non-adoption massive d'un autre standard, JDO, dans ses versions 1.0 et 2.0. C'est aussi le cas pour le framework Seam, qui, fort de son succès, a même donné naissance à WebBeans (JSR 229), une tentative de standardisation des évolutions notables du modèle de programmation proposé par Seam, dont le leader n'est autre que Gavin King, le père d'Hibernate.

Nous allons maintenant rappeler pourquoi la spécification Java Persistence a mis tant de temps à aboutir.

## Les EJB (Enterprise JavaBeans), une spécification décevante

Le souvenir le plus traumatisant concernant ce thème sensible de la persistance dans les applications orientées objet reste sans aucun doute la première version des EJB (Enterprise JavaBeans), sortie à la fin des années 1990, non pas toute la spécification, mais la partie bean entité. Un bean entité n'est autre qu'une catégorie de classes dont on souhaite voir persister les instances dans le temps.

Comme il existait peu de frameworks de persistance à l'époque, les entreprises se débrouillaient avec JDBC. Les applications étaient souvent orientées selon un modèle tabulaire et une logique purement relationnelle plutôt qu'objet.

Les grandes firmes du monde Java ont fait un tel forcing marketing autour des EJB que les industries ont massivement adopté cette nouvelle technologie.

Les EJB se présentent comme le premier service complet de persistance. Ce service consiste en la gestion de la persistance par conteneur, ou CMP (Container-Managed Persistence). Bien que personne à l'époque ne parvienne réellement à faire fonctionner CMP, l'engouement pour cette technologie est tel que les développeurs la choisissent, ne serait-ce que pour l'ajouter à leur CV.

Techniquement, CMP se révèle incapable de gérer les relations entre entités. De plus, les développeurs sont contraints d'utiliser les lourdes interfaces distantes (remote). Certains développeurs en viennent à implémenter leur propre système de persistance géré par les beans, ou BMP (Bean-Managed Persistence). Déjà décrié pour sa laideur, ce pattern n'empêche cependant nullement de subir toute la lourdeur des spécifications imposée par les EJB.

## TopLink et JDO

À la fin des années 1990, aucun framework de persistance n'émerge. Pour répondre aux besoins des utilisateurs « d'entités », TopLink, un mappeur objet-relationnel propriétaire de WebGain, commence à se frayer un chemin.

> **TopLink**
>
> Solution propriétaire éprouvée de mapping objet-relationnel offrant de nombreuses fonctionnalités, TopLink comporte la même macro-architecture qu'Hibernate. L'outil a changé deux fois de propriétaire, WebGain puis Oracle. Le serveur d'applications d'Oracle s'appuie sur TopLink pour la persistance. Hibernate et TopLink seront les deux premières implémentations de Java Persistence.

À l'époque, TopLink a pour principaux avantages la puissance relationnelle et davantage de flexibilité et d'efficacité que les beans entité, mais au prix d'une relative complexité de mise en œuvre. Le problème de TopLink est qu'il s'agit d'une solution propriétaire et payante, alors que le monde Java attend une norme de persistance transparente, libre et unique. Cette norme universelle voit le jour en 1999 sous le nom de JDO (Java Data Object).

En décalage avec les préoccupations des développeurs, le mapping objet relationnel n'est pas la préoccupation première de JDO. JDO fait abstraction du support de stockage des données. Les bases de données relationnelles ne sont qu'une possibilité parmi d'autres, aux côtés des bases objet, XML, etc. Cette abstraction s'accompagne d'une nouvelle logique d'interrogation, résolument orientée objet, mais aussi très éloignée du SQL, alors même que la maîtrise de ce langage est une compétence qu'une grande partie des développeurs ont acquise. D'où l'autre reproche fait à JDO, le langage d'interrogation JDOQL (JDO Query Langage) se révélant à la fois peu efficace et très complexe.

En 2002, après trois ans de travaux, la première version des spécifications JDO connaît un échec relatif. Jugeant la spécification incomplète, aucun des leaders du marché des serveurs d'applications ne l'adopte, même si TopLink propose pour la forme dans ses API une compatibilité partielle avec JDO.

Du côté des beans entité, les déceptions des utilisateurs sont telles qu'on commence à remettre en cause la spécification, et même, pour certains, l'intérêt du JCP dans le monde Java en général. La version 2.0 vient à point pour proposer des remèdes, comme les interfaces locales ou la gestion des relations entre entités. On parle alors de certains succès avec des applications développées à partir d'EJB CMP 2.0.

Ces quelques améliorations ne suffisent pas à gommer la mauvaise réputation des beans entités, qui restent trop intrusifs (les entités doivent toujours implémenter des interfaces spécifiques) et qui brident la modélisation des applications en ne supportant ni l'héritage, ni le threading. À ces limitations s'ajoutent de nombreuses difficultés, comme celles de déployer et de tester facilement les applications ou d'utiliser les classes en dehors d'un conteneur (serveur d'applications). L'année 2003 est témoin que les promesses des leaders du marché J2EE ne seront pas tenues.

Début 2004, la persistance dans le monde Java est donc un problème non résolu. Les deux tentatives de spécification ont échoué. EJB 1.*x* est un cauchemar difficile à oublier, et JDO 1.*x* un essai manqué que JDO 2.0 ne corrigera pas. Quant à EJB 2.0, si elle résout quelques problèmes, elle hérite de faiblesses trop importantes pour s'imposer.

## Hibernate

Le 19 janvier 2002, Gavin King fait une modeste publication sur le site theserverside.com pour annoncer la création d'Hibernate *(http://www.theserverside.com/discussions/thread.tss?thread_id=11367).*

Hibernate est lancé sous le numéro de version 0.9. Depuis lors, il ne cesse d'attirer les utilisateurs, qui forment une réelle communauté. Le succès étant au rendez-vous, Gavin King gagne en popularité et devient un personnage incontournable dans le monde de la persistance Java. Coécrit avec Christian Bauer, l'ouvrage *Hibernate in Action* sort l'année suivante et décrit avec précision toutes les problématiques du mapping objet-relationnel.

Pour comprendre l'effet produit par la sortie d'Hibernate, il faut s'intéresser à l'histoire de son créateur, Gavin King.

**Pour en savoir plus**

Vous pouvez retrouver les arguments de Gavin King dans une interview qu'il a donnée le 8 octobre 2004 et dont l'intégralité est publiée sur le site theserverside.com, à l'adresse *http://www.theserverside.com/talks/videos/GavinKing/interview.tss?bandwidth=dsl*.

Avant de se lancer dans l'aventure Hibernate, Gavin King travaillait sur des applications J2EE à base d'EJB 1.1. Lassé de passer plus de temps à contourner les limitations des EJB qu'à solutionner des problèmes métier et déçu de voir son code ne pas être portable d'un serveur d'applications à un autre et de ne pas pouvoir le tester facilement, il crée le framework de persistance Open Source Hibernate.

Hibernate ne va cesser de s'enrichir de fonctionnalités au rythme de l'accroissement de sa communauté d'utilisateurs. Le fait que cette communauté interagisse avec les développeurs principaux est une des causes du succès d'Hibernate. Des solutions concrètes sont ainsi apportées très rapidement au noyau du moteur de persistance, certains utilisateurs proposant même des fonctionnalités auxquelles des développeurs confirmés n'ont pas pensé.

Plusieurs bons projets Open Source n'ont pas duré dans le temps faute de documentation. Une des particularités d'Hibernate vient de ce que la documentation fait partie intégrante du projet, lequel est de fait l'outil Open Source le mieux documenté. Un guide de référence de plus de 250 pages expliquant l'utilisation d'Hibernate est mis à jour à chaque nouvelle version, même mineure, et est disponible en plusieurs langues, dont le français, le japonais, l'italien et le chinois.

Les fonctionnalités clés d'Hibernate mêlent subtilement la possibilité de traverser un graphe d'objets de manière transparente et la performance des requêtes générées. Critique dans un tel outil, le langage d'interrogation orienté objet, appelé HQL (Hibernate Query Language), est aussi simple qu'efficace, sans pour autant dépayser les développeurs habitués au SQL.

La transparence est un autre atout d'Hibernate. Contrairement aux EJB, les POJO (Plain Old Java Object) ne sont pas couplés à l'infrastructure technique. Il est de la sorte possible de réutiliser les composants métier, chose impossible avec les EJB.

Dans l'interview d'octobre 2004, Gavin King évoque les limitations de JDO et des EJB. Pour le premier, les problèmes principaux viennent du langage d'interrogation JDOQL, peu pratique, et de la volonté de la spécification d'imposer la manipulation du bytecode. Pour les EJB 2.0, les difficultés viennent de l'impossibilité d'utiliser l'héritage, du couplage relativement fort entre le modèle de classes métier et l'infrastructure technique, ainsi que du problème de performance connu sous le nom de $n + 1$ select.

## Vers une solution unique : Java Persistence ?

Gavin King, qui a créé Hibernate pour pallier les lacunes des EJB 1.1, a rejoint le groupe d'experts chargé de la spécification JSR 220 des EJB 3.0 ainsi qu'Emmanuel Bernard, autre leader de l'équipe Hibernate.

La figure 1.1 illustre l'historique de la persistance en mettant en parallèle EJB, JDO, Hibernate et Java Persistence. Les blocs EJB Specs et JDO Specs ne concernent que les spécifications et non les implémentations, ces dernières demandant un temps de réaction parfois très long. Vous pouvez en consulter tous les détails à l'adresse *http://www.jcp.org/en/jsr/all.*

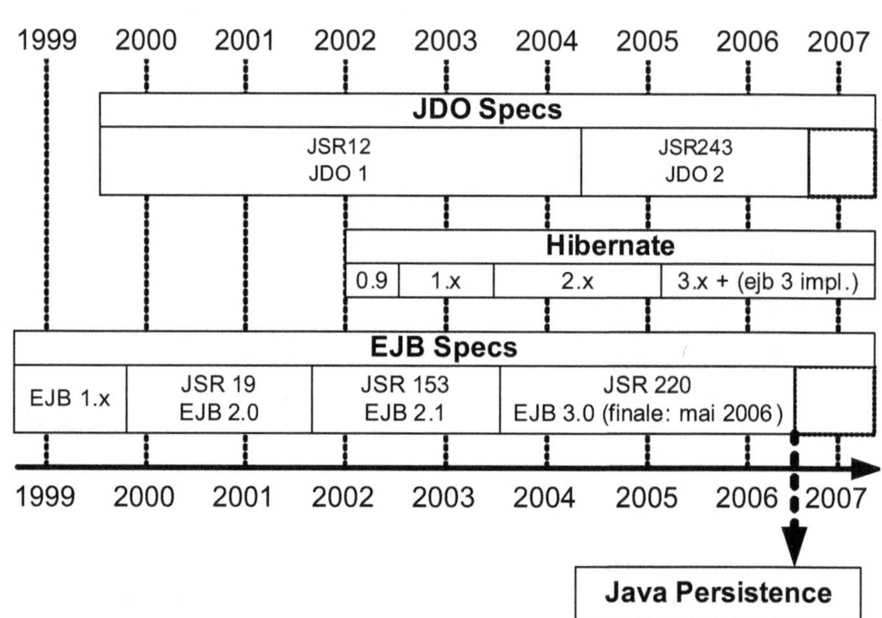


**Figure 1-1**
*Historique de la persistance Java*

Deux raisons expliquaient la coexistence des spécifications EJB et JDO. La première est qu'EJB couvre beaucoup plus de domaines que la seule persistance. La seconde est que lorsque JDO est apparu, EJB ne répondait pas efficacement aux attentes de la communauté Java.

Depuis, la donne a changé. Il paraît désormais inutile de doublonner la partie Java Persistence de EJB 3.0 avec JDO 2.0. C'est la raison pour laquelle la proposition de spécification JSR 243 a été refusée par le JCP le 23 janvier 2005 *(http://www.theserverside.com/news/thread.tss?thread_id=31239).* Le problème est qu'en votant non à cette JSR, le JCP ne garantit plus la pérennité de JDO, alors même qu'une communauté existe déjà. La réaction de cette communauté ne s'est pas fait attendre et a nécessité un second vote, cette fois favorable, le 7 mars 2005 *(http://www.theserverside.com/news/thread.tss?thread_id=32200).*

L'existence des deux spécifications est-elle une bonne chose ? À l'évidence, il s'agit d'un frein à l'adoption d'une seule et unique spécification de persistance. Certains estiment toutefois que le partage du marché est sain et que la concurrence ne fera qu'accélérer l'atteinte d'objectifs de qualité. Un effort important est cependant déployé pour que les deux spécifications finissent par se rejoindre à terme. Au moment d'écrire ce livre, nous n'entendons plus du tout parler de JDO alors que Java Persistence est adopté en masse.

Mais qu'est-ce que Java Persistence ? Nous avons expliqué qu'EJB 3.0 est spécifié *via* la JSR 220. Java Persistence est un sous-ensemble de la JSR 220 car les beans entité ont toujours été historiquement liés à l'ensemble des Enterprise JavaBeans. Or, le groupe d'experts a fait un travail remarquable de réflexion pour isoler la problématique de la persistance de l'ensemble « Enterprise JavaBean » ; d'ailleurs on ne parle désormais plus de beans entité (Entity Beans) mais simplement d'entités (Entity). La problématique a donc été « extraite » et nommée Java Persistence. À l'avenir elle sera indépendante, et peut déjà être exploitée dans une application d'entreprise (EE) ou dans un environnement plus léger (SE). Indépendante ne veut pas dire autonome, puisqu'il s'agit d'un domaine vital pour les applications d'entreprise. Java Persistence va donc évoluer vers Java Persistence 2.0 *via* la JSR-317, mais en complète synchronisation avec EJB 3.1.

Java Persistence est une évolution majeure de par les changements suivants :

- Les entités ne sont plus liées à l'architecture technique, puisqu'elles n'ont plus besoin d'hériter de classes techniques ni d'implémenter d'interfaces spécifiques, ce sont des POJO (Plain Old Java Object).
- La conception objet des applications n'est plus bridée, et l'héritage est supporté.
- Les applications sont faciles à tester.
- Les métadonnées sont standardisées.

**Le point de vue de Gavin King**

À l'occasion du dixième anniversaire de TopLink, le site theserverside.com a réuni les différents acteurs du marché. Voici une traduction d'extraits de l'intervention de Gavin King *(http://www.theserverside.com/news/thread.tss?thread_id=30017#146593)*, qui résume bien les enjeux sous-jacents des divergences d'intérêt entre EJB 3.0 et JDO 2.0 :

*La plupart d'entre nous sommes gens honnêtes, qui essayons de créer la spécification de persistance de qualité que la communauté Java est en droit d'attendre. Que vous le croyiez ou non, nous n'avons que de bonnes intentions. Nous voulons créer une excellente technologie, et la politique et autres intérêts annexes ne font pas partie de nos motivations.*

*Personne n'a plus d'expérience sur l'ORM (Object Relational Mapping) que l'équipe de TopLink, qui le met en œuvre depuis dix ans. Hibernate et TopLink ont la plus grande base d'utilisateurs parmi les solutions d'ORM. Les équipes d'Hibernate et de TopLink ont influé avec détermination sur les leaders du marché J2EE du mapping objet-relationnel Java afin de prouver que JDO 2.0 n'était pas la meilleure solution pour la communauté Java (...).*

**Le point de vue de Gavin King (suite)**

*La spécification EJB 3.0 incarne selon moi un subtil mélange des meilleures idées en matière de persistance par mapping objet-relationnel. Ses principales qualités sont les suivantes :*

- *Elle fait tout ce dont les utilisateurs ont besoin.*
- *Elle est très facile à utiliser.*
- *Elle n'est pas plus complexe que nécessaire.*
- *Elle permet la mise en concurrence de plusieurs implémentations des leaders du marché selon différentes approches.*
- *Elle s'intègre de manière élégante à J2EE et à son modèle de programmation.*

*Elle peut être utilisée en dehors du contexte J2EE.*

*Pour bénéficier de la nouvelle spécification, les utilisateurs devront migrer une partie de leurs applications, et ce, quelle que soit la solution de persistance qu'ils utilisent actuellement. Les groupes d'utilisateurs concernés sont, par ordre d'importance en nombre, les suivants :*

- *utilisateurs d'EJB CMP ;*
- *utilisateurs d'Hibernate ;*
- *utilisateurs de TopLink ;*
- *utilisateurs de JDO.*

*Si chaque communauté d'utilisateurs devra fournir des efforts pour adopter EJB 3.0, celle qui devra en fournir le plus sera celle des utilisateurs de CMP.*

*C'est le rôle du vendeur que de fournir des stratégies de migration claires et raisonnables ainsi que d'assurer le support des API existantes pour les utilisateurs qui ne souhaiteraient pas migrer.*

*Concernant Hibernate/JBoss, nous promettons pour notre part :*

- *De supporter et d'améliorer encore l'API Hibernate, qui va plus loin que ce qui est actuellement disponible dans les standards de persistance (une catégorie d'utilisateurs préférera utiliser les API d'Hibernate 3 plutôt que celles des EJB 3.0).*
- *De fournir un guide de migration clair, dans lequel le code d'Hibernate et celui des EJB 3.0 pourront coexister au sein d'une même application et où les métadonnées, le modèle objet et les API pourront être migrés indépendamment.*
- *D'offrir des fonctionnalités spécifiques qui étendent la spécification EJB 3.0 pour les utilisateurs qui ont besoin de fonctions très avancées, comme les filtres dynamiques d'Hibernate 3, et qui ne sont pas vraiment concernés par les problèmes de portabilité.*
- *De continuer de travailler au sein du comité JSR 220 afin de garantir que la spécification évolue pour répondre aux besoins des utilisateurs.*
- *De persévérer dans notre rôle d'innovateur pour amener de nouvelles idées dans le monde du mapping objet-relationnel.*

*Votre fournisseur JEE devrait être capable de vous fournir les mêmes garanties (...).*

## En résumé

Avec Java Persistence, le monde Java se dote, après plusieurs années de déconvenues, d'une spécification solide, fondée sur un ensemble d'idées ayant fait leurs preuves au cours des dernières années. Beaucoup de ces idées et concepts proviennent des équipes d'Hibernate et de TopLink.

**Avenir de JDO**

La FAQ de Sun Microsystems en livre une esquisse en demi-teinte *(http://java.sun.com/j2ee/persistence/faq.html)* de l'avenir de JDO :

Que va-t-il advenir des autres API de persistance de données une fois que la nouvelle API de persistance EJB 3.0 sera disponible ? La nouvelle API de persistance EJB 3.0 décrite dans la spécification JSR 220 sera l'API standard de persistance Java. En accueillant des experts ayant des points de vue différents dans le groupe JSR 220 et en encourageant les développeurs et les vendeurs à adopter cette nouvelle API, nous faisons en sorte qu'elle réponde aux attentes de la communauté dans le domaine de la persistance. Les API précédentes ne disparaîtront pas mais deviendront moins intéressantes.

Est-ce que JDO va mourir ? Non, JDO continuera à être supporté par une variété de vendeurs pour une durée indéfinie. De plus, le groupe d'experts JSR 243 travaille à la définition de plusieurs améliorations qui seront apportées à JDO à court terme afin de répondre à l'attente de la communauté JDO. Cependant, nous souhaitons que, dans la durée, les développeurs JDO ainsi que les vendeurs se focalisent sur la nouvelle API de persistance.

Les réponses à ces questions montrent clairement la volonté de n'adopter à long terme que le standard Java Persistence. Mais peu importe l'avis de Sun : le réel arbitre sera la communauté Java. Elle se dirigera naturellement vers la solution qui répond le mieux à ses besoins.

Depuis la sortie de Java Persistence, aucune critique violente du nouveau standard n'a été émise. Bien entendu, comme la plupart des standards, Java Persistence va continuer d'évoluer ; on parle d'ailleurs déjà de spécifier une API Criteria qui viendrait en alternative au langage de requête EJB QL.

Java Persistence est donc bien la solution à adopter si vos domaines métier sont modélisés orientés objet.

## Principes de la persistance

Après ce bref résumé de l'historique et des enjeux à moyen et long terme de la persistance, nous allons tâcher de définir les principes de la persistance et du mapping objet-relationnel, illustrés à l'aide d'exemples concrets.

Dans le monde Java, on parle de persistance d'informations. Ces informations peuvent être des données ou des objets. Même s'il existe différents moyens de stockage d'informations, les bases de données relationnelles occupent l'essentiel du marché.

Les bases de données relationnelles, ou RDBMS (Relational DataBase Management System), les plus connues sont Oracle, Sybase, DB2, Microsoft SQL Server et MySQL. Les applications Java utilisent l'API JDBC (Java DataBase Connectivity) pour se connecter aux bases de données relationnelles et les interroger.

Les applications d'entreprise orientées objet utilisent les bases de données relationnelles pour stocker les objets dans des lignes de tables, les propriétés des objets étant représentées par les colonnes des tables. L'unicité d'un enregistrement est assurée par une clé primaire. Les relations définissant le réseau d'objets sont représentées par une duplication de la clé primaire de l'objet associé (clé étrangère).

L'utilisation de JDBC est mécanique. Elle consiste à parcourir les étapes suivantes :

1. Utilisation d'une `java.sql.Connection` obtenue à partir de `java.sql.DriverManager` ou `javax.sql.DataSource`.
2. Utilisation de `java.sql.Statement` depuis la connexion.
3. Exécution de code SQL *via* les méthodes `executeUpdate()` ou `JDBC:executeQuery()`. Dans le second cas, un `java.sql.ResultSet` est retourné.
4. En cas d'interrogation de la base de données, lecture du résultat depuis le resultset avec possibilité d'itérer sur celui-ci.
5. Fermeture du resultset si nécessaire.
6. Fermeture du statement.
7. Fermeture de la connexion.

La persistance peut être réalisée de manière transparente ou non transparente. La transparence offre d'énormes avantages, comme nous allons le voir dans les sections suivantes.

## La persistance non transparente

Comme l'illustre la figure 1.2, une application n'utilisant aucun framework de persistance délègue au développeur la responsabilité de coder la persistance des objets de l'application.

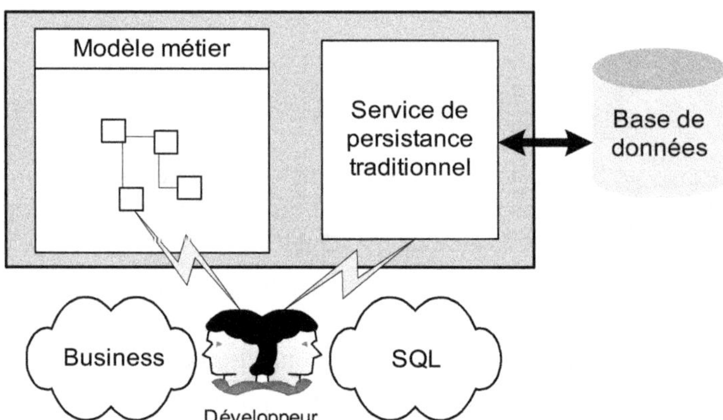


**Figure 1-2**

*Persistance de l'information prise en charge par le développeur*

Le code suivant montre une méthode dont le contrat consiste à insérer des informations dans une base de données (la méthode permet ainsi de rendre les propriétés de l'instance `myTeam` persistantes) :

```
public void testJDBCSample() throws Exception {
  Class.forName("org.hsqldb.jdbcDriver");
  Connection con = null;
```

```
    try {
      // étape 1: récupération de la connexion
      con = DriverManager.getConnection("jdbc:hsqldb:test","sa","");
      // étape 2: le PreparedStatement
      PreparedStatement createTeamStmt;
      String s = "INSERT INTO TEAM VALUES (?, ?, ?, ?, ?)";
      createTeamStmt = con.prepareStatement(s);
      createTeamStmt.setInt(1, myTeam.getId());
      createTeamStmt.setString(2, myTeam.getName());
      createTeamStmt.setInt(3, myTeam.getNbWon());
      createTeamStmt.setInt(4, myTeam.getNbLost());
      createTeamStmt.setInt(5, myTeam.getNbPlayed());
      // étape 3: exécution de la requête
      createTeamStmt.executeUpdate();
      // étape 4: fermeture du statement
      createTeamStmt.close();
      con.commit();
    } catch (SQLException ex) {
      if (con != null) {
        try {
          con.rollback();
        } catch (SQLException inEx) {
          throw new Error("Rollback failure", inEx);
        }
      }
      throw ex;
    } finally {
      if (con != null) {
        try {
          con.setAutoCommit(true);
          // étape 5: fermeture de la connexion
          con.close();
        } catch (SQLException inEx) {
          throw new Error("Rollback failure", inEx);
        }
      }
    }
  }
```

Nous ne retrouvons dans cet exemple que cinq des sept étapes détaillées précédemment puisque nous ne sommes pas dans le cas d'une lecture. La gestion de la connexion ainsi que l'écriture manuelle de la requête SQL y apparaissent clairement.

Sans compter la gestion des exceptions, plus de dix lignes de code sont nécessaires pour rendre persistante une instance ne contenant que des propriétés simples, l'exemple ne comportant aucune association ou collection. La longueur de la méthode est directement liée au nombre de propriétés que vous souhaitez rendre persistantes. À ce niveau de simplicité de classe, nous ne pouvons parler de réel modèle objet.

L'exemple d'un chargement d'un objet depuis la base de données serait tout aussi volumineux puisqu'il faudrait invoquer les setters des propriétés avec les données retournées par le resultset.

Une autre limitation de ce code est qu'il ne gère ni cache, qu'il soit de premier ou de second niveau, ni concourance, ni clé primaire. De plus, ne traitant aucune sorte d'association, il est d'autant plus lourd que le modèle métier est fin et complexe. En ce qui concerne la lecture, le chargement se fait probablement au cas par cas, avec duplication partielle de méthode selon le niveau de chargement requis.

Sans outil de mapping objet-relationnel, le développeur a la charge de coder lui-même tous les ordres SQL et de répéter autant que de besoin ce genre de méthode.

Dans de telles conditions, la programmation orientée objet coûte très cher et soulève systématiquement les mêmes questions : si des objets sont associés entre eux, faut-il propager les demandes d'insertion, de modification ou de suppression en base de données ? Lorsque nous chargeons un objet particulier, faut-il anticiper le chargement des objets associés ?

La figure 1.3 illustre le problème de gestion de la persistance des instances associées à un objet racine. Elle permet d'appréhender la complexité de gestion de la persistance d'un graphe d'objets résultant d'une modélisation orientée objet. Si demain un nouveau club de football est créé, il faut le rendre persistant. Pour autant, ce club étant constitué de joueurs existants, que faut-il faire sur ces instances ?

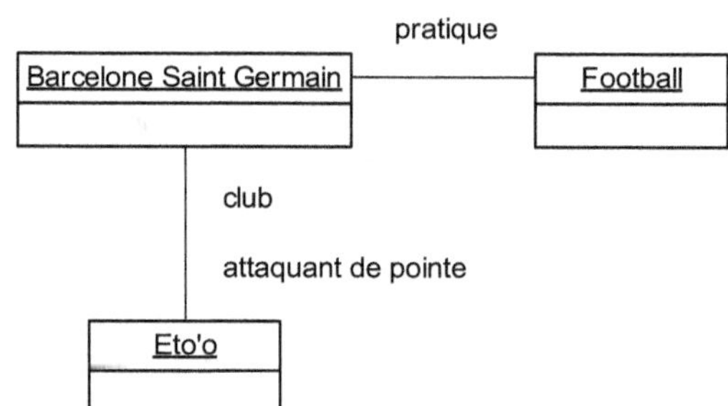


**Figure 1-3**
*Diagramme d'instances : problème de la gestion de la persistance des instances associées*

Pour utiliser une stratégie de persistance non transparente, le développeur doit avoir une connaissance très avancée du SQL mais aussi de la base de données utilisée et de la syntaxe spécifique de cette base de données.

## La persistance transparente

Avec un framework de persistance offrant une gestion des états des instances persistantes (ou entités), le développeur utilise la couche de persistance comme un service rendant abstraite la représentation relationnelle indispensable au stockage final de ses objets.

La figure 1.4 illustre comment le développeur peut se concentrer sur les problématiques métier et comment la gestion de la persistance est déléguée de manière transparente à un framework.

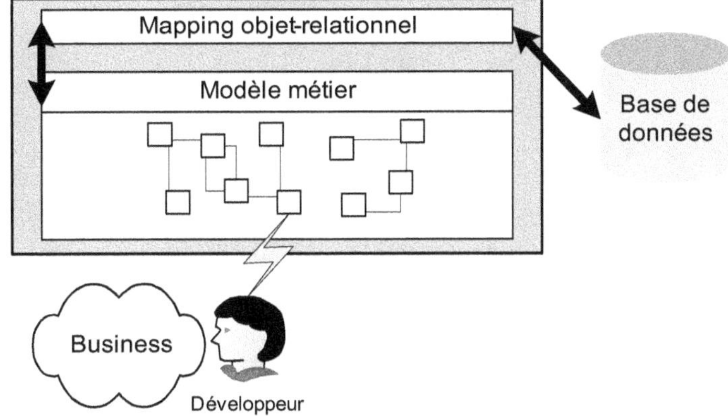


**Figure 1-4**
*Persistance transparente des objets par ORM*

L'exemple de code suivant rend persistante une instance de `myTeam` :

```
public void testORMSample() throws Exception {
Session session = HibernateUtil.getSession();
Transaction tx = null;
  try {
    tx = HibernateUtil.beginTransaction();
    session.create(myTeam);
    HibernateUtil.commit()
  } catch (Exception ex) {
    HibernateUtil.rollback();
    throw e;
  } finally {
    HibernateUtil.closeSession();
  }
}
```

Ici, seules trois lignes sont nécessaires pour couvrir la persistance de l'objet, et aucune notion de SQL n'est nécessaire. Cependant, pour interroger de manière efficace la source contenant les objets persistants, il reste utile d'avoir de bonnes bases en SQL.

Les avantages d'une solution de persistance vont plus loin que la facilité et l'économie de code. La notion de « persistance par accessibilité » *(persistence by reachability)* signifie non seulement que l'instance racine sera rendue persistante mais que les instances associées à l'objet racine pourront aussi, en toute transparence, être rendues persistantes.

Cette notion fondamentale supprime la difficulté mentionnée précédemment pour la persistance d'un réseau ou graphe d'objets complexe, comme l'illustre la figure 1.5.

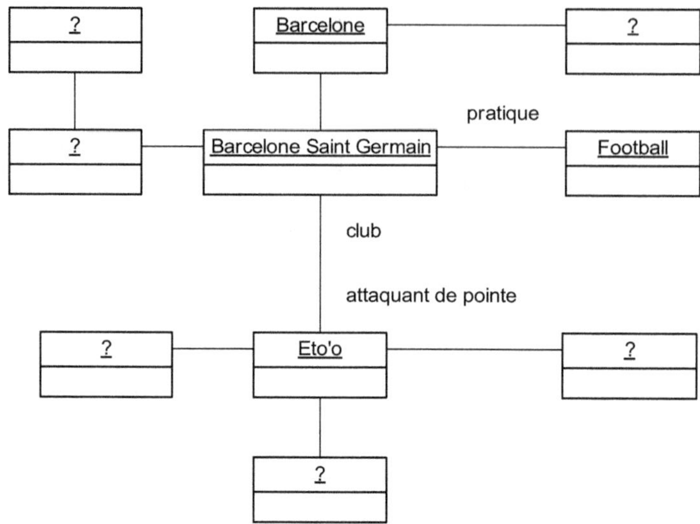


**Figure 1-5**
*Persistance en cascade d'instances associées*

## Le mapping objet-relationnel

Le principe du mapping objet-relationnel est simple. Il consiste à décrire une correspondance entre un schéma de base de données et un modèle de classes. Pour cela, nous utilisons des métadonnées placées dans les sources des classes elles-mêmes, comme le précisent les annotations de Java Persistence. Il est aussi possible d'utiliser des fichiers de mapping XML standardisés ou propriétaires comme les fichiers hbm.xml d'Hibernate.

La correspondance ne se limite pas à celle entre la structure de la base de données et le modèle de classes mais concerne aussi celle entre les instances de classes et les enregistrements des tables, comme illustré à la figure 1.6.

Cette figure comporte trois parties. La partie supérieure représente la vue relationnelle avec la structure et les données. Celle du milieu est le modèle de classes tandis que la partie inférieure est le modèle d'instances.

En haut de la figure, nous avons deux tables liées par la colonne ID_METIER. Dans le diagramme de classes situé en dessous, les instances de `Personne` et `Metier` sont des entités alors que celles d'`Adresse` sont considérées comme des « objets inclus », *embbeded objects* dans la spécification, historiquement nommés composants (nous détaillons cette nuance au chapitre 2). Dans la partie basse de la figure, un diagramme d'instances permet de visualiser le rapport entre instances et enregistrements, aussi appelés lignes, ou tuples.

En règle générale, une classe correspond à une table. Si vous optez pour un modèle à granularité fine, une seule table peut reprendre plusieurs classes, comme notre classe Adresse.

Les colonnes représentent les propriétés d'une classe, tandis que les liens relationnels entre deux tables (duplication de valeur d'une table à une autre) forment les associations de votre modèle objet.

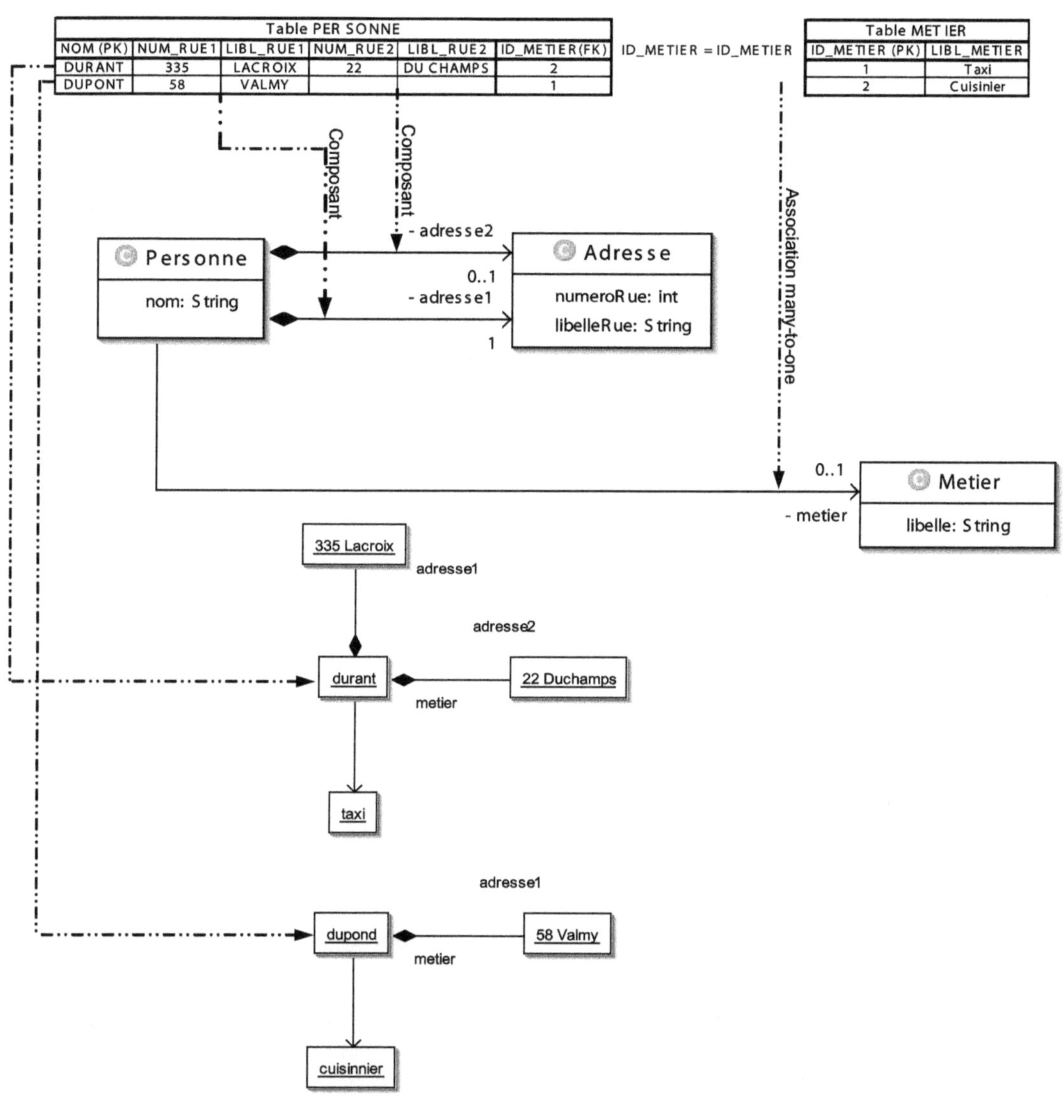


**Figure 1-6**

*Principe du mapping objet-relationnel*

Contrairement au modèle relationnel, qui ne définit pas de navigabilité, la conception du diagramme de classes propose une ou plusieurs navigabilité. Dans l'absolu, nous avons, au niveau relationnel, une relation `PERSONNE *--1 METIER`, qui peut se lire dans le sens inverse `METIER 1--* PERSONNE`. C'est là une des différences entre les mondes objet et relationnel. Dans notre exemple, l'analyse a abouti à la définition d'une seule navigabilité `Personne * → 1 Metier`.

Les différences entre les deux mondes sont nombreuses. Tout d'abord chacun possède son propre système de types. Ensuite, la très grande majorité des bases de données relationnelles ne supporte pas l'héritage, à la différence de Java. En Java, la notion de suppression est gérée par le garbage collector alors qu'une base de données fonctionne par ordre SQL. De plus, dans la JVM, les objets vivent tant qu'ils sont référencés par un autre objet.

Les règles de nommage sont également différentes. Le nommage des classes et attributs Java n'est pas limité en taille, alors que, dans une base de données, il est parfois nécessaire de nommer les éléments au plus court.

### *En résumé*

Cette section a donné un aperçu des macro-concepts du mapping objet-relationnel spécifié par Java Persistence. Vous avez pu constater que la notion de persistance ne consistait pas uniquement en une génération automatique d'ordres SQL.

Les notions de persistance transparente et transitive, de modélisation fine de vos applications, de gestion de la concourance, d'interaction avec un cache, de langage d'interrogation orienté objet (que nous aborderons plus en détail ultérieurement) que vous avez découvertes sont quelques-unes des fonctionnalités couvertes par Java Persistence. Vous les approfondirez tout au long de cet ouvrage.

## Les autres stratégies de persistance

Java Persistence n'est pas la seule possibilité pour disposer d'un mécanisme de persistance d'objets dans les applications Java, même si elle représente la stratégie la plus complète et aboutie.

Selon le type de vos applications, telle technologie peut être mieux adaptée qu'une autre. Pour vous aider à faire votre choix, nous vous proposerons une typologie des outils en relation avec les applications cibles.

Le blog des membres de l'équipe Hibernate propose un article recensant les critères à prendre en compte pour l'acquisition d'un outil de persistance *(blog.hibernate.org/cgi-bin/blosxom.cgi/Christian %20Bauer/relational/comparingpersistence.html).*

Il existe quatre types d'outils, chacun répondant à une problématique de gestion de la persistance spécifique :

- **Relationnel pur.** La totalité de l'application, interfaces utilisateur incluses, est conçue autour du modèle relationnel et d'opérations SQL. Si les accès directs en SQL peuvent être optimisés, les inconvénients en termes de maintenance et de portabilité sont importants, surtout à long terme. Ce type d'application peut utiliser les procédures stockées, déportant une partie du traitement métier vers la base de données. JDBC permet d'implémenter ce choix.

- **Mapping d'objets légers.** Les entités sont modélisées comme des classes mappées manuellement aux tables du modèle relationnel. Le code manuel SQL/JDBC est caché de la logique métier par des design patterns courants, tel DAO (Data Access Object) et l'externalisation des requêtes dans des fichiers XML. Cette approche largement répandue est adaptée aux applications disposant de peu d'entités. Dans ce type de projet, les procédures stockées peuvent aussi être utilisées. iBatis est le genre de framework permettant d'utiliser ce modèle.
- **Mapping objet moyen.** L'application est modélisée autour d'un modèle objet. Le SQL est généré à la compilation par un outil de génération de code ou à l'exécution par le code d'un framework. Les associations entre objets sont gérées par le mécanisme de persistance, et les requêtes peuvent être exprimées *via* un langage d'interrogation orienté objet. Les objets sont mis en cache par la couche de persistance. Plusieurs produits de mapping objet-relationnel proposent au moins ces fonctionnalités. Cette approche convient bien aux projets de taille moyenne devant traiter quelques transactions complexes et dans lesquels le besoin de portabilité entre différentes bases de données est important. Ces applications n'utilisent généralement pas les procédures stockées. Il existe quelques produits permettant de réaliser ce mapping, mais qui se sont vite fait dépasser par le modèle suivant.
- **Mapping objet complet.** Le mapping complet supporte une conception objet sophistiquée, incluant composition, héritage, polymorphisme et persistance « par référence » (effet de persistance en cascade sur un réseau d'objets). La couche de persistance implémente la persistance transparente. Les classes persistantes n'héritent pas de classes particulières et n'implémentent aucune interface spécifique. La couche de persistance n'impose aucun modèle de programmation particulier pour implémenter le modèle métier. Des stratégies de chargement efficaces (chargement à la demande ou direct) ainsi que de cache avancées sont disponibles et transparentes. Ce niveau de fonctionnalité demande des mois, voire des années de développement. Hibernate a été le premier framework à permettre à la communauté de réaliser des applications sur ce modèle. Java Persistence standardise ces fonctionnalités.

## Tests de performance des outils de persistance

Les tests unitaires ne sont pas les seuls à effectuer dans un projet informatique. Ils garantissent la non-régression de l'application et permettent de tester un premier niveau de services fonctionnels. Ils doivent en conséquence être complétés de tests fonctionnels de plus haut niveau.

Ces deux types de tests ne suffisent pas, et il faut éprouver l'application sur ses cas d'utilisation critiques. Ces cas critiques doivent résister de manière optimale (avec des temps de réponse cohérents et acceptables) à un pic de montée en charge. On appelle ces derniers « tests de montée en charge » ou *stress tests*. Ils permettent généralement de tester aussi l'endurance de vos applications. Load runner, de Mercury, est une solution qui permet de tester efficacement la montée en charge de vos applications. Il existe d'autres solutions, dont certaines sont gratuites.

Les stratégies de test de performance des solutions de persistance sont complexes à mettre en œuvre, car elles doivent mesurer l'impact d'un composant (par exemple, le choix d'un framework) donné sur une architecture technique physique.

Les éléments à prendre en compte lors d'une campagne de tests de performance sont les suivants *(voir figure 1.7) :*

- flux réseau ;
- occupation mémoire du serveur d'applications ;
- occupation mémoire de la base de données ;
- charge CPU du serveur d'applications ;
- charge CPU de la base de données ;
- temps de réponse des cas d'utilisation reproduits.

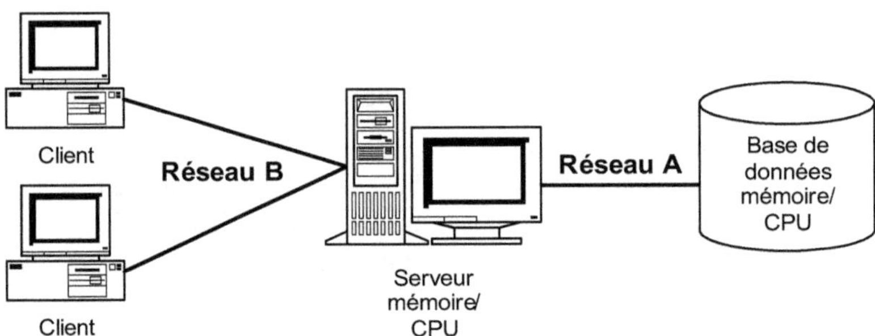


**Figure 1-7**
*Éléments à tester*

Cet exemple simplifié vaut pour des applications de type Web. Dans le cas de clients riches, il faudrait aussi intégrer des sondes de mesure sur les clients.

Plusieurs sites proposent des études comparatives simplistes qui ne se fondent souvent que sur le nombre de requêtes générées par les différents outils pour une application identique. Généralement, le cas d'utilisation employé est d'une simplicité enfantine consistant en la manipulation d'un modèle métier de moins de cinq classes persistantes.

Un tel comparatif est d'un intérêt limité. En effet, les outils de persistance sont bien plus que de simples générateurs de requêtes SQL. Ils gèrent un cache et la concourance et permettent de mapper des modèles de classes relativement complexes. Ce sont ces fonctionnalités qu'il faut comparer. De plus, un outil générant deux requêtes n'est pas forcément moins bon que son concurrent qui n'en génère qu'une. Enfin, une requête SQL complexe peut s'exécuter dix fois plus lentement que deux requêtes successives pour un même résultat.

Dans cette optique, nous vous proposons un test de performance qui vous permettra de constater qu'une mauvaise utilisation de Java Persistence peut impacter dangereusement les performances de vos applications. Il démontrera à l'inverse qu'une bonne maîtrise de l'outil permet d'atteindre des performances proches d'une implémentation à base de JDBC.

La figure 1.8 illustre une portion du diagramme de classes d'une application métier réelle qui entre en jeu dans un cas d'utilisation critique. Ce qui est intéressant ici est que ce graphe d'objets possède plusieurs types d'associations ainsi qu'un arbre d'héritage. Les classes ont été renommées par souci de confidentialité.

**Figure 1-8**

*Diagramme de classes de l'application à tester*

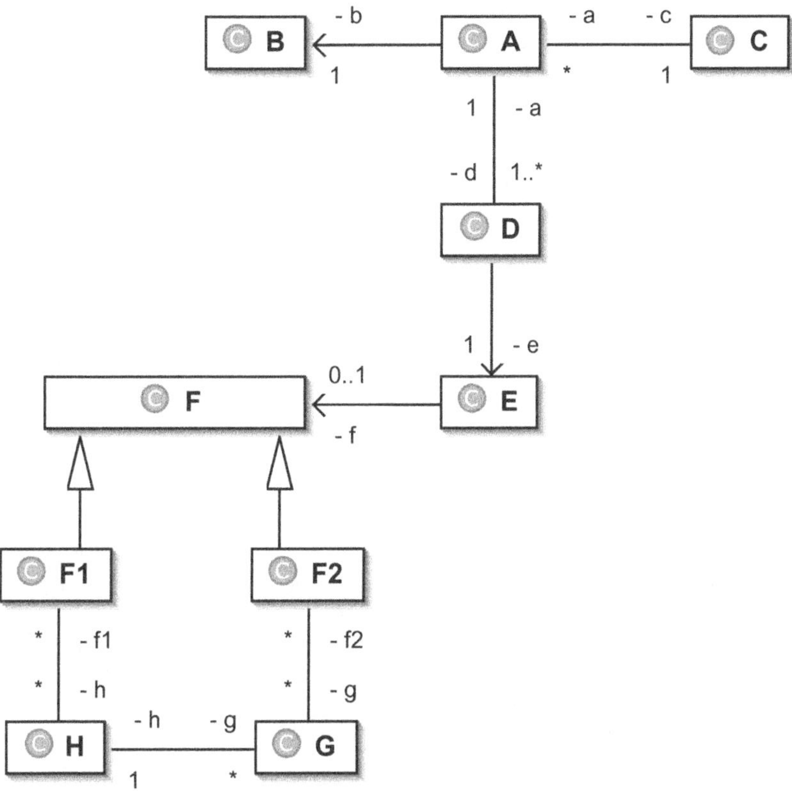


La base de données stocke :

- 600 instances de la classe A.
- 7 instances de la classe B.
- 50 instances de la classe C.
- En moyenne, 5 instances de la classe D sont associées par instance de la classe A.
- 150 instances de la classe E.
- 10 instances de la classe F, dont 7 de F2 et 3 de F1.
- 20 instances de la classe G et 1 de H.

Comme vous le constatez, la base de données est volontairement peu volumineuse.

Concernant l'architecture logicielle, l'objectif est de mesurer l'impact d'une mauvaise utilisation de Java Persistence avec Hibernate sur le serveur et les temps de réponse. Nous avons donc opté pour une implémentation légère à base de servlets (avec Struts) et d'Hibernate, le tout tournant sur Tomcat. Les configurations matérielles des machines hébergeant le serveur Tomcat et la base de données relationnelles (Oracle) sont de puissance équivalente. La problématique réseau est masquée par un réseau à 100 Mbit/s.

L'objectif est de mesurer l'impact d'une mauvaise utilisation de l'outil avec un petit nombre d'utilisateur simulés (une vingtaine).

L'énumération des chiffres des résultats du test n'est pas importante en elle-même. Ce qui compte, c'est leur interprétation. Alors que le nombre d'utilisateurs est faible, une mauvaise utilisation double les temps de réponse, multiplie par quatre les allers-retours avec la base de données et surcharge la consommation CPU du moteur de servlets. Il est facile d'imaginer l'impact en pleine charge, avec plusieurs centaines d'utilisateurs.

Il est donc essentiel de procéder à une expertise attentive de Java Persistence et de l'implémentation, peut-être même des spécificités de l'implémentation que vous choisirez d'utiliser pour vos applications. Nous vous donnerons tout au long de cet ouvrage des indications sur les choix impactant les performances de vos applications.

### En résumé

Si vous hésitez entre plusieurs solutions de persistance, il est utile de dresser une liste exhaustive des fonctionnalités que vous attendez de la solution. Intéressez-vous ensuite aux performances que vos applications pourront atteindre en fonction de la solution retenue. Pour ce faire, n'hésitez pas à louer les services d'experts pour mettre en place un prototype.

Méfiez-vous des benchmarks que vous pouvez trouver sur Internet, et souvenez-vous que l'expertise est la seule garantie de résultats fiables.

## Conclusion

Après avoir choisi Hibernate comme implémentation de Java Persistence, il faut monter en compétence pour maîtriser la spécification puis les spécificités de l'implémentation. L'objectif de cet ouvrage est de proposer de façon pragmatique des exemples de code pour chacune des fonctionnalités de l'outil.

Afin de couvrir un maximum de fonctionnalités, nous avons imaginé une application de gestion d'équipes de sports. Les classes récurrentes que vous manipulerez tout au long du livre sont illustrées à la figure 1.9.

Ce diagramme de classes va se complexifier au fur et à mesure de votre progression dans l'ouvrage. Vous manipulerez les instances de ces classes en utilisant Java Persistence

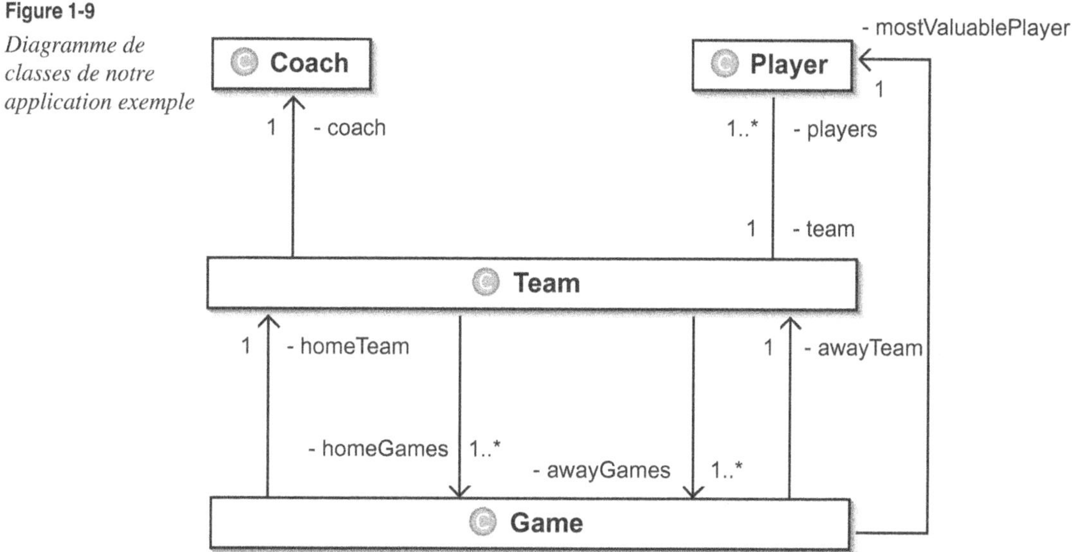


**Figure 1-9**
*Diagramme de classes de notre application exemple*

avec Hibernate afin de répondre à des cas d'utilisation très courants, comme ceux illustrés à la figure 1.10.

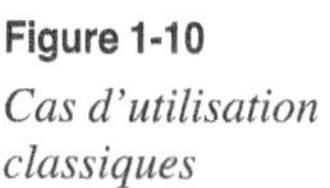

**Figure 1-10**
*Cas d'utilisation classiques*

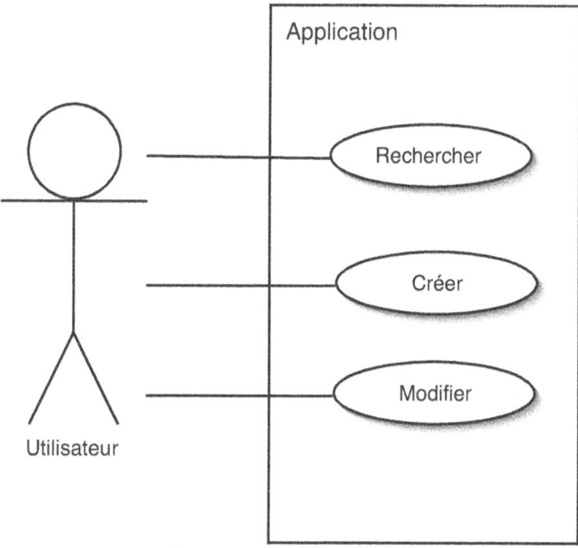


Vous découvrirez au chapitre 2 les principes indispensables à maîtriser lorsque vous travaillez avec une solution de mapping objet-relationnel complet. Il vous faudra raisonner en termes de cycle de vie de l'objet et non plus en ordres SQL select, insert, update ou delete.

Vous verrez au chapitre 3 comment écrire vos métadonnées *via* les annotations. Les descripteurs XML standardisés de Java Persistence ne sont pas couverts dans ce livre, car nous pensons qu'ils n'ont que très peu d'intérêt. Les annotations sont beaucoup plus simples à mettre en place et les fichiers de mapping Hibernate beaucoup plus puissants si jamais vous veniez à ne pas adopter les annotations.

# 2

# Démarrer avec Java Persistence

Le rôle de Java Persistence et des outils de mapping objet-relationnel en général est de faire abstraction du schéma relationnel qui sert à stocker les entités. Les métadonnées permettent de définir le lien entre votre conception orientée objet et le schéma de base de données relationnelles. Avec Java Persistence, le développeur d'application n'a plus à se soucier *a priori* de la base de données. Il lui suffit d'utiliser l'API Java Persistence, notamment l'API `EntityManager`, et les interfaces de récupération d'objets persistants.

Les développeurs qui ont l'habitude de JDBC et des ordres SQL tels que select, insert, update et delete doivent changer leur façon de raisonner au profit du cycle de vie de l'entité. Depuis la naissance d'une nouvelle instance persistante jusqu'à sa mort en passant par ses diverses évolutions, ils doivent considérer ces étapes comme des éléments du cycle de vie d'un objet et non comme des actions SQL menées sur une base de données.

Toute évolution d'une étape à une autre du cycle de vie d'une entité passe par le gestionnaire d'entités. Ce chapitre introduit les éléments constitutifs d'un gestionnaire d'entités.

Avant de découvrir les actions que vous pouvez mener sur des entités depuis le gestionnaire d'entités et leur impact sur la vie des objets, vous commencerez par créer un projet fondé sur JBoss intégré afin de pouvoir tester les exemples de code fournis.

## Mise en place

Cette partie en apparence laborieuse est cruciale. Elle permet de mettre en place un socle d'exécution des exemples qui illustrent ce livre. Une fois l'installation effectuée, ce socle se montrera des plus complet et facile à manipuler. Il vous permettra, au-delà de Java Persistence, d'aborder et comprendre d'autres standards et couches techniques en rapport avec la problématique traitée.

Lors de l'écriture de mon ouvrage précédent, *Hibernate 3.0, Gestion optimale de la persistance dans les applications Java/J2EE*, il était cohérent de partir sur des modèles autonomes, sans conteneur, faciles à modifier et à exécuter. Le choix de JUnit en mode autonome (*standalone*, SE) s'imposait de lui-même puisqu'il y avait peu d'intérêt à exécuter les exemples sur la plate-forme Entreprise (EE).

Avec Java Persistence, il en va autrement. D'abord parce que Java Persistence spécifie le standard de déploiement et qu'il nous faut donc exécuter nos exemples sur une plate-forme capable d'exploiter ce standard. Ensuite parce qu'il y a plusieurs composants de la plate-forme Entreprise qu'il est intéressant d'aborder. Cependant, l'installation d'un serveur d'applications n'est pas une solution rapide à mettre en œuvre et que l'on peut tester facilement. JBoss propose un outil qui va nous être d'une grande utilité : JBoss intégré, ou *Embedded JBoss*. (Rendez-vous sur la page Web dédiée à l'ouvrage sur le site d'Eyrolles pour télécharger les codes source du livre, ainsi que JBoss intégré préconfiguré et prêt à l'emploi.)

La structure grosse maille de notre projet sera la suivante :

```
java-persistance
   +bootstrap
   +src
      +test
      +app
         +resources
         +java
   +lib
   +optionnal-lib
```

Après avoir abordé JBoss intégré, nous détaillerons chacun des éléments qui constituent cette structure.

### JBoss intégré

Nous allons donc utiliser un outil JBoss élégant qui permet d'exécuter plusieurs composants de la plate-forme Entreprise dans un environnement léger et autonome. Cet outil est JBoss intégré, téléchargeable à l'adresse *http://wiki.jboss.org/wiki/Wiki.jsp?page=EmbeddedJBoss.*

JBoss intégré est un conteneur léger. Il est très facile à mettre en place et propose un nombre élevé de services que l'on peut initialiser « comme si » nous configurions un serveur d'applications, le tout dans de simples tests unitaires depuis un environnement autonome.

Parmi ces composants, nous retrouvons :

- Datasource locale. Utiliser un pool de connexions arbitraire comme C3P0 (abordé au chapitre 10) requiert souvent l'acquisition des compétences spécifiques. Nous allons pouvoir en faire abstraction en exploitant une Datasource intégrée et simple à mettre en œuvre.
- JNDI (Java Naming and Directory Interface) local. Au lieu de stocker certains objets comme la Datasource dans des singletons ou de manière non standardisée, autant exploiter JNDI, qui est ici simple d'accès.
- Gestionnaire de transactions. Grâce à ce composant, nous allons pouvoir intégrer JTA à nos exemples de code et aller bien au-delà de la démarcation des transactions offerte par JDBC dans un environnement autonome.
- Intégration normalisée de Java Persistence *via* Hibernate. Cette intégration nous permettra de masquer Hibernate en écrivant nos entités en conformité totale avec le standard Java Persistence, mais aussi, à tout moment, d'attaquer l'implémentation Hibernate et ses spécificités.
- EJB 3.0. Au-delà des l'aspect persistance, nous aurons l'opportunité de d'invoquer des beans sessions avec et sans état, depuis nos tests unitaires.

D'autres services sont disponibles, mais ne seront pas étudiés dans ce livre. Il s'agit de JMS, des MDB et de la sécurité EJB.

JBoss intégré est facile à installer. Nous l'avons toutefois légèrement modifié pour vous permettre de mettre facilement à jour les bibliothèques Hibernate, notre implémentation de Java Persistence.

### Mettre à jour l'implémentation de Java Persistence

Par défaut, JBoss intégré est distribué avec la liste des bibliothèques suivante :

```
Java-Persistance
java-persistance
   +bootstrap
   +src
   -lib
     hibernate-all.jar
     jboss-embedded-all.jar
     jboss-embedded-tomcat-bootstrap.jar
     thirdparty-all.jar
   -optionnal-lib
     junit.jar
     jboss-test.jar
```

Cette distribution regroupe toutes les classes nécessaires à Java Persistence par Hibernate. Ces classes sont packagées dans hibernate-all.jar. Si vous souhaitez mettre Hibernate à jour, vous devez supprimer cette bibliothèque et la remplacer par l'ensemble constitué de ejb3-persistence.jar, hibernate-annotations.jar, hibernate-entitymanager.jar, hibernate3.jar, hibernate-commons-annotations.jar et hibernate-validator.jar. Vous pouvez télécharger sur le site Hibernate *(http://www.hibernate.org)* de nouvelles versions, le moyen le plus simple étant de télécharger la distribution d'Hibernate Entity Manager.

Une fois Hibernate mis à jour, la liste de bibliothèques est la suivante :

```
java-persistance
   +bootstrap
   +src
   -lib
     ejb3-persistence.jar
     hibernate-annotations.jar
     hibernate-commons-annotations.jar
     hibernate-entitymanager.jar
     hibernate-validator.jar
     hibernate3.jar
     jboss-embedded-all.jar
     jboss-embedded-tomcat-bootstrap.jar
     thirdparty-all.jar
   -optionnal-lib
     junit.jar
     jboss-test.jar
```

Assurez-vous de la compatibilité des composants Hibernate en suivant la matrice de compatibilité présentée sur la page *http://www.hibernate.org/6.html#A3.*

Il est probable qu'à compter de la version Hibernate 3.3, le packaging varie légèrement. Le site vous guidera dans le téléchargement des composants.

### Comprendre les bibliothèques présentes dans la distribution Hibernate

Si vous souhaitez utiliser Hibernate en dehors de notre configuration, il est important de savoir à quoi correspondent les bibliothèques distribuées. En effet, lorsque vous téléchargez Hibernate, vous ne récupérez pas moins d'une quarantaine de bibliothèques (fichiers jar).

Le fichier _README.TXT, disponible dans le répertoire lib, vous permet d'y voir plus clair dans toutes ces bibliothèques. Le tableau 2.1 en donne une traduction résumée.

Nous traitons ici des bibliothèques distribuées avec le noyau Hibernate. En d'autres termes, nous utilisons Hibernate Entity Manager, qui est l'implémentation de Java Persistence. Ce projet est principalement dépendant du noyau Hibernate (Hibernate Core *via* Hibernate3.jar) et de Hibernate Annotations. Par conséquent, nous nous intéressons aux bibliothèques distribuées avec Hibernate Core, qui est le composant le plus important et représente le moteur de persistance.

**Tableau 2.1 Bibliothèques présentes dans la distribution du noyau Hibernate**

| Catégorie | Bibliothèque | Fonction | Particularité |
|---|---|---|---|
| **Indispensables à l'exécution** | dom4j-xxx.jar | Parseur de configuration XML et de mapping | Exécution. Requis |
| | xml-apis.jar | API standard JAXP | Exécution. Un parser SAX est requis. |
| | commons-logging-xxx.jar | Commons Logging | Exécution. Requis |
| | jta.jar | API Standard JTA | Exécution. Requis pour les applications autonomes s'exécutant en dehors d'un serveur d'applications |
| | jdbc2_0-stdext.jar | API JDBC des extensions standards | Exécution. Requis pour les applications autonomes s'exécutant en dehors d'un serveur d'applications |
| | antlr-xxx.jar | ANTLR (ANother Tool for Language Recognition) | Exécution |
| | javaassist.jar | Générateur de bytecode javaassist | Exécution. Requis si vous choisissez le fournisseur de bytecode javaassist. |
| | asm.jar | Générateur de bytecode | Exécution. Requis si vous choisissez le fournisseur de bytecode cglib. |
| | asm-attrs | Générateur de bytecode | Exécution. Requis si vous choisissez le fournisseur de bytecode cglib. |
| | cglib-full-xxx.jar | Générateur de bytecode CGLIB | Exécution. Requis si vous choisissez le fournisseur de bytecode cglib. |
| | xerces-xxx.jar | Parser SAX | Exécution. Requis si votre JDK est supérieur à 1.4. |
| | commons-collections-xxx.jar | Collections Commons | Exécution. Requis |
| **En relation avec le pool de connexions** | c3p0-xxx.jar | Pool de connexions JDBC C3P0 | Exécution. Optionnel |
| | proxool-xxx.jar | Pool de connexions JDBC Proxool | Exécution. Optionnel |
| **En relation avec le cache (les jars liés à JBoss Cache son sujets à évolution)** | ehcache-xxx.jar | Cache EHCache | Exécution. Optionnel. Requis si aucun autre fournisseur de cache n'est paramétré. |
| | jboss-cache.jar | Cache en clusters JBossCa-che | Exécution. Optionnel |
| | jboss-system.jar | | Exécution. Optionnel. Requis par JBossCache |

**Tableau 2.1 Bibliothèques présentes dans la distribution du noyau Hibernate (suite)**

| Catégorie | Bibliothèque | Fonction | Particularité |
|---|---|---|---|
| | jboss-common.jar | | Exécution. Optionnel. Requis par JBossCache |
| | jboss-jmx.jar | | Exécution. Optionnel. Requis par JBossCache |
| | concurrent-xxx.jar | | Exécution. Optionnel. Requis par JBossCache |
| | swarmcache-xxx.jar | | Exécution. Optionnel |
| | jgroups-xxx.jar | Bibliothèque multicast JGroups | Exécution. Optionnel. Requis par les caches supportant la réplication |
| | oscache-xxx.jar | OSCache OpenSymphony | Exécution. Optionnel |
| **Autres bibliothèques optionnelles** | connector.jar (unknown) | API JCA standard | Exécution. Optionnel |
| | jaas.jar (unknown) | API JAAS standard | Exécution. Optionnel. Requis par JCA |
| | jacc-xxx.jar | Bibliothèque JACC | Exécution. Optionnel |
| | log4j-xxx.jar | Bibliothèque Log4j | Exécution. Optionnel |
| | jaxen-xxx.jar | Jaxen, moteur XPath Java universel | Exécution. Requis si vous souhaitez désérialiser. Configuration pour améliorer les performances au démarrage. |
| **Indispensables pour construire Hibernate** | versioncheck.jar | Vérificateur de version | Construction |
| | checkstyle-all.jar | Checkstyle | Construction |
| | junit-xxx.jar | Framework de test JUnit | Construction |
| | ant-launcher-xxx.jar | Launcher Ant | Construction |
| | ant-antlr-xxx.jar | Support ANTLR Ant | Construction |
| | syndiag2.jar | Générateur de l'image bnf de antlr | Construction |
| | cleanimports.jar (unknown) | Cleanimports | Construction |
| | ant-junit-xxx.jar | Support JUnit-Ant | Construction |
| | ant-swing-xxx.jar | Support Swing-Ant | Construction |
| | ant-xxx.jar | Core Ant | Construction |

Pour vous permettre d'y voir plus clair dans la mise en place de vos projets de développement, que vous souhaitiez modifier Hibernate puis le recompiler, l'utiliser dans sa version la plus légère ou brancher un cache et un pool de connexions, la figure 2.1 donne une synthèse visuelle de ces bibliothèques.

À ces bibliothèques s'ajoutent hibernate3.jar ainsi que le pilote JDBC indispensable au fonctionnement d'Hibernate. Plus le pilote JDBC est de bonne qualité, meilleures sont les performances, Hibernate ne corrigeant pas les potentiels bogues du pilote.

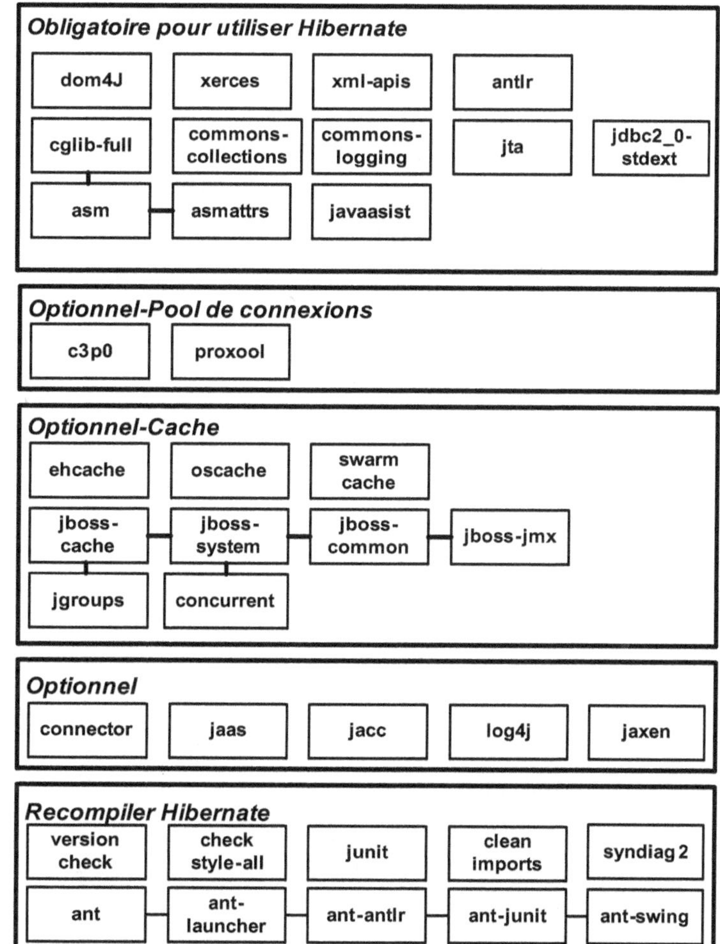


**Figure 2-1**
*Bibliothèques distribuées avec le noyau Hibernate*

## Configurations

Une unité de persistance définit un ensemble de classes exploitées par une application et qui sont liées à une même base de données. Une application peut utiliser plusieurs unités de persistance. Les unités de persistance sont définies dans un fichier nommé persistence.xml, qui doit se trouver dans le répertoire /META-INF. L'archive ou le répertoire contenant le répertoire /META-INF est nommée « racine de l'unité de persistance ».

Dans un environnement entreprise Java (JEE) cette racine peut être :

- un fichier EJB-jar ;
- le répertoire WEB-INF/classes d'un fichier war ;
- un fichier jar à la racine d'un ear ;

- un fichier jar dans le répertoire des bibliothèques d'un ear ;
- un fichier jar d'une application cliente.

Une unité de persistance est :

- définie dans META-INF/persistence.xml ;
- responsable de la gestion d'un ensemble d'entités (classes persistantes) ;
- liée à une même base de données.

La définition de la correspondance entre les entités et les tables est faite *via* les métadonnées.

Voyons désormais les différentes étapes des configurations.

### Configurations globales de JBoss intégré

Avant de détailler les configurations importantes spécifiques à notre application, rappelons que JBoss intégré propose une multitude de services.

Ces services sont paramétrables *via* les fichiers qui se trouvent dans le répertoire /bootstrap :

```
Java-Persistance
   -bootstrap
     jndi.properties
     log4j.xml
     -conf
       bootstrap-beans.xml
       jboss-service.xml
       jbossjta-properties.xml
       login-config.xml
       -props
         messaging-roles.properties
         messaging-users.properties
     -data
       ...
     -deploy
       ejb3-interceptors-aop.xml
       hsqldb-ds.xml
       jboss-local-jdbc.rar
       jboss-xa-jdbc.rar
       jms-ra.rar
       messaging
       remoting-service.xml
       -messaging
         connection-factories-service.xml
         destinations-service.xml
         hsqldb-persistence-service.xml
         jms-ds.xml
         legacy-service.xml
         messaging-service.xml
         remoting-service.xml
```

```
      -deployers
          aspect-deployer-beans.xml
          ejb3-deployers-beans.xml
          jca-deployers-beans.xml
    +resources
    +lib
    +src
```

Comme vous le voyez, un certain nombre de fichiers de configuration sont nécessaires au paramétrage de JBoss intégré. La bonne nouvelle est que nous n'aurons à modifier aucun de ces fichiers, si ce n'est le fichier log4j.xml pour affiner le paramétrage des traces.

### Définition d'une source de données

Nous allons configurer une source de données spécifique à notre application, qui se trouve dans notre répertoire src/app/resources/myDS-ds.xml :

```
java-persistance
   +bootstrap
   -src
      -test
      -app
         -resources
           myDS-ds.xml
           eyrolles-persistence.xml
         +java
   +lib
   +optionnal-lib
```

Son contenu est le suivant :

```
< ?xml version="1.0" encoding="UTF-8"?>
<datasources>
   <local-tx-datasource>
      <jndi-name>myDS</jndi-name>
      <connection-url>jdbc:hsqldb:.</connection-url>
      <driver-class>org.hsqldb.jdbcDriver</driver-class>
      <user-name>sa</user-name>
      <min-pool-size>1</min-pool-size>
      <max-pool-size>10</max-pool-size>
      <idle-timeout-minutes>0</idle-timeout-minutes>
   </local-tx-datasource>
</datasources>
```

Comme nous utilisons HSQLDB comme base de données *(http://hsqldb.org/)*, nous avons pris soin de placer le pilote jdbc (hsqldb.jar) dans le répertoire lib du projet java-persistance.

Dans le cadre de l'application test, selon votre instance de base de données, vous devrez modifier les propriétés suivantes :

- `DriverClass` : nom du pilote jdbc.

- `ConnectionURL` : URL de connexion à votre base de données.
- `userName` : nom de connexion à votre base de données.
- `password` : mot de passe pour vous connecter à la base de données ; dans notre cas, cette propriété n'est pas déclarée car égale à la chaîne de caractères vide.

Voyons désormais comment établir le lien entre le moteur de persistance et notre source de données.

### Paramétrer une unité de persistance

L'autre fichier spécifique à notre application est semi-normalisé. Il doit être nommé persistence.xml et se trouver dans /META-INF.

La configuration d'une unité de persistance comprend deux parties.

#### Configuration normalisée

La première partie du fichier META-INF/persistence.xml est normalisée et contient :

- le nom de l'unité de persistance <persistence-unit name="...">.
- le nom JNDI de la source de données et son type (JTA ou non-JTA) <jta-data-source/> ou <non-jta-data-source/>.
- un élément informatif <description/>.
- le nom du fournisseur de l'implémentation <provider/>.
- une série de quatre éléments qui permettent d'affiner la prise en compte des métadonnées : <mapping-file/>, <class/>, <jar-file/> et <exclude-unlisted-class/>.

Les métadonnées sont abordées en détail au chapitre 3. Ce sont des informations permettant le mapping entre les entités et la base de données. Les métadonnées se présentent sous diverses formes. La plus performante en termes de développement est les annotations, que vous insérez directement dans le code de vos entités. Ce livre ne traite que des annotations.

Dans l'hypothèse où vous ne pouvez ou ne souhaitez pas exploiter les annotations, vous devez « externaliser » ces informations dans des descripteurs de déploiement XML. Il en existe de deux sortes. La première est normalisée et requiert la création d'un fichier META-INF/orm.xml, au format verbeux et beaucoup moins intuitif que les annotations ; il est détaillé dans la spécification. La seconde est propriétaire à Hibernate : il s'agit des fichiers de déploiement hbm.xml, dont le format est disponible dans la documentation officielle Hibernate. (La page Web dédiée au livre du site Web d'Eyrolles propose un référentiel des métadonnées au format spécifique Hibernate.hbm.xml.)

Dans un environnement EE, l'unité de persistance détecte toutes les métadonnées présentes dans l'application déployée, qu'elles se présentent sous la forme d'annotations ou de fichiers XML.

Dans un environnement SE, cette autodétection n'est pas requise, et il vous faudra renseigner les nœuds <mapping-file/>, <class/> et <jar-file/>, comme le montre l'exemple suivant :

```
<persistence … >
   <persistence-unit name="manager1" transaction-type="JTA">
      <provider>org.hibernate.ejb.HibernatePersistence</provider>
      <jta-data-source>java:/DefaultDS</jta-data-source>
      <mapping-file>ormap.xml</mapping-file>
      <jar-file>MyApp.jar</jar-file>
      <class>org.acme.Employee</class>
      <class>org.acme.Person</class>
      <class>org.acme.Address</class>
      …
   </persistence-unit>
</persistence>
```

Cependant, même en environnement SE, Hibernate est assez puissant pour effectuer l'autodétection. Ces options de configuration ne devraient donc pas vous être utiles.

Vous pouvez désactiver l'autodétection et passer en mode manuel en activant le nœud <exclude-unlisted-class/>.

> **Métadonnées**
>
> Les métadonnées permettent de définir la correspondance entre les entités et la base de données relationnelle.
>
> Définissables sous trois formes, les annotations intégrées au code, le fichier de déploiement normalisé META-INF/orm.xml ou les fichiers de mapping spécifiques Hibernate.hbm.xml, elles sont détectées automatiquement dans un environnement EE et à définir *via* <mapping-file/>, <class/> et <jar-file/> dans un environnement SE (inutile si vous choisissez Hibernate comme fournisseur de l'implémentation).

Les exemples qui illustrent ce livre tirent profit de la détection automatique des métadonnées. Étant donné le nombre important d'entités composant les divers exemples, nous choisirons, exemple par exemple, quelles entités doivent être déployées. Nous détaillons davantage ce mécanisme ultérieurement.

### Configuration spécifique

La seconde partie du fichier META-INF/persistence.xml est spécifique au fournisseur de l'implémentation et passe par le nœud XML <properties/>, qui contient les propriétés propres à l'implémentation. Dans notre exemple, nous avons les propriétés hibernate.dialect et hibernate.hbm2ddl.auto.

Les tableaux 2.2 à 2.6 donnent la liste des paramètres disponibles pour l'implémentation Hibernate.

Le tableau 2.2 récapitule les paramètres JDBC à mettre en place. Utilisez-les si vous ne disposez pas d'une datasource. Dans notre cas, il est inutile puisque nous exploitons une source de données mise à disposition par JBoss intégré *via* le registre JNDI. Dans le cas d'une utilisation « out of the box », ce paramétrage nécessite de choisir un pool de connexions. Hibernate est livré avec C3P0 et Proxool. Un exemple d'utilisation de pool de connexions est traité au chapitre 10.

**Tableau 2.2 Paramétrage JDBC**

| Paramètre | Rôle |
|---|---|
| connection.driver_class | Classe du pilote JDBC |
| connection.url | URL JDBC |
| connection.username | Utilisateur de la base de données |
| connection.password | Mot de passe de l'utilisateur spécifié |
| connection.pool_size | Nombre maximal de connexions poolées, si utilisation du pool Hibernate (déconseillé en production) |

Le tableau 2.3 reprend les paramètres relatifs à l'utilisation d'une datasource. Si vous utilisez un serveur d'applications, préférez la solution datasource à un simple pool de connexions. Une fois encore, notre environnement intégré nous décharge de ce paramétrage.

**Tableau 2.3 Paramétrage de la datasource**

| Paramètre | Rôle |
|---|---|
| hibernate.connection.datasource | Nom JNDI de la datasource |
| hibernate.jndi.url | URL du fournisseur JNDI (optionnel) |
| hibernate.jndi.class | Classe de la InitialContextFactory JNDI |
| hibernate.connection.username | Utilisateur de la base de données |
| hibernate.connection.password | Mot de passe de l'utilisateur spécifié |

Le tableau 2.4 donne la liste des bases de données relationnelles supportées et le dialecte à paramétrer pour adapter la génération du code SQL aux spécificités syntaxiques de la base de données. Le dialecte est crucial.

**Tableau 2.4 Bases de données et dialectes supportés**

| SGBD | Dialecte |
|---|---|
| DB2 | org.hibernate.dialect.DB2Dialect |
| DB2 AS/400 | org.hibernate.dialect.DB2400Dialect |
| DB2 OS390 | org.hibernate.dialect.DB2390Dialect |
| PostgreSQL | org.hibernate.dialect.PostgreSQLDialect |
| MySQL | org.hibernate.dialect.MySQLDialect |
| SAP DB | org.hibernate.dialect.SAPDBDialect |
| Oracle (toutes versions) | org.hibernate.dialect.OracleDialect (à dater d'Hibernate 3.3, ce dialecte pourrait être déprécié ; lisez les releases notes). |

**Tableau 2.4 Bases de données et dialectes supportés (suite)**

| SGBD | Dialecte |
|---|---|
| Oracle 9/10g | org.hibernate.dialect.Oracle9Dialect (à dater d'Hibernate 3.3, ce dialecte pourrait être déprécié ; lisez les releases notes). |
| Sybase | org.hibernate.dialect.SybaseDialect |
| Sybase Anywhere | org.hibernate.dialect.SybaseAnywhereDialect |
| Microsoft SQL Server | org.hibernate.dialect.SQLServerDialect |
| SAP DB | org.hibernate.dialect.SAPDBDialect |
| Informix | org.hibernate.dialect.InformixDialect |
| HypersonicSQL | org.hibernate.dialect.HSQLDialect |
| Ingres | org.hibernate.dialect.IngresDialect |
| Progress | org.hibernate.dialect.ProgressDialect |
| Mckoi SQL | org.hibernate.dialect.MckoiDialect |
| Interbase | org.hibernate.dialect.InterbaseDialect |
| Pointbase | org.hibernate.dialect.PointbaseDialect |
| FrontBase | org.hibernate.dialect.FrontbaseDialect |
| Firebird | org.hibernate.dialect.FirebirdDialect |

Le tableau 2.5 récapitule les différents gestionnaires de transactions disponibles en fonction du serveur d'applications utilisé, inutile dans notre cas.

**Tableau 2.5 Gestionnaires de transaction**

| Serveur d'applications | Gestionnaire de transaction |
|---|---|
| JBoss | org.hibernate.transaction.JBossTransactionManagerLookup |
| WebLogic | org.hibernate.transaction.WeblogicTransactionManager-Lookup |
| WebSphere | org.hibernate.transaction.WebSphereTransactionManager-Lookup |
| Orion | org.hibernate.transaction.OrionTransactionManagerLookup |
| Resin | org.hibernate.transaction.ResinTransactionManagerLookup |
| JOTM | org.hibernate.transaction.JOTMTransactionManagerLookup |
| JOnAS | org.hibernate.transaction.JOnASTransactionManagerLookup |
| JRun4 | org.hibernate.transaction.JRun4TransactionManagerLookup |
| Borland ES | org.hibernate.transaction.BESTransactionManagerLookup |

Le tableau 2.6 recense l'ensemble des paramètres optionnels. Cette liste évoluant régulièrement, il est conseillé de se référer au guide de référence.

**Tableau 2.6 Principaux paramètres optionnels**

| Paramètre | Rôle |
|---|---|
| hibernate.dialect | Classe d'un dialecte Hibernate |
| hibernate.default_schema | Qualifie (dans la génération SQL) les noms des tables non qualifiées avec le schema/tablespace spécifié. |
| hibernate.default_catalog | Qualifie (dans la génération SQL) les noms des tables avec le catalogue spécifié. |
| hibernate.session_factory_name | La SessionFactory est automatiquement liée à ce nom dans JNDI après sa création. |
| hibernate.max_fetch_depth | Active une profondeur maximale de chargement par outer-join pour les associations simples (one-to-one, many-to-one). 0 désactive le chargement par outer-join. |
| hibernate.fetch_size | Une valeur différente de 0 détermine la taille de chargement JDBC (appelle Statement.setFetchSize()). |
| hibernate.batch_size | Une valeur différente de 0 active l'utilisation des updates batch de JDBC2 par Hibernate. Il est recommandé de positionner cette valeur entre 3 et 30. |
| hibernate.batch_versioned_data | Définissez ce paramètre à true si votre pilote JDBC retourne le nombre correct d'enregistrements à l'exécution de executeBatch(). |
| hibernate.use_scrollable_resultset | Active l'utilisation des *scrollable resultsets* de JDBC2. Ce paramètre n'est nécessaire que si vous gérez vous-même les connexions JDBC. Dans le cas contraire, Hibernate utilise les métadonnées de la connexion. |
| hibernate.jdbc.use_streams_for_binary | Utilise des flux lorsque vous écrivez/lisez des types binary ou serializable vers et à partir de JDBC (propriété de niveau système). |
| hibernate.jdbc.use_get_generated_keys | Active l'utilisation de PreparedStatement.getGeneratedKeys() de JDBC3 pour récupérer nativement les clés générées après insertion. Nécessite un driver JDBC3+. Mettez-le à false si votre driver rencontre des problèmes avec les générateurs d'identifiants Hibernate. Par défaut, essaie de déterminer les possibilités du driver en utilisant les métadonnées de connexion. |
| hibernate.cglib.use_reflection_optimizer | Active l'utilisation de CGLIB à la place de la réflexion à l'exécution (propriété de niveau système ; la valeur par défaut est d'utiliser CGLIB lorsque c'est possible). La réflexion est parfois utile en cas de problème. |
| hibernate.jndi.<propertyName> | Passe la propriété propertyName au JNDI InitialContextFactory. |
| hibernate.connection.<propertyName> | Passe la propriété JDBC propertyName au DriverManager.getConnection(). |
| hibernate.connection.isolation | Positionne le niveau de transaction JDBC. Référez-vous à java.sql.Connection pour le détail des valeurs, mais sachez que toutes les bases de données ne supportent pas tous les niveaux d'isolation. |
| hibernate.connection.provider_class | Nom de classe d'un ConnectionProvider spécifique |
| hibernate.hibernate.cache.provider_class | Nom de classe d'un CacheProvider spécifique |
| hibernate.cache.use_minimal_puts | Optimise le cache de second niveau en minimisant les écritures, mais au prix de davantage de lectures (utile pour les caches en cluster). |

**Tableau 2.6 Principaux paramètres optionnels (suite)**

| Paramètre | Rôle |
|---|---|
| hiber-nate.cache.use_query_cache | Active le cache de requête. Les requêtes individuelles doivent tout de même être déclarées comme susceptibles d'être mises en cache. |
| hibernate.cache.region_prefix | Préfixe à utiliser pour le nom des régions du cache de second niveau |
| hibernate.transac-tion.factory_class | Nom de classe d'une TransactionFactory qui sera utilisé par l'API Transaction d'Hibernate (la valeur par défaut est JDBCTransactionFactory). |
| jta.UserTransaction | Nom JNDI utilisé par la JTATransactionFactory pour obtenir la UserTransaction JTA du serveur d'applications |
| hibernate.transac-tion.manager_lookup_class | Nom de la classe du TransactionManagerLookup. Requis lorsque le cache de niveau JVM est activé dans un environnement JTA |
| hibernate.query.substitutions | Lien entre les tokens de requêtes Hibernate et les tokens SQL. Les tokens peu-vent être des fonctions ou des noms littéraux. Exemples : hqlLite-ral=SQL_LITERAL, hqlFunction=SQLFUNC. |
| hibernate.show_sql | Écrit les ordres SQL dans la console. |
| hibernate.hbm2ddl.auto | Exporte automatiquement le schéma DDL vers la base de données lorsque la SessionFactory est créée. La valeur create-drop permet de supprimer le schéma de base de données lorsque la SessionFactory est explicitement fer-mée. |
| hibernate.transac-tion.manager_lookup_class | Nom de la classe du TransactionManagerLookup. Requis lorsque le cache de niveau JVM est activé dans un environnement JTA. |

Les paramètres de configuration spécifiques à Hibernate sont désormais définis. Vous ferez momentanément abstraction des annotations, qui permettent de mettre en correspondance vos classes Java et votre modèle relationnel. Ces annotations sont abordées à la section suivante.

### Fichier persistence.xml de notre application exemple

Notre application utilisera le fichier de configuration suivant :

```
< ?xml version="1.0" encoding="UTF-8"?>
<persistence>
   <persistence-unit name="eyrollesEntityManager">
      <jta-data-source>java:/myDS</jta-data-source>
      <properties>
         <property name="hibernate.hbm2ddl.auto"
           value="create-drop"/>
         <property name="hibernate.dialect"
           value="org.hibernate.dialect.HSQLDialect"/>
         <property name="jboss.entity.manager.jndi.name"
           value="java:/EntityManagers/eyrollesEntityManager"/>
      </properties>
   </persistence-unit>
</persistence>
```

Le nom de l'unité de persistance est requis et sera utilisé pour l'injection dans les beans session que nous verrons plus tard.

Nous exploitons une source de données JTA localisable dans le registre JNDI sous le nom java:/myDS.

Nous utiliserons ensuite un outil intégré à Hibernate, qui permet de générer le schéma de base de données depuis l'analyse des métadonnées. Pour cela, nous paramétrons hibernate.hbm2ddl.auto à la valeur create-drop.

**SchemaExport**

SchemaExport est une pièce maîtresse des exemples qui illustrent ce livre. Lorsqu'une unité de persistance est initialisée, les métadonnées sont analysées. À partir de ce moment, toutes les informations concernant la base de données sont disponibles et un schéma peut être généré.

SchemaExport se charge de créer, à la volée, un tel schéma avant l'exécution de votre code.

Nous revenons en détail sur SchemaExport au chapitre 9. Pour le moment, sachez qu'il travaille en tâche de fond pour, à chaque exemple, créer et injecter le schéma nécessaire.

Enfin, nous définissons que le gestionnaire d'entités courant doit être placé dans le registre JNDI sous le nom java:/EntityManagers/eyrollesEntityManager.

**Exploiter un fichier Hibernate.cfg.xml**

Il est possible d'exploiter un fichier de configuration globale Hibernate en paramétrant :

```
<property name="hibernate.ejb.cfgfile" value="/hibernate.cfg.xml"/>
```

Notre unité de persistance étant désormais configurée, nous allons pouvoir l'exploiter dans notre code.

### Un mot sur JUnit

Comme nous l'avons indiqué précédemment, le choix du socle de développement JBoss intégré est le meilleur rapport entre la fidélité à la spécification, la simplicité de mise en œuvre, la légèreté de l'architecture et la possibilité d'appréhender un maximum de fonctionnalités, que ce soit en terme de mapping, *via* les fonctionnalités Hibernate, ou d'autres composants de la plate-forme entreprise, comme JTA et les beans session.

Nous allons utiliser JUnit, qui, de manière transparente, initialisera JBoss intégré, lequel à son tour initialisera tous les services dont nous avons besoin. À votre charge de passer dynamiquement les classes, principalement les entités et beans session à déployer « virtuellement » par la suite. Nos classes de test hériteront d'une classe fournie par JBoss intégré : org.jboss.embedded.junit.BaseTestCase.

Étudiez bien la méthode `deploy()`, qui permet de spécifier quelles classes doivent être déployées au lancement du test :

```
public static void deploy(){
  jar = AssembledContextFactory
    .getInstance().create("ejbTestCase.jar");

  //déploiement des entités
  jar.addClass(Customer.class);
  //déploiement des beans session
  jar.addClass(CustomerDAOBean.class);
  jar.addClass(CustomerDAOLocal.class);
  jar.addClass(CustomerDAORemote.class);
  jar.addResource("myDS-ds.xml");
  jar.mkdir("META-INF")
    .addResource("eyrolles-persistence.xml", "persistence.xml");

  try{
    Bootstrap.getInstance().deploy(jar);
  }
  catch (DeploymentException e) {
    throw new RuntimeException("Unable to deploy", e);
  }
}
```

Vous pouvez dès à présent télécharger les projets de test depuis le site Eyrolles. Importez java-persistance et java-persistance-se dans votre IDE, et configurez-les. Dans le projet java-persistance, exécutez le test ch2Tests.EjbTestCase.testEntityManager() depuis votre IDE pour vérifier que votre installation fonctionne correctement.

## L'architecture autour de Java Persistence

Les principaux composants indispensables pour exploiter Java Persistence sont illustrés à la figure 2.2.

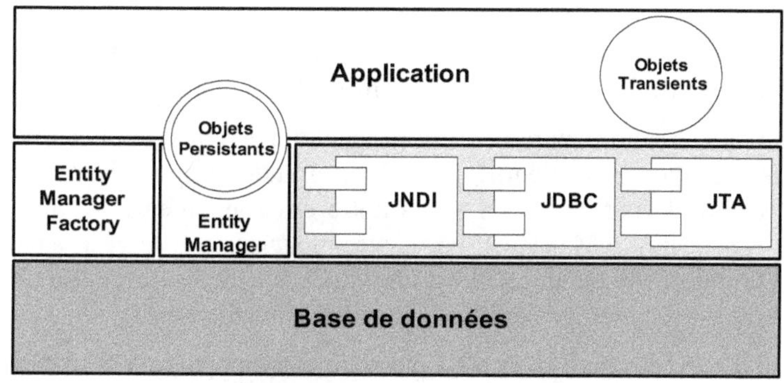


**Figure 2-2**
*Composants de l'architecture Java Persistence*

Cette architecture peut être résumée de la façon suivante : votre application dispose d'entités, dont la persistance est gérée cas d'utilisation par cas d'utilisation par un gestionnaire d'entités. Rappelons qu'un objet est dit persistant lorsque sa durée de vie est longue, à l'inverse d'un objet transient, qui est temporaire.

> **Entité**
>
> Une entité est une classe persistante. Nous parlons d'entité aussi bien pour désigner la classe persistante que ses instances. Un objet qui n'est pas persistant est dit transient.

Un gestionnaire d'entités (EntityManager) s'obtient *via* une EntityManagerFactory ; l'EntityManagerFactory est construite à partir d'un objet EJB3Configuration et contient les informations de configuration globale ainsi que les informations contenues dans les annotations.

> **Lien entre Java Persistence et Hibernate**
>
> Java Persistence est une spécification, une définition d'interfaces. Son implémentation est Hibernate. Aussi est-il important d'avoir en tête les équivalences entre les termes employés lorsqu'on traite de Java Persistence et ceux correspondant à Hibernate :
>
> - EntityManager correspond à la Session Hibernate. Lorsque vous manipulez un gestionnaire d'entités, sachez qu'une session Hibernate lui est indispensable, même si celle-ci est transparente à vos yeux.
> - EntityManagerFactory correspond à la SessionFactory Hibernate.
> - EntityTransaction correspond à la Transaction Hibernate.
> - Ejb3Configuration correspond à la Configuration Hibernate.

> **Basculer en mode Hibernate natif**
>
> Vous pouvez très facilement basculer dans les API natives Hibernate depuis le gestionnaire d'entités grâce à la méthode standardisée `Session sessionHibernate = (Session)entityManager.getDelegate()`
>
> Nous aurons l'occasion de l'exploiter dans diverses sections du livre.

Un gestionnaire d'entités effectue des opérations, dont la plupart ont un lien direct avec la base de données. Ces opérations se déroulent au sein d'une *transaction*.

Grâce à notre environnement proche du serveur d'applications, mais ultraléger, obtenir un gestionnaire d'entités est d'une grande simplicité. Vous récupérez le gestionnaire depuis le registre JNDI (dans notre environnement sous l'alias java:/EntityManagers/eyrollesEntityManager). Par contre, pour agir sur le gestionnaire d'entités, une transaction doit être entamée, sinon une exception est soulevée. En effet, le gestionnaire d'entités est sémantiquement lié à la transaction en cours.

L'EntityManagerFactory est coûteuse à instancier puisqu'elle requiert, entre autres, l'analyse des métadonnées. Sans conteneur, il est donc judicieux de la stocker dans un singleton (une seule instance pour l'application) en utilisant des variables statiques. Cette factory est *threadsafe,* c'est-à-dire qu'elle peut être attaquée par plusieurs traitements en parallèle. Là encore, notre environnement nous simplifiera la tâche en masquant la construction de l'EntityManagerFactory.

Le gestionnaire d'entités, lui, n'est pas threadsafe, mais il est peu coûteux à instancier. Il est en outre possible de le récupérer sans impacter les performances de votre application.

L'exemple de code suivant met en œuvre très facilement, grâce à JBoss intégré, les trois étapes décrites ci-dessus :

```
// récupération du gestionnaire d'entités
EntityManager em =
  (EntityManager) new InitialContext()
     .lookup("java:/EntityManagers/eyrollesEntityManager");

// récupération d'une transaction
TransactionManager tm =
  (TransactionManager) new InitialContext()
     .lookup("java:/TransactionManager");

// début de la transaction
tm.begin();

// instanciation d'une entité
Customer cust = new Customer();
cust.setName("Bill");

// rendre l'entité persistante
em.persist(cust);
tm.commit() ;
```

Nous récupérons le gestionnaire d'entités de l'utilisateur courant (pour simplifier, du thread courant) depuis JNDI. De la même manière, nous récupérons la transaction (JTA) de l'utilisateur courant, toujours depuis JNDI. Nous démarrons la transaction *via* `tm.begin()`. À ce stade, les deux objets, gestionnaire d'entités et transaction, semblent indépendants. En fait, c'est le conteneur JBoss intégré qui effectue le lien entre les deux. Par souci de lisibilité, ce canevas exemple de code que nous utiliserons jusqu'au chapitre 7 est incomplet puisqu'il ne traite pas les potentielles exceptions. Référez-vous au chapitre 7 pour une explication détaillée sur ce point.

À partir de ce moment, nous pouvons manipuler le gestionnaire d'entités. Tout le travail entrepris *via* le gestionnaire d'entités sera transmis et définitivement validé lors de l'appel à `tm.commit()`.

Les logs suivants s'affichent lors de l'initialisation de Java Persistence :

```
DEBUG [Ejb3Deployment] Bound ejb3 container
jboss.j2ee:jar=ejbTestCase.jar,name=CustomerDAOBean,service=EJB3

INFO  [PersistenceUnitDeployment] Starting persistence unit
persistence.units:jar=ejbTestCase.jar,unitName=eyrollesEntityManager

DEBUG [PersistenceUnitDeployment] Found persistence.xml file in EJB3 jar

INFO  [Version] Hibernate Annotations 3.3.0.GA
```

```
INFO  [Environment] Hibernate 3.2.4.sp1
INFO  [Environment] hibernate.properties not found
INFO  [Environment] Bytecode provider name : javassist
INFO  [Environment] using JDK 1.4 java.sql.Timestamp handling
INFO  [Version] Hibernate EntityManager 3.3.1.GA
INFO  [Ejb3Configuration] Processing PersistenceUnitInfo [
name: eyrollesEntityManager
...]
INFO  [Ejb3Configuration] found EJB3 Entity bean:
org.jboss.embedded.tutorial.junit.beans.Customer
INFO  [AnnotationBinder] Binding entity from annotated class:
org.jboss.embedded.tutorial.junit.beans.Customer
INFO  [EntityBinder] Bind entity
org.jboss.embedded.tutorial.junit.beans.Customer on table Customer
…
INFO  [Dialect] Using dialect: org.hibernate.dialect.HSQLDialect
INFO  [TransactionFactoryFactory] Transaction strategy:
org.hibernate.ejb.transaction.JoinableCMTTransactionFactory
INFO  [TransactionManagerLookupFactory] instantiating
TransactionManagerLookup:
org.hibernate.transaction.JBossTransactionManagerLookup
INFO  [TransactionManagerLookupFactory] instantiated TransactionManagerLookup
INFO  [SettingsFactory] Automatic flush during beforeCompletion(): disabled
INFO  [SettingsFactory] Automatic session close at end of transaction: disabled
…
INFO  [SettingsFactory] Connection release mode: auto
INFO  [SettingsFactory] Default batch fetch size: 1
INFO  [SettingsFactory] Generate SQL with comments: disabled
INFO  [SettingsFactory] JPA-QL strict compliance: enabled
INFO  [SettingsFactory] Second-level cache: enabled
INFO  [SettingsFactory] Query cache: disabled
…
INFO  [SessionFactoryObjectFactory] Factory name:
persistence.units:jar=ejbTestCase.jar,unitName=eyrollesEntityManager
INFO  [NamingHelper] JNDI InitialContext
properties:{java.naming.factory.initial=org.jnp.interfaces.NamingContextFacto
ry, java.naming.factory.url.pkgs=org.jboss.naming:org.jnp.interfaces}
INFO  [SessionFactoryObjectFactory] Bound factory to JNDI name:
persistence.units:jar=ejbTestCase.jar,unitName=eyrollesEntityManager
```

```
WARN  [SessionFactoryObjectFactory] InitialContext did not implement
EventContext
INFO  [SchemaExport] Running hbm2ddl schema export
INFO  [SchemaExport] exporting generated schema to database
INFO  [SchemaExport] schema export complete
```

Ces logs vous permettent d'appréhender tous les détails de configuration pris en compte par Hibernate d'une manière relativement lisible ; cela va de la détection de la définition d'une unité de persistance à la création du schéma de la base de données en passant par l'analyse des entités.

Comme vous l'avez vu, obtenir un gestionnaire d'entités est chose facile. Nous verrons que cela peut être encore simplifié grâce à l'injection du gestionnaire d'entités dans les beans session EJB3. Il existe divers moyens d'obtenir un gestionnaire d'entités selon votre environnement. Ces méthodes sont abordées en détail au chapitre 7.

## En résumé

Pour vos premiers pas avec Java Persistence, vous disposez des prérequis pour monter un projet, par exemple, sous Eclipse, en suivant la structure décrite tout au long de cette partie ainsi que les bibliothèques à prendre en compte illustrées à la figure 2.3. Il vous suffit ensuite d'écrire le fichier META-INF/persistence.xml ainsi que d'annoter vos entités.

Pour le moment, c'est le registre JNDI qui vous fournira le gestionnaire d'entités avec lequel vous interagirez de manière transparente avec la base de données.

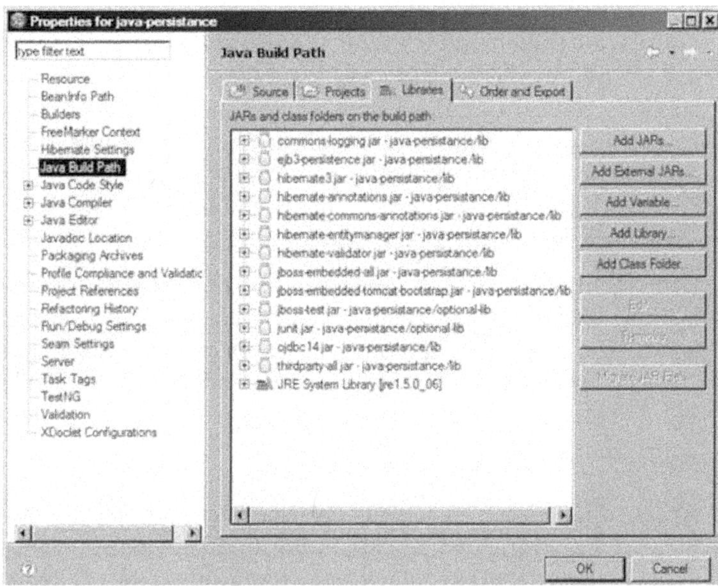


**Figure 2-3**
*Bibliothèques à prendre en compte*

Abordons désormais le cœur de notre problématique : les entités.

## Les entités

Java est un langage orienté objet. L'un des objectifs de l'approche orientée objet est de découper une problématique globale en un maximum de petits composants, chacun de ces composants ayant la charge de participer à la résolution d'une sous-partie de la problématique globale. Ces composants sont les objets. Leurs caractéristiques et les services qu'ils doivent rendre sont décrits dans des classes.

On appelle modèle de classes métier un modèle qui définit les problématiques réelles rencontrées par une application. La plupart de ces classes donnent naissance à des instances persistantes : ce sont les entités.

Les avantages attendus d'une conception orientée objet sont, entre autres, la maintenance facilitée, puisque le code est factorisé, et donc localisable en un point unique (cas idéal), mais aussi la réutilisabilité, puisqu'une micro-problématique résolue par un composant n'a plus besoin d'être réinventée par la suite. La réutilisabilité demande un investissement constant dans vos projets.

> **Pour en savoir plus**
>
> Vous trouverez un article intéressant sur la réutilisation dans l'analyse faite par Jeffrey S. Poulin sur la page *http://home.stny.rr.com/jeffreypoulin/Papers/WISR95/wisr95.html.*

Le manque de solution de persistance totalement transparente ou efficace ajouté à la primauté prise par les bases de données relationnelles sur les bases de données objet ont fait de la persistance des données l'un des problèmes, si ce n'est le problème, majeur des développements d'applications informatiques.

Les classes composant le modèle de classes métier d'une application informatique ne doivent pas consister en une simple définition de propriétés aboutissant dans une base de données relationnelle. Il convient plutôt d'inverser cette définition de la façon suivante : les classes qui composent votre application doivent rendre un service, lequel s'appuie sur des propriétés, certaines d'entre elles devant durer dans le temps. En ce sens, la base de données est un moyen de faire durer des informations dans le temps et n'est qu'un élément de stockage, même si cet élément est critique.

Une classe métier ne se contente donc pas de décrire les données potentiellement contenues par ses instances. Les entités sont les classes dont les instances doivent durer dans le temps. Ce sont celles qui sont prises en compte par le gestionnaire d'entités. Les éléments qui composent ces entités sont décrits dans les métadonnées.

### Exemple de diagramme de classes

Après ce rappel sur les aspects persistants et métier d'une classe, prenons un exemple ludique. Le diagramme de classes illustré à la figure 2.4 illustre un sous-ensemble de l'application de gestion d'équipes de sports introduite au chapitre 1.

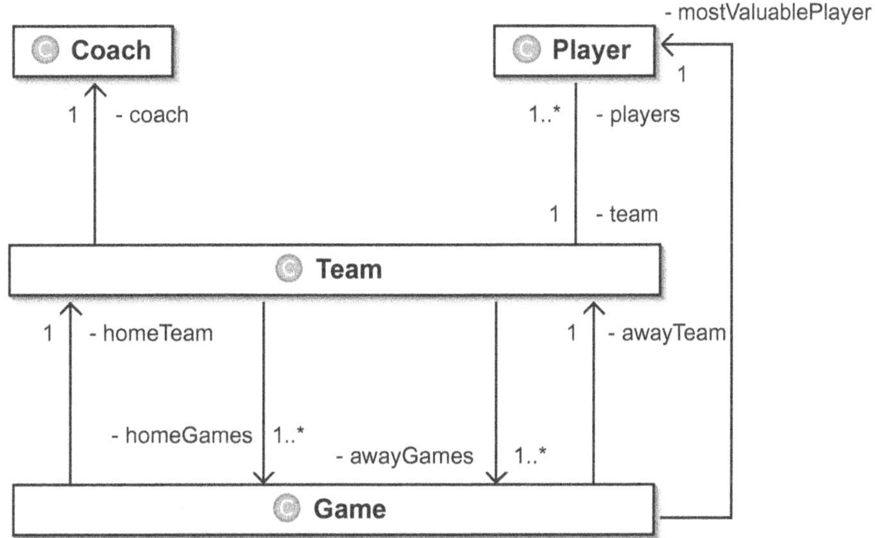


**Figure 2-4**
*Diagramme de classes exemple*

Le plus important dans ce diagramme réside dans les liens entre les classes, la navigabilité et les rôles qui vont donner naissance à des propriétés. Dans le monde relationnel, nous parlerions de tables contenant des colonnes, potentiellement liées entre elles. Ici, notre approche est résolument orientée objet.

Détaillons la classe Team, et découpons-la en plusieurs parties :

```
package chapitre2ModeleExemple;
// imports nécessaires

/**
 * Une instance de cette classe représente une Team.
 * Des players et des games sont associés à cette team.
 * Son cycle de vie est indépendant de celui des objets associés
 * @author Anthony Patricio <anthony@hibernate.org>
 */
public class Team implements Serializable{
  private Long id;←❶
  private String name;←❷
  private int nbWon;←❷
  private int nbLost;←❷
  private int nbPlayed;←❷
  private Coach coach;←❸
  private Set<Player> players = new HashSet<Player>();←❹
  // nous verrons plus tard comment choisir la collection
  // private List players = new ArrayList
  private Map<Date,Game> homeGames = new HashMap<Date,Game>();←❹
  private Map<Date,Game> awayGames = new HashMap<Date,Game>();←❹
  private transient int nbNull;←❺
  private transient Map<Date,Game> games
       = new HashMap<Date,Game> ();←❺
```

```
    private transient Set<Game> wonGames = new HashSet<Game> ();←❺
    private transient Set<Game> lostGames = new HashSet<Game> ();←❺

  /**
   * Contructeur par défaut←❻
   */
   public Team() {}

  // méthodes métier←❼
  // getters & setters←❽
  // equals & hashcode←❾
```

Cette classe est une entité. Cela veut dire que ses instances vont être stockées dans un entrepôt, ou datastore. Concrètement, il s'agit de la base de données relationnelle. À n'importe quel moment, une application est susceptible de récupérer ces instances, qui sont aussi dites persistantes, à partir de son identité (repère ❶) dans le datastore. Cette identité peut être reprise comme propriété de la classe.

La classe décrit ensuite toutes les propriétés dites simples (repère ❷) puis les associations vers un objet (repère ❸) et fait de même avec les collections (repère ❹). Elle peut contenir des propriétés calculées (repère ❺). Le repère ❻ indique le constructeur par défaut, le repère ❼ les méthodes métier et le repère ❽ les accesseurs (getters et setters).

Les méthodes `equals` et `hashcode` (repère ❾) permettent d'implémenter les règles d'égalité de l'objet. Il s'agit de spécifier les conditions permettant d'affirmer que deux instances doivent être considérées comme identiques ou non.

Chacune de ces notions a son importance, comme nous allons le voir dans les sections suivantes.

### L'unicité métier

La notion d'unicité est commune aux mondes objet et relationnel. Dans le monde relationnel, elle se retrouve dans deux contraintes d'intégrité. Pour rappel, une contrainte d'intégrité vise à garantir la cohérence des données.

Pour assurer l'unicité d'un enregistrement dans une table, ou tuple, la première contrainte qui vient à l'esprit est la clé primaire. . Une clé primaire *(primary key)* est un ensemble de colonnes dont la combinaison forme une valeur unique. La contrainte d'unicité *(unicity constraint)* possède exactement la même signification.

Dans notre application exemple, nous pourrions dire pour la table `TEAM` qu'une colonne `NAME`, contenant le nom de la *team,* serait bonne candidate à être une clé primaire. D'après le diagramme de classes de la figure 2.4, il est souhaitable que les tables `COACH` et `PLAYER` possèdent une référence vers la table `TEAM` du fait des associations. Concrètement, il s'agira d'une clé étrangère qui pointera vers la colonne `NAME`.

Si l'application évolue et qu'elle doive prendre en compte toutes les ligues sportives, nous risquons de nous retrouver avec des doublons de `name`. Nous serions alors obligés de redéfinir cette clé primaire comme étant la combinaison de la colonne `NAME` et de la colonne ID_LIGUE, qui est bien entendu elle aussi une clé étrangère vers la toute nouvelle table LIGUE. Malheureusement, nous avons déjà plusieurs clés étrangères qui pointent vers l'ancienne clé primaire, notamment dans COACH et PLAYER, alors que notre application ne compte pas plus d'une dizaine de tables.

Nous voyons bien que ce type de maintenance devient vite coûteux. De plus, à l'issue de cette modification, nous aurions à travailler avec une clé composée, qui est plus délicate à gérer à tous les niveaux.

Pour éviter de telles complications, la notion de *clé artificielle* est adoptée par beaucoup de concepteurs d'applications. Contrairement à la clé primaire précédente, la clé artificielle, ou *surrogate key,* n'a aucun sens métier. Elle présente en outre l'avantage de pouvoir être générée automatiquement, par exemple, *via* une séquence si vous travaillez avec une base de données Oracle.

> **Pour en savoir plus**
>
> Voici deux liens intéressants sur les *surrogate keys* : *http://en.wikipedia.org/wiki/Surrogate_key.*

La best practice en la matière consiste à définir la clé primaire de vos tables par une clé artificielle générée et d'assurer la cohérence des données à l'aide d'une contrainte d'unicité sur une colonne métier ou une combinaison de colonnes métier. Toutes vos clés étrangères sont ainsi définies autour des clés artificielles, engendrant une maintenance facile et rapide en cas d'évolution du modèle physique de données.

> **Pour vos nouvelles applications**
>
> Lors de l'analyse fonctionnelle, il est indispensable de recenser les données ou combinaisons de données candidates à l'unicité métier.

### Couche de persistance et objet Java

En Java, l'identité peut devenir ambiguë lorsque vous travaillez avec deux objets, et il n'est pas évident de savoir si ces deux objets sont identiques techniquement ou au sens métier.

Dans l'exemple suivant :

```
Integer a = new Integer(1) ;
Integer b = new Integer(1) ;
```

l'expression a = = b, qui teste l'identité, n'est pas vérifiée et renvoie false. Pour que a = = b, il faut que ces deux pointeurs pointent vers le même objet en mémoire. Dans le même temps, nous souhaiterions considérer ces deux instances comme égales sémantiquement.

La méthode non finale `equals()` de la classe Object permet de redéfinir la notion d'égalité de la façon suivante (il s'agit bien d'une redéfinition, car, par défaut, une instance n'est égale qu'à elle-même) :

```
public boolean equals(Object o){
return (this = = o);
}
```

Dans cet exemple, si nous voulons que les expressions `a` et `b` soient égales, nous surchargeons `equals()` en :

```
Public boolean equals(Object o){
if((o!=null) && (obj instanceof Integer)){
    return ((Integer)this).intValue() = = ((Integer)obj).intValue();
  }
  return false;
}
```

La notion d'identité (de référence en mémoire) est délaissée au profit de celle d'égalité, qui est indispensable lorsque vous travaillez avec des objets dont les valeurs forment une partie de votre problématique métier.

Le comportement désiré des clés d'une map ou des éléments d'un set dépend essentiellement de la bonne implémentation d'`equals()`.

> **Pour en savoir plus**
>
> Les deux références suivantes vous permettront d'appréhender entièrement cette problématique :
>
> *http://developer.java.sun.com/developer/Books/effectivejava/Chapter3.pdf.*
>
> *http://www-106.ibm.com/developerworks/java/library/j-jtp05273.html.*

Pour redéfinir `x.equals(y)`, procédez de la façon suivante :

1. Commencez par tester `x = = y`. Il s'agit d'optimiser et de court-circuiter les traitements suivants en cas de résultat positif.
2. Utilisez l'opérateur `instanceof`. Si le test est négatif, retournez false.
3. Castez l'objet y en instance de la classe de x. L'opération ne peut être qu'une réussite étant donné le test précédent.
4. Pour chaque propriété métier candidate, c'est-à-dire celles qui garantissent l'unicité, testez l'égalité des valeurs.

Si vous surchargez `equals()`, il est indispensable de surcharger aussi `hashcode()` afin de respecter le contrat d'Object. Si vous ne le faites pas, vos objets ne pourront être stables en cas d'utilisation de collections de type HashSet, HashTable ou HashMap.

### Importance de l'identité

Il existe deux cas où ne pas redéfinir `equals()` risque d'engendrer des problèmes : lorsque vous travaillez avec des clés composées et lorsque vous testez l'égalité de deux entités provenant de deux gestionnaires d'entités différents.

Votre réflexe serait dans ces deux cas d'utiliser la propriété mappée `id`. Les références mentionnées à la section « Pour en savoir plus » précédente décrivent aussi le contrat de `hashcode()`. Vous y apprendrez notamment que le moment auquel le `hashcode()` est appelé importe peu, la valeur retournée devant toujours être la même. C'est la raison pour laquelle, vous ne pouvez vous fonder sur la propriété mappée `id`. En effet, cette propriété n'est renseignée qu'à l'appel de `entityManager.persist(obj)`, que vous découvrirez au chapitre 3. Si, avant cet appel, vous avez stocké votre objet dans un HashSet, le contrat est rompu puisque le `hashcode()` a changé.

> ***equals()* et *hashcode()* sont-ils obligatoires ?**
>
> Si vous travaillez avec des composite-id, vous êtes obligé de surcharger les deux méthodes au moins pour ces classes. Si vous faites appel deux fois à la même entité mais ayant été obtenue par des gestionnaires d'entités différents, vous êtes obligé de redéfinir les deux méthodes. L'utilisation de l'id dans ces méthodes est source de bogue, tandis que celle de l'unicité métier couvre tous les cas d'utilisation.
>
> Si vous n'utilisez pas les composite-id et que vous soyez certain de ne pas mettre en concurrence une même entité provenant de deux gestionnaires d'entités différents, il est inutile de vous embêter avec ces méthodes.
>
> Notez que, depuis Hibernate 3, le moteur de persistance Hibernate est beaucoup moins sensible à l'absence de redéfinition de ces méthodes. Les écrire est cependant toujours recommandé.

## Les méthodes métier

Les méthodes métier de l'exemple suivant peuvent paraître évidentes, mais ce sont bien elles qui permettent de dire que votre modèle est réellement orienté objet car tirant profit de l'isolation et de la réutilisabilité :

```
/**
* @return retourne le nombre de game à score null.
*/
public int getNbNull() {
  // un simple calcul pour avoir le nombre de match nul
  return nbPlayed - nbLost - nbWon;
}

/**
    * @return la liste des games gagnés
    */
public Set getWonGames(){
  games = getGames();
  wonGames.clear();
  for (Iterator it=games.values().iterator(); it.hasNext(); ) {
    Game game = (Game)it.next();
```

```
        // si l'équipe ayant gagné le match est l'entité elle-même
      // alors le match peut aller dans la collection des matchs
      // gagnés
      if (game.getVictoriousTeam().equals(this))
        wonGames.add(game);
    }
    return wonGames;
  }
```

Sans cet effort d'enrichissement fonctionnel dans les classes composant votre modèle de classes métier, lors des phases de conception, ces logiques purement métier sont déportées dans la couche contrôle, voire la couche service. Vous vous retrouvez dès lors avec un modèle métier anémique, du code dupliqué et une maintenance et une évolution délicates.

**Pour en savoir plus**

L'article suivant décrit parfaitement le symptôme du modèle anémique : *http://www.martinfowler.com/bliki/AnemicDomainModel.html*

## *Cycle de vie d'un objet manipulé avec le gestionnaire d'entités*

Pour être persistant, un objet doit pouvoir être stocké sur un support lui garantissant une durée de vie potentiellement infinie. Le plus simple des supports de stockage est un fichier qui se loge sur un support physique. La *sérialisation* permet, entre autres, de transformer un objet en fichier.

Java Persistence ne peut se brancher sur une base de données objet mais peut travailler avec n'importe quelle base de données qui dispose d'un pilote JDBC de qualité, tout du moins pour ce qui est de l'implémentation Hibernate.

Les concepts que nous allons aborder ici sont communs à toutes les solutions de mapping objet-relationnel, ou ORM (Object Relational Mapping), fondées sur la notion d'état.

La figure 2.5 illustre les différents états d'un objet. Les états définissent le cycle de vie d'un objet.

Un objet *persistant* est un objet qui possède son image dans le datastore et dont la durée de vie est potentiellement infinie. Pour garantir que les modifications apportées à un objet sont rendues persistantes, c'est-à-dire sauvegardées, l'objet est surveillé par un « traqueur » d'instances persistantes. Ce rôle est joué par le gestionnaire d'entités.

Un objet *transient* est un objet qui n'a pas son image stockée dans le datastore. Il s'agit d'un objet « temporaire », qui meurt lorsqu'il n'est plus utilisé par personne. En Java, le garbage collector le ramasse lorsque aucun autre objet ne le référence.

Un objet *détaché* est un objet qui possède son image dans le datastore mais qui échappe temporairement à la surveillance opérée par le gestionnaire d'entités. Pour que les modifications potentiellement apportées pendant cette phase de détachement soient enregistrées, il faut effectuer une opération manuelle pour *merger* cette instance au gestionnaire d'entités.

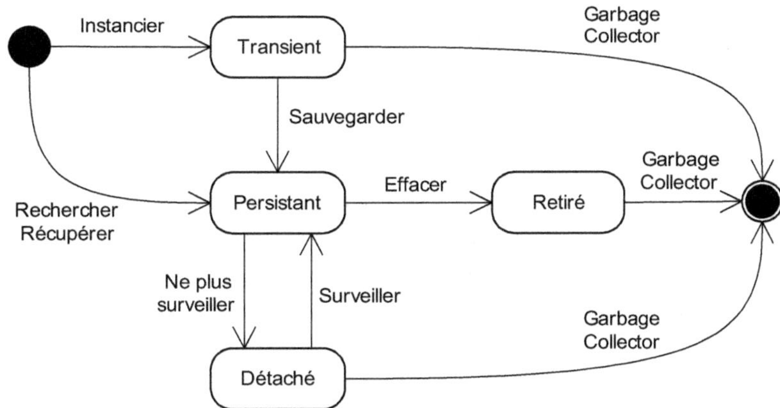


**Figure 2-5**
*États d'un objet*

Un objet *retiré* est un objet actuellement géré par le gestionnaire d'entités mais programmé pour ne plus être persistant. À la validation de l'unité de travail, un ordre SQL delete sera exécuté pour retirer son image du datastore.

## Entités et valeurs

Pour comprendre le comportement, au sens Java, des différents objets dans le contexte d'un service de persistance, nous devons les séparer en deux groupes, les entités et les objets inclus (*embedded objects*, historiquement appelés composants par Hibernate).

Une *entité* existe indépendamment de n'importe quel objet contenant une référence à cette entité. C'est là une différence notable avec le modèle Java habituel, dans lequel un objet non référencé est un candidat pour le garbage collector. Les entités doivent être explicitement rendues persistantes et supprimées, excepté dans le cas où ces actions sont définies en cascade depuis un objet *parent* vers ses enfants (la notion de cascade est liée à la persistance transitive, que nous détaillons au chapitre 6). Les entités supportent les références partagées et circulaires. Elles peuvent aussi être versionnées.

Un état persistant d'une entité est constitué de références vers d'autres entités et d'instances de type valeur. Les valeurs sont des types primitifs, des collections, des objets inclus et certains objets immuables. Contrairement aux entités, les valeurs sont rendues persistantes et supprimées par référence *(reachability)*.

Puisque les objets de types valeurs et primitifs sont rendus persistants et supprimés en relation avec les entités qui les contiennent, ils ne peuvent être versionnés indépendamment de ces dernières. Les valeurs n'ont pas d'identifiant indépendant et ne peuvent donc être partagées entre deux entités ou collections.

Tous les types pris en charge par Java Persistence, à l'exception des collections, supportent la sémantique null.

Jusqu'à présent, nous avons utilisé les termes *classes persistantes* pour faire référence aux entités. Nous allons continuer de le faire. Cependant, dans l'absolu, toutes les classes persistantes définies par un utilisateur et ayant un état persistant ne sont pas nécessairement des entités. Un composant, par exemple, est une classe définie par l'utilisateur ayant la sémantique d'une valeur.

### En résumé

Nous venons de voir les éléments structurant une classe persistante et avons décrit leur importance en relation avec Java Persistence. Nous avons par ailleurs évoqué les différences entre les notions d'entité et de valeur.

La définition du cycle de vie d'un objet persistant manipulé avec Java Persistence a été abordée, et vous savez déjà que le gestionnaire d'entités vous permettra de faire vivre vos objets persistants selon ce cycle de vie.

Les bases sont posées pour appréhender concrètement l'utilisation du gestionnaire d'entités. À chaque transition du cycle de vie correspond au moins une méthode à invoquer sur le gestionnaire. C'est ce que nous nous proposons de décrire à la section suivante.

## Le gestionnaire d'entités

L'utilisation du gestionnaire d'entité ne peut se faire sans les métadonnées. À l'inverse, les métadonnées ne sont testables et donc compréhensibles sans la connaissance de l'API EntityManager.

L'utilisation atomique du gestionnaire d'entités dans nos exemples suit le modèle suivant :

```
EntityManager em =
    (EntityManager) new InitialContext()
       .lookup("java:/EntityManagers/eyrollesEntityManager"); ←❶

TransactionManager tm =
    (TransactionManager) new InitialContext()
       .lookup("java:/TransactionManager");

tm.begin(); ←❷
//faire votre travail←❸
    ...
tm.commit();
```

Comme expliqué précédemment, le gestionnaire d'entités, s'obtient pour le moment *via* le registre JNDI (repère ❶). La gestion de transaction (repère ❷) est indispensable pour vous permettre d'utiliser le gestionnaire d'entités, même s'il est possible de la rendre partiellement automatique et transparente, comme vous le verrez ultérieurement avec l'utilisation des beans session et de la gestion déclarative des transactions.

Souvenez-vous de vous référer au chapitre 7 pour appréhender la problématique de gestion des exceptions.

## Les actions du gestionnaire d'entités

Vous allez maintenant vous intéresser de manière très générale aux actions que vous pouvez effectuer à partir d'un gestionnaire d'entités. À partir du même exemple de code, vous insérerez (repère ❸) les exemples de code fournis dans les sections qui suivent.

Les actions abordées ci-après ne couvrent pas l'intégralité des possibilités qui vous sont offertes. Pour une même action, il peut en effet exister deux ou trois variantes. Une description exhaustive des actions entraînant une écriture en base de données est fournie au chapitre 6.

### Récupération d'une entité

Pour récupérer une entité, il existe plusieurs façons de procéder.

Si vous connaissez son id, invoquez `em.find` (Class clazz, Object id). En cas de non-existence de l'objet, null sera retourné :

```
Player player = (Player) em.find (Player.class, new Long(1));
select player0_.PLAYER_ID as PLAYER_ID0_, player0_.PLAYER_NAME as
PLAYER_N2_0_0_, player0_.PLAYER_NUMBER as PLAYER_N3_0_0_,
player0_.BIRTHDAY as BIRTHDAY0_0_, player0_.HEIGHT as HEIGHT0_0_,
player0_.WEIGHT as WEIGHT0_0_, player0_.TEAM_ID as TEAM_ID0_0_
from PLAYER player0_
where player0_.PLAYER_ID=?
```

Cette méthode permet la récupération unitaire d'une entité. Vous pouvez bien sûr former des requêtes orientées objet, *via* le langage EJB-QL, par exemple. Une dernière possibilité consiste à récupérer virtuellement l'instance *via* la méthode `em.getReference` (Class clazz, Object id). Dans ce cas, le gestionnaire d'entités ne consulte pas la base de données mais vous renvoie un proxy. Dès que vous tenterez d'accéder à l'état de cet objet, en invoquant un accesseur autre que l'id, la base de données sera interrogée pour « remplir » l'instance.

### Rendre une nouvelle instance persistante

La méthode `em.persist()` permet de rendre persistante une instance transiente, par exemple une nouvelle instance, l'instanciation pouvant se faire à n'importe quel endroit de l'application :

```
Player player = new Player("Zidane") ;
em.persist(player);
//commit
insert into PLAYER (PLAYER_NAME, PLAYER_NUMBER, BIRTHDAY, HEIGHT, WEIGHT,
TEAM_ID) values (?, ?, ?, ?, ?, ?)
```

Vous pouvez aussi utiliser `em.merge()`.

### Rendre persistantes les modifications d'une instance

Si l'instance persistante est présente dans le gestionnaire d'entités, il n'y a rien à faire. Le simple fait de la modifier engendre une mise à jour lors du commit ; c'est ce qu'on appelle le *dirty checking* automatique :

```
Player player = (Player) em.find(Player.class, new Long(1));
player.setName("zidane");
Hibernate: select player0_.PLAYER_ID as PLAYER_ID0_,
player0_.PLAYER_NAME as PLAYER_N2_0_0_,
player0_.PLAYER_NUMBER as PLAYER_N3_0_0_,
player0_.BIRTHDAY as BIRTHDAY0_0_,
player0_.HEIGHT as HEIGHT0_0_, player0_.WEIGHT as WEIGHT0_0_,
player0_.TEAM_ID as TEAM_ID0_0_
from PLAYER player0_
where player0_.PLAYER_ID=?
Hibernate: update PLAYER set PLAYER_NAME=?, PLAYER_NUMBER=?, BIRTHDAY=?,
HEIGHT=?, WEIGHT=?, TEAM_ID=? where PLAYER_ID=?
```

Ici, le select est le résultat de la première ligne de code, et l'update se déclenche au commit de la transaction, ou plutôt à l'appel de `flush()`. Le flush est une notion importante, sur laquelle nous reviendrons plus tard. Sachez simplement pour l'instant que, par défaut, Java Persistence, exécute automatiquement un flush au bon moment afin de garantir la consistance des données.

### Rendre persistantes les modifications d'une instance détachée

Si l'instance persistante n'est pas liée à un gestionnaire d'entités, elle est dite *détachée*. Il est impossible de traquer les modifications des instances persistantes qui ne sont pas attachées à un gestionnaire d'entités. C'est la raison pour laquelle le détachement et le réattachement font partie du cycle de vie de l'objet du point de vue de la persistance.

Il est impossible de réattacher à proprement parlé une instance détachée. La seule action définie par Java Persistence est appelée *merge*. En invoquant merge sur un gestionnaire d'entités, celui-ci charge l'état persistant de l'entité et fusionne l'état persistant avec l'état détaché.

Pour merger et rendre persistantes les modifications qui auraient pu survenir en dehors du scope du gestionnaire d'entités, il suffit d'invoquer la méthode `em.merge (entitéDétachée)` :

Le premier select est déclenché à l'invocation de `em.merge()`. Java Persistence récupère les données et les fusionne avec les modifications apportées à l'instance détachée. `em.merge()`

```
Player attachedPlayer = (Player)em.merge(detachedPlayer);
Hibernate: select player0_.PLAYER_ID as PLAYER_ID0_,
player0_.PLAYER_NAME as PLAYER_N2_0_0_,
player0_.PLAYER_NUMBER as PLAYER_N3_0_0_,
player0_.BIRTHDAY as BIRTHDAY0_0_, player0_.HEIGHT as HEIGHT0_0_,
player0_.WEIGHT as WEIGHT0_0_, player0_.TEAM_ID as TEAM_ID0_0_
from PLAYER player0_
where player0_.PLAYER_ID=?
Hibernate: update PLAYER set PLAYER_NAME=?, PLAYER_NUMBER=?, BIRTHDAY=?,
  HEIGHT=?, WEIGHT=?, TEAM_ID=? where PLAYER_ID=?
```

renvoie alors l'instance persistante, et celle-ci est attachée au gestionnaire d'entités. À l'issue de l'exécution de ce code, vous avez bien `detachedPlayer` qui est toujours détaché, mais `attachedPlayer` comprend quant à lui les modifications et est attaché.

### Détacher une instance persistante

Détacher une instance signifie ne plus surveiller cette instance, avec les deux conséquences majeures suivantes :

- Plus aucune modification ne sera rendue persistante de manière transparente.
- Tout contact avec un proxy engendrera une erreur.

Nous reviendrons dans le cours de l'ouvrage sur la notion de proxy. Sachez simplement qu'un proxy est nécessaire pour l'accès à la demande, ou *lazy loading (voir plus loin),* des objets associés.

Il existe trois moyens de détacher une instance :

- en fermant le gestionnaire d'entités : `em.close()` ;
- en le vidant : `em.clear()` ;
- (spécifique d'Hibernate), en détachant une instance particulière : `hibernateSession.evict(obj)`.

### Enlever un objet

Enlever un objet signifie l'extraire définitivement de la base de données. La méthode `em.remove()` permet d'effectuer cette opération. Prenez garde cependant que l'enregistrement n'est dès lors plus présent en base de données et que l'instance reste dans la JVM tant que l'objet est référencé. S'il ne l'est plus, il est ramassé par le garbage collector :

```
em.remove(player);
delete from PLAYER where PLAYER_ID=?
```

### Rafraîchir une instance

Dans le cas où un trigger serait déclenché suite à une opération (`ON INSERT`, `ON UPDATE`, etc.), vous pouvez forcer le rafraîchissement de l'instance *via* `em.refresh()`.

Cette méthode déclenche un select et met à jour les valeurs des propriétés de l'instance.

## Exercices

Pour chacun des exemples de code ci-dessous, définissez l'état de l'instance de `Player`, en supposant que le gestionnaire d'entités est vide.

**Énoncé 1**

```
public void test1(Player p){
←❶
  ...
  tm.begin();
  EntityManager em = (EntityManager) new InitialContext()
     .lookup("java:/EntityManagers/eyrollesEntityManager");
  tm.commit();
  ←❷
}
```

**Solution**

En ❶, l'instance provient d'une couche supérieure. Émettons l'hypothèse qu'elle est détachée. Un gestionnaire d'entités est ensuite récupéré, mais cela ne suffit pas. En ❷, l'instance est toujours détachée.

**Énoncé 2**

```
public Player test2(Long id){
// nous supposons que l'id existe dans le datastore
  ...
  tm.begin();
  EntityManager em = (EntityManager) new InitialContext()
     lookup("java:/EntityManagers/eyrollesEntityManager");
  Player p = em.find (Player.class,id);
  ←❶
  tm.commit();
  return p ; ←❷
}
```

**Solution**

L'instance est récupérée *via* le gestionnaire d'entités. Elle est donc attachée jusqu'à fermeture ou détachement explicite. Dans ce test, l'instance est persistante (et attachée) en ❶ et ❷.

**Énoncé 3**

```
public Team test3(Long id){
  ...
  tm.begin();
  EntityManager em = (EntityManager) new InitialContext()
```

```
        .lookup("java:/EntityManagers/eyrollesEntityManager");
    Player p = em.find (Player.class,id);
    ←❶
    tm.commit();
    em.close();
    return p.getTeam(); ←❷
}
```

### Solution

En ❶, l'instance est persistante, mais elle est détachée en ❷ car le gestionnaire d'entités est fermé. La ligne pourra soulever une exception de chargement, mais, pour l'instant, vous n'êtes pas en mesure de savoir pourquoi. Vous le verrez au chapitre 5.

### Énoncé 4

```
public void test4(Player p){
// nous supposons que p.getId() existe dans le datastore
  …
  tm.begin();
  EntityManager em = (EntityManager) new InitialContext()
     .lookup("java:/EntityManagers/eyrollesEntityManager");

  ←❶
  em.remove (p);
  ←❷
  tm.commit();
  em.close();
}
```

### Solution

L'instance est détachée puis transiente.

### Énoncé 5

```
public void test5(Player p){
// nous supposons que p.getId() existe dans le datastore
  …
  tm.begin();
  EntityManager em = (EntityManager) new InitialContext()
     .lookup("java:/EntityManagers/eyrollesEntityManager");
  ←❶
  p = em.merge(p);
  ←❷
  tm.commit();
  em.close();
}
```

**Solution**

L'instance est détachée puis persistante. Pour autant, que pouvons-nous dire de p.getTeam() ? Vous serez en mesure de répondre à cette question après avoir lu le chapitre 6.

**Énoncé 6**

```
public void test7(Player p){
  …
  tm.begin();
  EntityManager em = (EntityManager) new InitialContext()
     .lookup("java:/EntityManagers/eyrollesEntityManager");
  ❶
  Player p2 = em.merge(p);
  ❷
  tm.commit();
  em.close();
}
```

**Solution**

En ❶, l'instance p peut être transiente ou détachée. En ❷, p est détachée et p2 persistante.

## En résumé

Nous sommes désormais en mesure de compléter le diagramme d'états *(voir figure 2.6)* que nous avons esquissés à la figure 2.5 avec les méthodes du gestionnaire d'entités permettant la transition d'un état à un autre ainsi que les méthodes, si vous utilisez Hibernate nativement *(voir figure 2.7).*

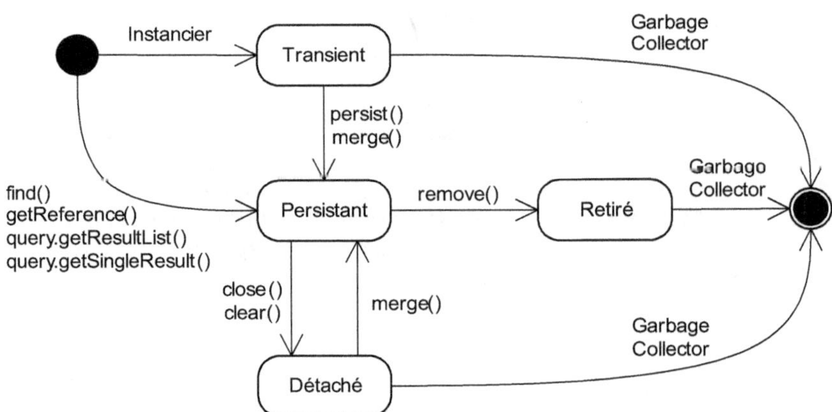


**Figure 2-6**
*Cycle de vie des instances persistantes avec Java Persistence*

**Figure 2-7**
*Cycle de vie des instances persistantes avec Hibernate natif*

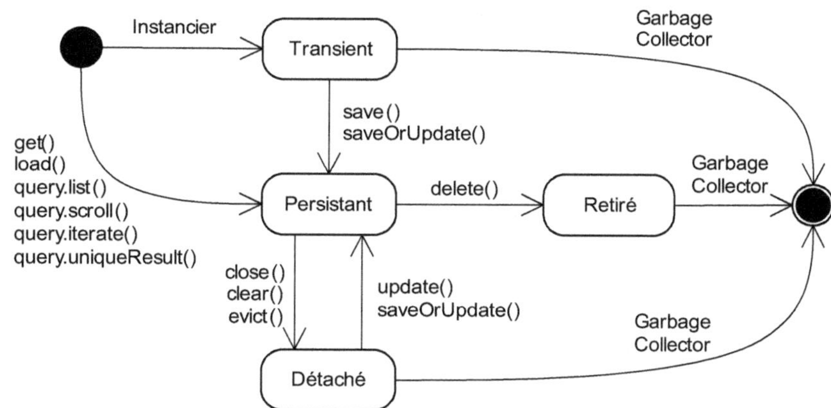


## Conclusion

Vous disposez maintenant des informations nécessaires à la mise en place de l'environnement de prototypage utilisé tout au long de ce livre. Vous connaissez aussi les subtilités du cycle de vie des objets dans le cadre de l'utilisation d'un outil de persistance fondé sur la notion d'état et êtes capable de mettre un nom de méthode sur chaque transition de ce cycle de vie.

Sur le plan théorique, il ne vous reste plus qu'à connaître les métadonnées, qui vous permettront de mapper vos entités à votre schéma relationnel. C'est ce que nous vous proposons d'aborder au chapitre 3.

# 3

# Métadonnées et mapping des entités

Au chapitre précédent, nous avons occulté l'étape suivant la mise en place de Java Persistence, qui consiste en l'annotation des entités. Les annotations sont un moyen d'ajouter de l'information aux classes sans impacter leur rôle technique ou fonctionnel. Dans Java Persistence, elles sont exploitées pour définir la mise en correspondance de vos classes persistantes avec le modèle relationnel et représentent un ensemble de paramètres appelé métadonnées. Ce sont ces dernières qui permettent de mapper un modèle de classes à quasiment toutes les structures relationnelles possibles.

Maîtriser les métadonnées est donc primordial. Chaque nuance peut vous permettre d'optimiser l'utilisation de Java Persistence, *via* les options de chargement, ou de rester fidèle à votre conception objet, en utilisant, par exemple, les métadonnées relatives à l'héritage.

Ce chapitre commence par recenser l'ensemble le plus utilisé des métadonnées, des métadonnées simples à celles permettant de joindre des tables ou d'associer des entités. Seul l'héritage et certaines annotations très particulières sont laissés de côté ; ils sont abordés aux chapitres suivants. Le présent chapitre se penche ensuite sur un exemple concret mettant en œuvre les trois quarts des mappings que vous utiliserez le plus.

**Autres formes de métadonnées**

Comme indiqué au chapitre précédent, vous pouvez externaliser vos mappings dans des fichiers de déploiement XML. Nous avons délibérément choisi de nous concentrer uniquement sur les annotations pour ne pas porter préjudice à la lisibilité de l'ouvrage. De plus, il est vivement conseillé de privilégier l'utilisation des annotations, bien plus productives.

> **(Suite)**
> Les autres formes d'écriture des métadonnées sont soit normalisées par la spécification Java Persistence (référez-vous à la spécification pour en connaître la syntaxe), soit spécifiques à Hibernate et au format hbm.xml (vous trouverez sur la page Web dédiée au livre un référentiel des métadonnées au format hbm.xml.

## Annotations de base

Après quelques définitions et un exemple, nous allons donner la liste les annotations permettant de définir des mappings « simples », comme la définition d'une entité et de sa table mappée ou encore les objets inclus.

### *Généralités sur les métadonnées*

Le principe de lecture de ce référentiel est simple. Après une rapide introduction, vous retrouverez, sous forme d'énumération, les options que propose chacune des métadonnées fidèles à Java Persistence, mais aussi certaines spécifiques à l'implémentation Hibernate. L'introduction proposera si nécessaire un parallèle avec la conception UML.

> **Différencier les annotations standards et les annotations spécifiques**
> Les annotations standards sont localisées dans le package javax.persistence. Les annotations spécifiques sont localisées dans le package org.hibernate.annotations. Chaque fois que nous exploiterons une annotation spécifique à Hibernate, nous utiliserons sont nom entièrement qualifié, qui sera donc précédé de org.hibernate.annotations.

Vous allez apprendre à utiliser des annotations valides répondant à votre conception objet.

Le référentiel des métadonnées est si riche qu'il peut paraître effrayant. Sachez cependant qu'une partie de ce référentiel n'existe que pour répondre à des cas plus ou moins spécifiques, que vous ne rencontrerez peut être jamais.

#### Paramètres par défaut

Le fournisseur de persistance accède à l'état de l'entité soit par ses variables d'instance, soit par ses accesseurs. Lorsque les annotations sont utilisées, celles-ci déterminent le mode d'accession à l'état de l'entité :

- Si la variable d'instance est annotée, on parle d'accès par le champ (*field based access*) ; la variable d'instance sera donc utilisée directement.
- Si le *getter* est annoté, on parle d'accès par la propriété (*property based access*) ; les accesseurs seront utilisés.

Il est recommandé d'utiliser les accesseurs même si, dans nos exemples, nous annoterons les variables d'instance par souci de clarté.

### Comprendre les annotations, exemple de @UniqueConstraint

Une annotation peut être assimilée à un *stéréotype* UML, et ses paramètres à des *tagged-values*, comme illustré à la figure 3.1. Sur cette figure, nous utilisons un stéréotype particulier pour définir la classe comme étant persistante. Ce détail de conception permet aisément de générer les annotations d'une classe. Les IDE s'en servent pour leurs outils de génération de code et de reverse engineering.

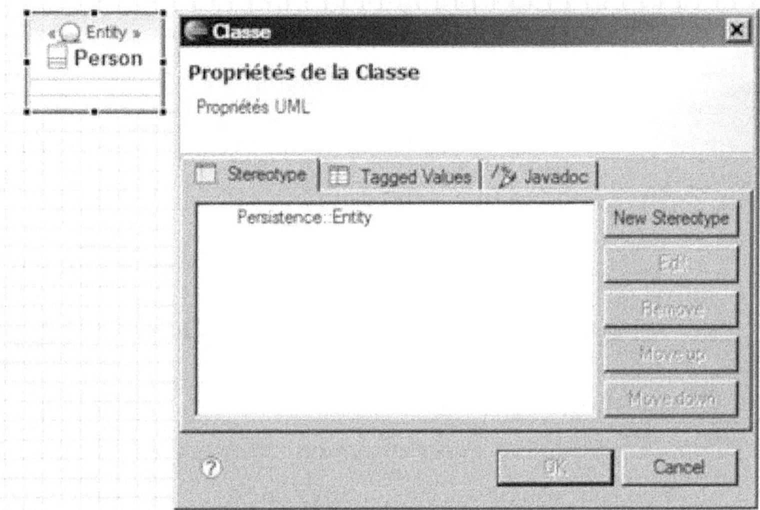


**Figure 3-1**
*Stéréotypage d'une classe*

Le métamodèle UML de votre environnement de conception est une notion différente des métadonnées. Le métamodèle UML vous permet de personnaliser votre conception en fonction des outils et frameworks que vous utilisez. L'objectif de cette personnalisation est souvent la génération documentaire et la génération de sources. Ici, elle peut nous permettre de générer les annotations.

Pour simplifier, disons que, dans le cadre d'une personnalisation orientée Java Persistence, le stéréotype serait `"Entity"` et il serait applicable aux classes.

Une annotation n'est pas du code. Il s'agit d'informations supplémentaires qui ne modifient en rien le comportement de la classe, un peu comme les javadocs. Les annotations s'inspirent du succès de XDoclet et l'améliorent.

Les avantages des annotations sur des descripteurs de déploiements traditionnels ou des fichiers de mapping Hibernate sont les suivants :

- Les annotations puisent le cœur de l'information depuis l'élément sur lequel elles s'appliquent. Par exemple, pour mapper une classe à une table dans un fichier de mapping objet relationnel Hibernate traditionnel (fichiers hbm.xml), il faut déclarer le nom de la classe ainsi que son package (voir exemple ci-dessous). Alors qu'avec les annotations, ces deux informations sont puisées implicitement de l'élément annoté.

```
<hibernate-mapping package="NomDuPackage">
<class name="NomDeLaClasse">
```

- Contrairement aux anciens descripteurs de déploiement des EJB entité, elles sont standardisées et donc portables.
- Elles sont, à de rares exceptions, beaucoup moins verbeuses que le XML.
- Elles bénéficient d'une phase de compilation qui permet de valider en direct qu'elles sont, au minimum, syntaxiquement correctes.

Ces arguments justifient à eux seuls que cet ouvrage soit centré sur les annotations.

Pour vérifier à tout moment les éléments pouvant être définis dans une annotation, vous pouvez consulter sa source. Par exemple, l'annotation @Table que nous détaillerons plus loin se présente sous la forme suivante :

```
@Target({TYPE}) @Retention(RUNTIME)
public @interface Table {
   String name() default "";
   String catalog() default "";
   String schema() default "";
   UniqueConstraint[] uniqueConstraints() default {};
}
```

@Target vous indique ce qui peut être annoté.

Dans le cadre de Java Persistence, vous rencontrerez :

- TYPE pour une classe, une interface ou une enum ;
- METHOD pour une méthode ;
- FIELD pour une propriété de la classe.

@Retention(RUNTIME) spécifie que l'annotation est compilée puis chargée par la machine virtuelle.

Viennent ensuite les *membres* de l'annotation. Ces éléments sont définis par un nom, un type et une valeur par défaut. Rien de particulier pour le nom et la valeur par défaut. Par contre, les types ne peuvent être que des primitifs, String, une autre annotation ou un tableau des types précédents.

Le membre `uniqueConstraints` est intéressant parce qu'il s'agit d'un tableau d'annotations @UniqueConstraint. Regardons de plus près cette annotation :

```
@Target({}) @Retention(RUNTIME)
public @interface UniqueConstraint {
   String[] columnNames();
}
```

Pour définir une contrainte d'unicité, il faut donc spécifier un tableau de noms de colonnes.

Au final, notre annotation @Table pourra donc ressembler à :

```
@Table(
   name="xxx",
   catalog="yyy",
   schema="zzz",
   uniqueConstraints=
      {@UniqueConstraint(columnNames={"col1","col2"}),
       @UniqueConstraint(columnNames={"col3","col4"})
      }
)
```

Il est temps de lister les différentes annotations définies par Java Persistence.

## @Entity (définir une entité)

Pour définir une classe comme entité, il suffit de l'annoter @Entity :

```
@Entity(
    name="Team"
)
public class Team {
    ...
}
```

`name` (optionnel ; valeur par défaut nom de la classe non qualifiée) : de type String, nom qui sera utilisé pour faire référence à l'entité dans les requêtes. Si vous avez deux classes du même nom dans des packages différents, vous aurez besoin de renseigner le membre `name` pour les différencier du point de vue du moteur de persistance.

## @org.hibernate.annotations.Entity (extension Hibernate)

Hibernate fournit l'annotation @org.hibernate.annotations.Entity qui vient en complément de l'annotation normalisée @Entity. Cette annotation définit les membres suivants :

- `mutable` (défaut à true) : de type boolean (est-ce que l'entité est mutable ?).
- `dynamicInsert` (défaut à false) : de type boolean (autorise des ordres SQL dynamiques pour les insertions).
- `dynamicUpdate` (défaut à false) : de type boolean (autorise des ordres SQL dynamiques pour les mises à jour).
- `selectBeforeUpdate` (défaut à false) : de type boolean (indique à Hibernate qu'il ne devrait jamais effectuer un update sans être certain qu'il y a effectivement eu une modification).
- `polymorphism` (par défaut PolymorphismType.IMPLICIT) : de type PolymorphismType (indique si le polymorphisme doit être implicite ou explicite : PolymorphismType.EXPLICIT).

Une mise en application de cette annotation est décrite au chapitre 6.

## @Table (paramétrer la table primaire mappée)

En l'absence de cette annotation, l'entité sera mappée à la table du même nom que le nom non qualifié de la classe ; @Table est donc optionnelle :

```
@Table(
    name="S_TEAM",
    catalog="CAT",
    schema="BLAH",
    uniqueConstraints={}
)
public class Team {
    ...
}
```

**Description :**

- `name` (optionnel ; valeur par défaut : nom de la classe non qualifié) : de type String ; nom de la table.
- `catalog` (optionnel, par défaut égal au catalogue par défaut) : de type String ; nom du catalogue de la table.
- `schema` (optionnel, par défaut égal au schéma de l'utilisateur) : de type String ; nom du schéma de la table.
- `uniqueConstraints` (optionnel) : de type @UniqueConstraint : contraintes uniques qui doivent être placées sur la table. À n'utiliser qu'en cas de génération de table par l'outil. Ces contraintes s'appliquent en plus des contraintes spécifiées par les annotations @Column et @JoinColumn et des contraintes implicites engendrées par la déclaration des clés primaires. Nous aborderons ces derniers points ultérieurement.

Retenez que cette table est qualifiée de table primaire ou principale.

## Mapper plusieurs tables à une seule entité

Le premier réflexe qui vient à l'esprit lorsqu'on se retrouve face à deux tables liées entre elles par une clé étrangère est de créer deux entités, que l'on associera *via* une association 1—1 ou encore *--1. Cependant, la modélisation prime et l'on peut très bien décider que créer deux entités n'a pas de sens et vouloir, au niveau objet, fusionner les deux tables.

Les annotations @SecondaryTable et @SecondaryTables permettent de mapper plusieurs tables à une seule entité.

Si ces annotations ne sont pas utilisées, cela signifie que toutes les propriétés persistantes se trouvent dans la table primaire.

### @SecondaryTable (définir une table secondaire)

Définir une seconde table consiste essentiellement en un nom de table et en la déclaration de la jointure entre les tables (que nous détaillerons un peu plus loin) :

```
@Entity
@Table(name="TEAM")
@SecondaryTable(
   name="TEAM_DETAIL",
   pkJoinColumns=@PrimaryKeyJoinColumn(name="TEAM_ID"))
public class Team {
   ...
}
```

**Description :**

- `name` : de type String ; nom de la table secondaire.
- `pkJoinColumns` (optionnel ; par défaut les colonnes dont le nom est le même que celles composant la clé primaire de la table) : de type @PrimaryKeyJoinColumn[], les colonnes matérialisant la jointure.
- `catalog` (optionnel ; par défaut égal au catalogue par défaut) : de type String ; nom du catalogue de la table.
- `schema` (optionnel ; par défaut égal au schéma de l'utilisateur) : de type String ; nom du schéma de la table.
- `uniqueConstraints` (optionnel) : de type @UniqueConstraint ; contraintes uniques qui doivent être placées sur la table. À n'utiliser qu'en cas de génération de table par l'outil. Ces contraintes s'appliquent en plus des contraintes spécifiées par les annotations @Column et @JoinColumn et des contraintes implicites engendrées par la déclaration des clés primaires. Nous aborderons ces derniers points ultérieurement.

### *@SecondaryTables* (définir plusieurs tables secondaires)

Si vous avez plus d'une table secondaire, utilisez l'annotation @SecondaryTables :

```
@Entity
@Table(name="TEAM")
@SecondaryTables({
   @SecondaryTable(
      name="TEAM_DETAIL",
      pkJoinColumns=@PrimaryKeyJoinColumn(name="EMPL_ID")),
   @SecondaryTable(
      name="TEAM_HIST",
      pkJoinColumns=@PrimaryKeyJoinColumn(name="EMPLOYEE_ID"))
})
public class Team {
...
}
```

Ces annotations représentent le premier niveau, assez simple, qui consiste à mapper une ou plusieurs tables à une classe. Abordons désormais la notion pivot qu'est la définition de la propriété identifiant une entité.

## Identité relationnelle de l'entité

L'identité d'une entité est l'un des concepts les plus importants. Nous avons déjà parlé des notions d'identité et d'unicité dans les mondes Java et relationnel au chapitre 2.

### @Id (pour une clé primaire simple)

Si la clé primaire de la table mappée est constituée d'une seule colonne, elle est dite simple. L'annotation @Id n'a aucun membre. Par contre, elle est généralement liée à une annotation qui lui est dédiée. Il s'agit de @GeneratedValue, qui permet d'indiquer que la valeur de la clé primaire est générée automatiquement :

```
@Id
public int getId(){
    …
}
```

### @GeneratedValue (pour générer automatiquement la valeur de la clé primaire)

Une clé artificielle est une clé qui n'a pas de sens métier. Elle peut donc être arbitrairement générée. C'est ce que permet de paramétrer l'annotation @GeneratedValue :

```
@Id
@GeneratedValue(
  strategy=GenerationType.TABLE,
  generator="CUST_GEN")
public int getId(){…}
```

**Description :**

- `strategy` (optionnel ; valeur par défaut `GenerationType.AUTO`) : de type `GenerationType { TABLE, SEQUENCE, IDENTITY, AUTO }` ; nom du type de génération de valeur. Il existe différent générateurs, que nous détaillerons plus loin.
- `generator` (optionnel ; valeur par défaut égale au générateur d'id fourni par le fournisseur de persistance) : le nom du générateur de clé primaire à utiliser avec les annotations SequenceGenerator ou TableGenerator.

### @SequenceGenerator

L'annotation @SequenceGenerator définit un générateur, qui peut être référencé par son nom par le membre generator de l'annotation @GeneratedValue :

```
@SequenceGenerator(
  name="TEAM_SEQ",
  sequenceName="HIBERNATE_SEQ",
  initialValue=10002,
  allocationSize=30,
)
```

**Description :**

- `name` : de type String ; l'alias du générateur qui sera référencé par une ou des annotations @GeneratedValue.
- `sequenceName` (optionnel ; valeur par défaut définie par le fournisseur de persistance) : de type String ; le nom de la séquence qui fournit la valeur de la clé primaire.
- `initialValue` (optionnel ; valeur par défaut égale à 1) : de type int ; valeur initiale de génération.
- `allocationSize` (optionnel ; valeur par défaut égale à 50) : de type int ; valeur d'incrémentation lors de l'allocation de la valeur par le générateur.

### @TableGenerator

L'annotation @SequenceGenerator définit un générateur qui peut être référencé par son nom par le membre generator de l'annotation @GeneratedValue.

Le membre `table` indique le nom de la table qui contient les valeurs des identifiants générés. Les valeurs sont généralement des entiers positifs :

```
@Entity public class Team {
  ...
  @TableGenerator(
    name="teamGen",
    table="ID_GEN",
    pkColumnName="GEN_KEY",
    valueColumnName="GEN_VALUE",
    pkColumnValue="TEAM_ID")
  @Id
  @GeneratedValue(strategy=TABLE, generator="teamGen")
  public int id;
  ...
}
```

**Description :**

- `name` : de type String ; alias du générateur qui sera référencé par une ou des annotations @GeneratedValue.
- `table` (optionnel ; valeur par défaut définie par le fournisseur de persistance) : de type String ; nom de la table qui contient la valeur de la clé primaire.
- `pkColumnName` (optionnel ; valeur par défaut spécifiée par le fournisseur de persistance) : de type String ; nom de la colonne clé primaire de la table.
- `valueColumnName` (optionnel ; valeur par défaut spécifiée par le fournisseur de persistance) : de type String ; nom de la colonne qui contient la dernière valeur générée.
- `pkColumnValue` (optionnel ; valeur par défaut spécifiée par le fournisseur de persistance) : de type String ; valeur de la clé primaire dans la table du générateur qui distingue cet ensemble de valeurs générées d'autres valeurs qui pourraient être stockées dans la table.

- `initialValue` (optionnel ; valeur par défaut égale à 1) : de type int ; valeur initiale de génération.
- `allocationSize` (optionnel ; valeur par défaut égale à 50) : de type int ; valeur d'incrémentation lors de l'allocation de la valeur par le générateur.
- `catalog` (optionnel) : de type String ; nom du catalogue de la table, par défaut égale au catalogue par défaut.
- `schema` (optionnel) : de type String ; nom du schéma de la table, par défaut égale au schéma de l'utilisateur.
- `uniqueConstraints` (optionnel) : de type @UniqueConstraint ; contraintes uniques qui doivent être placées sur la table. À n'utiliser qu'en cas de génération de table par l'outil. Ces contraintes s'appliquent en plus des contraintes spécifiées par les annotations @Column et @JoinColumn et des contraintes implicites engendrées par la déclaration des clés primaires. Nous aborderons ces derniers points ultérieurement.

### Générateurs Hibernate

Les comportements des générateurs `SequenceGenerator` et `TableGenerator` sont détaillés de manière sommaire par la spécification. Celle-ci autorise donc certaines spécificités lors de l'implémentation.

Par défaut, lorsque vous utilisez les annotations standards Java Persistence décrites précédemment, Hibernate exploite ses propres générateurs `org.hibernate.id.enhanced.SequenceStyleGenerator` et `org.hibernate.id.enhanced.TableGenerator`.

Une explication détaillée de leurs algorithmes est disponible à l'adresse *http://in.relation.to/Bloggers/New323HibernateIdentifierGenerators*.

Hibernate propose d'autres générateurs listés sur le guide de référence, à l'adresse *http://www.hibernate.org/hib_docs/v3/reference/en/html_single/#mapping-declaration-id-generator*.

Nous vous conseillons de vous limiter aux générateurs définis précédemment. Si toutefois vous souhaitez mettre en œuvre un autre générateur, la méthodologie à suivre est abordée au chapitre 4, à la section dédiée aux associations OneToOne. Cette méthodologie y est illustrée dans un premier exemple. Vous retrouverez au chapitre 7, à la section dédiée aux *batchs*, un second exemple, dédié à la surcharge du paramétrage par défaut de `SequenceStyleGenerator`.

### *@IdClass* (classe représentant une clé composée)

Lorsque la clé primaire est composée de plusieurs colonnes, celle-ci est dite composée. Par commodité, vous pouvez définir une classe à instancier, celle-ci contenant les composants d'une clé composée :

```
@IdClass(TeamPK.class)
@Entity
public class Team {
   @Id String teamName;
```

```
    @Id Date creationDate;
    ...
}
```

**Description :**

`value` : de type Class ; la classe représentant la clé primaire composée.

La gestion des clés composées est abordée en détail au chapitre 8.

Après cette notion d'identifiant, intéressons-nous aux propriétés simples.

## Propriétés persistantes par défaut

Toutes les propriétés d'une entité autres que les propriétés d'association sont par défaut persistantes. Il n'est donc pas nécessaire de les annoter.

Les règles suivantes s'appliquent :

- Si le type est une classe annotée avec @Embeddable, le résultat est le même que si la propriété était annotée avec @Embedded. Les objets inclus (*embedded*) sont très importants ; nous les détaillons un peu plus loin dans ce chapitre.
- Si le type est l'un des suivants : `java.lang.String`, `java.math.BigInteger`, `java.math.BigDecimal`, `java.util.Date`, `java.util.Calendar`, `java.sql.Date`, `java.sql.Time`, `java.sql.Timestamp`, `byte[]`, `Byte[]`, `char[]`, `Character[]`, `enums`, ou tout autre type qui implémente `Serializable`, la propriété est mappée comme si elle était annotée avec @Basic.

Dans l'exemple suivant, `name` est une chaîne de caractères persistante. Si la classe `Adress` est annotée @Embeddable, notre propriété `adress` est persistante :

```
@Entity
public class Team {
   private int id;
   private String name;
   private Adress adress ;

   @Id
   @GeneratedValue
   public int getId(){
      return id;
   }

   public void setId(int id){
      this.id = id;
   }

   public String getName(){
      return name;
   }
```

```
    public Adress getAdress(){
        return adress;
    }
    …
}
```

## @Basic (propriété simple persistante)

@Basic permet de déclarer une propriété persistante. Il s'agit du comportement implicite adopté pour toutes les propriétés « simples » d'une entité, à savoir les propriétés de type `java.lang.String`, `java.math.BigInteger`, `java.math.BigDecimal`, `java.util.Date`, `java.util.Calendar`, `java.sql.Date`, `java.sql.Time`, `java.sql.Timestamp`, `byte[]`, `Byte[]`, `char[]`, `Character[]`, `enums`, ou tout autre type qui implémente `Serializable` :

```
@Basic(
  fetch=FetchType.LAZY,
  optional = true
)
public String getName()
{
  return name;
}
```

Description :

- `fetch` (optionnel ; par défaut égal à `FetchType.EAGER`) : de type `FetchType {EAGER, LAZY}` ; définit si la valeur de propriété doit être chargée initialement ou à la demande. Les options de chargement seront abordées ultérieurement.
- `optional` (optionnel ; par défaut true) : de type booléen ; définit si la valeur de la propriété peut être nulle ou pas.

## @Column (paramétrer finement la colonne mappée)

@Column permet de détailler la colonne mappée à une propriété persistante.

En l'absence de cette annotation, les valeurs par défaut de la description s'appliquent :

```
@Column(
  name="TEAM_NAME",
  nullable=false,
  length=512
)
public String getName() { return name; }
```

Description :

- `name` (optionnel ; par défaut égal au nom de la propriété annotée) : de type String ; le nom de la colonne.
- `unique` (optionnel ; par défaut false) : de type booléen ; raccourci pour spécifier une contrainte unique sur la colonne (pratique lorsque la contrainte ne porte que sur une colonne).
- `insertable` (optionnel ; par défaut true) : de type booléen ; définit si la colonne peut être incluse dans les insert générés par le fournisseur de persistance.
- `updatable` (optionnel ; par défaut `true`) : de type booléen ; définit si la colonne peut être incluse dans les update générés par le fournisseur de persistance.
- `columnDefinition` (optionnel ; par défaut le SQL utilisé pour généré la colonne) : de type String ; le fragment SQL utilisé lors de la génération DDL de la colonne.
- `table` (optionnel ; par défaut le nom de la table primaire, celle mappée à l'entité) : de type String ; le nom de la table qui contient la colonne.
- `length` (optionnel ; par défaut 255) : de type int ; la longueur de la colonne, utilisée pour les chaînes de caractères.
- `precision` (optionnel ; par défaut 0) : de type int ; la précision pour un décimal (utilisée pour les décimales).
- `scale` (optionnel ; par défaut 0) : de type int ; l'échelle pour un décimal (utilisée pour les décimales).

## @Transient (propriété non persistante)

Nous avons vu que, par défaut, les propriétés d'une entité étaient persistantes. Pour spécifier qu'une propriété ne l'est pas, annotez-la avec @Transient :

```
@Transient
public int getNbLostGames() {
  return nbLostGames;
}
```

## @Lob (persistance des objets larges)

Pour mapper les objets larges, utilisez l'annotation @Lob. Celle-ci peut être utilisée en complément à l'annotation @Basic. Le type d'objet large (binaire BLOB ou caractère CLOB) est déduit du type de la propriété Java. Tous types, à l'exception de String et des types à base de caractères, seront mappés à un objet large binaire :

```
@Lob
@Basic(fetch=EAGER)
@Column(name="REPORT")
protected String report;
```

### @Temporal (persistance d'informations temporelles)

@Temporal doit être utilisée pour le mapping de propriétés de type `java.util.Calendar` ou `java.util.Date`.

Description :

`Value` : l'énumération TemporalType définit ces types :

```
public enum TemporalType {
  DATE, //java.sql.Date
  TIME, //java.sql.Time
  TIMESTAMP //java.sql.Timestamp
}
```

Exemple :

```
@Temporal(TemporalType.DATE)
protected java.util.Date endDate;
```

### @Enumerated (persistance d'énumération)

Si vous souhaitez traiter des énumérations, utilisez @Enumerated (qui peut être utilisé en plus de @Basic). Une énumération peut être mappée soit en tant que chaîne de caractères, soit en tant qu'entier :

```
public enum PlayerPosition {GOAL_KEEPER, DENFENSE, ATTACK}
@Entity
public class Player {
  ...

  @Enumerated(STRING)
  public PlayerPosition getPosition() {
    ...
  }
```

**Description :**

`Value` : l'énumération EnumType définit ces types :

```
public enum EnumType {
  ORDINAL,
  STRING
}
```

Par défaut, ORDINAL est sélectionné.

### @Version (versionnement des entités)

L'annotation @Version sert à mettre en place la gestion de la concourance optimiste avec versionnement (le chapitre 6 décrit en détail comment gérer les accès concourants) :

```
@Version
public int getVersion() {
return version;
}
```

Comme @Id, @Version n'a pas de membre : la simple présence de l'annotation suffit à activer la fonctionnalité de versionnement des entités. Cette propriété sera alors gérée de manière transparente par Java Persistence. Elle ne doit pas être modifiée par l'application et ne doit porter que sur une colonne de la table principale mappée à l'entité.

Les types suivants sont supportés : int, Integer, short, Short, long, Long, Timestamp.

## Objets inclus *(embedded)* et jointure entre tables

Lors d'une modélisation orientée objet, certains concepteurs s'aventurent tête baissée vers les associations entre entités. Deux classes peuvent être liées par une association forte, de type composition. Dans ce cas, il est préférable d'utiliser les objets inclus, que nous allons aborder maintenant. Nous étudierons ensuite comment définir la jointure entre deux tables, cette notion étant indispensable avant d'entamer les explications relatives aux associations entre entités.

### *Les objets inclus*

L'objet inclus permet de mapper deux classes liées par une association ToOne à une seule table. Il s'agit d'une valeur. Par opposition au terme entité, l'objet inclus n'a pas son propre cycle de vie et ne peut être référencé par plusieurs entités. À ce titre, il ne déclare aucune propriété identifiante, et son cycle de vie est celui de l'entité à laquelle il est associé.

La notation UML la plus adaptée pour représenter le lien entre une entité et un objet inclus est l'association de composition *(voir figure 3.2)*.

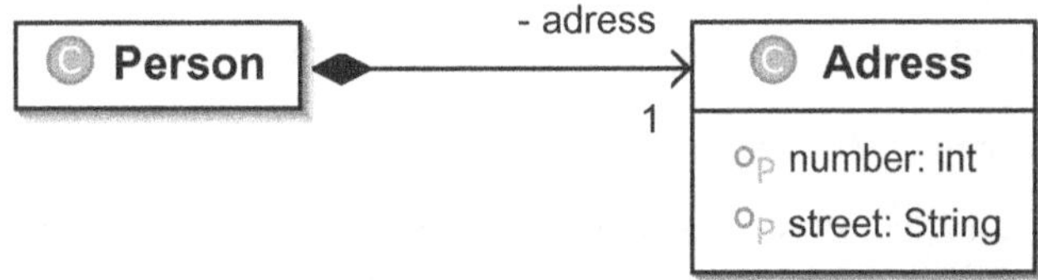


**Figure 3-2**
*Modélisation de l'objet inclus (composant)*

Les objets inclus permettent d'affiner votre modèle de classes.

#### *@Embeddable* (définir une classe intrinsèque)

@Embeddable permet de déclarer une classe pour que ses instances soient partie intrinsèque de la classe à laquelle elles appartiennent. Chaque propriété basique de ces instances est stockée dans la même table que la table primaire mappée à l'entité à laquelle elles appartiennent. Une classe annotée @Embeddable ne peut donc comporter d'annotation @Id ou assimilée.

Seules les annotations @Basic, @Column, @Lob, @Temporal et @Enumerated peuvent être utilisées de manière portable dans une classe annotée par @Embeddable.

Cette annotation n'a aucun membre.

En se basant sur le modèle évoqué précédemment, la classe `Adress` est annotée comme suit :

```
@Embeddable
public class Adress {
   String rue;
   int numRue;
   …
}
```

D'après les paramètres par défaut que nous avons évoqués pour les propriétés basiques, en l'absence d'annotation sur `rue` et `numRue`, ces propriétés sont mappées aux colonnes du même nom. Les métadonnées spécifiées sur les propriétés d'une classe intrinsèque font office de métadonnées par défaut et peuvent être surchargées par chacune des entités référant la classe intrinsèque *via* l'annotation @AttributeOverride, que nous traitons plus loin.

### *@Embedded* (référencer un objet inclus)

@Embedded est utilisée pour spécifier qu'une propriété de l'entité est en fait un objet inclus, soit une instance d'une classe annotée par @Embeddable :

```
@Embedded
public Adress getAdress() { ... }
```

Si les métadonnées spécifiées par la classe annotée @Embeddable doivent être surchargées, il faut utiliser l'annotation @AttributeOverride.

### *@EmbeddedId* (référencer un objet inclus comme identifiant)

Identique à @Embedded, cette annotation permet de spécifier que l'objet inclus fait office d'identifiant, ce qui est particulièrement utile et recommandé lors de la manipulation de clé composées, qui seront détaillées au chapitre 8.

Cette annotation remplace @Id ; il ne peut y en avoir qu'une.

### *@AttributeOverride* (surcharge d'attribut)

Si, pour une classe particulière, vous souhaitez surcharger les mappings définis par le composant, vous pouvez utiliser @AttributeOverride :

```
@Entity
@AttributeOverride(
  name="streetName",
  column=@Column(name="coach_street_name"))
public class Coach implements Serializable{
  …
}
```

**Description :**

- `name` : de type String ; nom de la propriété dont le mapping est surchargé.
- `column` : de type @Column ; définition de la colonne à utiliser.

Cette annotation est utilisée pour surcharger les définitions d'objets inclus, mais aussi dans les mappings d'héritage traités au chapitre 4.

### *@AttributeOverrides* (surcharge d'attributs)

Si, pour une classe particulière, vous souhaitez surcharger les mappings définis par le composant, vous pouvez utiliser @AttributeOverride :

```
@Entity
@AttributeOverrides({
  @AttributeOverride(
    name="streetNumber",
    column=@Column(name="player_street_number")),
  @AttributeOverride(
    name="streetName",
    column=@Column(name="player_street_name"))})
public class Player implements Serializable{
  …
}
```

Cette annotation est utilisée pour surcharger les définitions d'objets inclus, mais aussi dans les mappings d'héritage.

## *Joindre des tables*

Avant de traiter les associations entre entités, il est important de maîtriser sa correspondance au niveau de la base de données : les jointures entre les tables. Les tables sont liées entre elles grâce à une contrainte de clé étrangère, et ce avec deux déclinaisons :

- Une autre colonne que la clé primaire de la table A est clé étrangère vers la table B. Dans ce cas, plusieurs enregistrements de la table A peuvent être couplés à un même enregistrement de la table B.
- La clé primaire d'une table A est aussi clé étrangère vers une seconde table B. Par conséquent, un enregistrement de la table A ne peut être couplé qu'à un seul enregistrement de la table B. Cela permet de mapper non seulement de pures associations OneToOne mais aussi de concevoir une stratégie pour mapper une hiérarchie d'héritage.

### *@JoinColumn* (définir une jointure entre deux tables)

Si le lien entre deux classes équivaut à un pointeur dans le monde Java. Il n'en reste pas moins qu'il s'agit belle et bien d'une jointure opérée entre les deux tables mappées à ces deux entités. Cette annotation est cruciale.

Si aucune annotation @JoinColumn n'est utilisée, une simple colonne de jointure est adoptée selon les règles par défaut qui suivent.

L'élément d'annotation `name` définit le nom de la colonne portant la clé étrangère. Les autres éléments d'annotation (à l'exception de `referencedColumnName`) font référence à cette colonne et ont la même sémantique que pour l'annotation @Column décrite précédemment.

S'il y a une simple colonne de jointure et qu'aucun nom n'est spécifié, le nom de la colonne par défaut respecte la règle suivante :

nom de la propriété annoté + '_' + nom de la clé primaire jointe.

Dans le cas où vous utilisez une table de jointure, le nom de la colonne par défaut respecte la règle suivante :

nom de l'entité + '_' + nom de la clé primaire jointe.

Si l'élément `referencedColumnName` est absent, la clé primaire de la table référencée est implicitement utilisée.

Le support de jointure vers d'autres colonnes que la clé primaire est optionnel ; cette fonctionnalité n'est donc pas portable :

```
@ManyToOne
@JoinColumn(name="TEAM_ID")
public Team getTeam() { return team; }
```

Description :

- `name` (optionnel ; par défaut égal aux règles dictées précédemment) : de type String ; nom de la colonne portant la clé étrangère. La table dans laquelle elle se trouve dépend du contexte : pour un OneToOne ou ManyToOne, la table est dans la table de l'entité source ; pour un ManyToMany, elle se trouve dans la table de jointure.
- `referencedColumnName` (optionnel ; par défaut égal au nom de la colonne clé primaire de la table référencée) : de type String ; nom de la colonne référencée.
- `unique` (optionnel ; par défaut false) : de type booléen ; raccourci pour spécifier une contrainte unique sur la colonne ; pratique lorsque la contrainte ne porte que sur une colonne.
- `insertable` (optionnel ; par défaut true) : de type booléen ; définit si la colonne peut être incluse dans les insert générés par le fournisseur de persistance.
- `updatable` (optionnel ; par défaut true) : de type booléen ; définit si la colonne peut être incluse dans les update générés par le fournisseur de persistance.
- `columnDefinition` (optionnel ; par défaut le SQL utilisé pour généré la colonne) : de type String ; fragment SQL utilisé lors de la génération DDL de la colonne.
- `table` (optionnel ; par défaut nom de la table primaire, celle mappée à l'entité) : de type String ; nom de la table qui contient la colonne.

### @JoinColumns (jointure effectuée sur plusieurs colonnes)

Cette annotation permet de gérer les clés étrangères composites. Lorsque cette annotation est utilisée, les deux éléments `name` et `referencedColumnName` doivent être paramétrés.

Exemple :

```
@ManyToOne
@JoinColumns({
@JoinColumn(name="TEAM_ID1", referencedColumnName="ID1"),
@JoinColumn(name=" TEAM_ID ", referencedColumnName="ID2")
})
public Team getTeam() { return tem; }
```

### @PrimaryKeyJoinColumn (tables jointes par leurs clés primaires – une colonne)

Dans le cadre d'une stratégie d'héritage joined ou dans le cas d'une association OneToOne, les tables mappées doivent être jointes par leurs clés primaires. Le chapitre 4 détaille précisément ces deux cas d'utilisation.

**Description :**

- `name` (optionnel ; par défaut nom de la clé primaire de la table courante) :
  - cas de la stratégie d'héritage joined, détaillée au chapitre 4 : même nom que la clé primaire de la table principale de la superclasse.
  - cas d'un mapping avec @SecondaryTable : même nom que la colonne clé de la table principale.
  - cas d'un mapping avec @OneToOne : même nom que la clé primaire pour la table de l'entité référencée.
- `referencedColumnName` (optionnel ; par défaut égal au nom de la colonne clé primaire de la table référencée) : de type String ; nom de la colonne référencée.
- `columnDefinition` (optionnel ; par défaut le SQL utilisé pour généré la colonne) : de type String ; fragment SQL utilisé lors de la génération DDL de la colonne.

### @PrimaryKeyJoinColumns (tables jointes par leurs clés primaires – colonnes multiples)

Cette annotation permet de gérer les clés primaires composites. Elle prend comme membre un tableau de @PrimaryKeyJoinColumn, par exemple :

```
@Entity
@PrimaryKeyJoinColumns({
@PrimaryKeyJoinColumn(name="PERSON_ID",
   referencedColumnName="ID"),
@PrimaryKeyJoinColumn(name="PERSON_TYPE",
   referencedColumnName="TYPE")
})
public class Player extends Person { ... }
```

Voyons désormais les possibilités offertes par les jointures entre tables dans le monde relationnel comme options de modélisations dans le monde objet.

# Association d'entités

Selon la navigabilité et la cardinalité définies lors de la conception objet, une jointure entre deux tables prendra diverses formes d'associations entre deux entités.

## Associations vers une entité, @ManyToOne et @OneToOne

Ces deux annotations permettent de mapper les relations vers une entité simple *(voir figure 3.3)*.

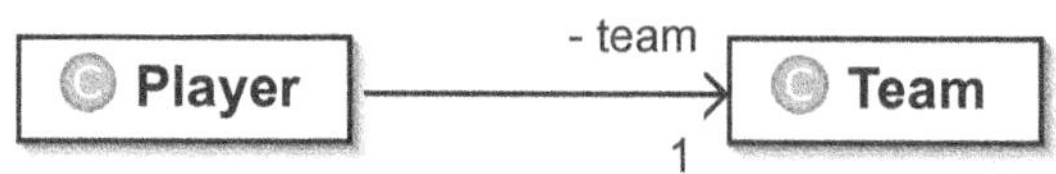


**Figure 3-3**
*Association* ToOne

Le meilleur moyen de représenter une telle association en UML est d'utiliser l'association simple, ou agrégation. Cela permet de spécifier que les instances des deux classes possèdent un cycle de vie indépendant. Une table est mappée par classe.

### @ManyToOne

Permet de spécifier une association UML de type *--1.

L'élément d'annotation `cascade` permet de spécifier les opérations devant être effectuées en cascade sur l'entité associée. Ces opérations pouvant être :

```
public enum CascadeType { ALL, PERSIST, MERGE, REMOVE, REFRESH};
```

Exemple :

```
@ManyToOne(
   cascade={ CascadeType.PERSIST, CascadeType.MERGE},
   optional=false)
public Customer getTeam() { return team; }
```

Le membre `cascade` couvre une notion communément appelée persistance transitive, que nous détaillerons au chapitre 6.

**Description :**

- `targetEntity` (optionnel ; déduit du code java) : de type Class ; type de l'entité associée.
- `cascade` (optionnel ; par défaut aucune) : de type `CascadeType[]` ; types d'opérations devant être effectuées en cascade sur l'entité associée.

- `fetch` (optionnel ; par défaut `FetchType.EAGER`) : de type `FetchType` ; est-ce que l'entité associée doit être chargée agressivement (`FetchType.EAGER`) ou à la demande (`FetchType.LAZY`) ?
- `optional` (optionnel ; par défaut true) : de type booléen ; définit si l'association est optionnelle.

### @OneToOne

Permet de spécifier une association UML de type 1—1, comme l'illustre la figure 3.4.

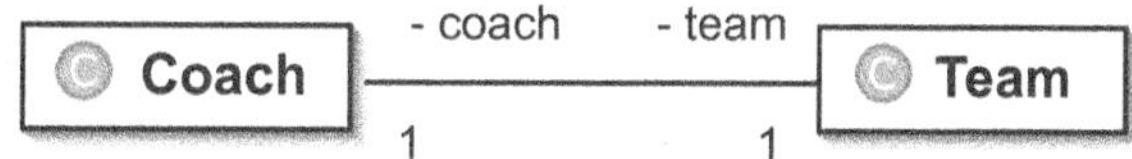


**Figure 3-4**
*Association* OneToOne

L'élément d'annotation `cascade` permet de spécifier les opérations devant être effectuées en cascade sur l'entité associée. Ces opérations pouvant être :

```
public enum CascadeType { ALL, PERSIST, MERGE, REMOVE, REFRESH};
```

L'exemple suivant est celui d'une association 1—1 fondée sur une clé étrangère ; la gestion inhérente est la même que celle d'un ManyToOne :

Sur la classe `Team` :

```
@OneToOne(optional=false)
@JoinColumn(
   name="COACH_ID",
   unique=true,
   nullable=false,
   updatable=false)
public Coach getCoach() { return coach; }
```

Sur la classe `Coach` :

```
@OneToOne(
   optional=false,
   mappedBy="coach")
public Team getTeam() { return team; }
```

Le second exemple s'appuie sur un partage de la clé primaire par les deux entités associées.

Sur la classe `Team` :

```
@Entity
public class Team {
   @Id Integer id;
   @OneToOne
   @PrimaryKeyJoinColumn
   Coach coach;
   ...
}
```

Sur la classe `Coach` :

```
@Entity
public class Coach {
   @Id Integer id;
   …
}
```

Description :

- `targetEntity` (optionnel ; déduit du code java) : de type Class ; type de l'entité associée.
- `cascade` (optionnel ; par défaut aucune) : de type `CascadeType[]` ; types d'opérations devant être effectuées en cascade sur l'entité associée.
- `fetch` (optionnel ; par défaut `FetchType.EAGER`) : de type `FetchType` ; est-ce que l'entité associée doit être chargée agressivement (`FetchType.EAGER`) ou à la demande (`FetchType.LAZY`) ?
- `optional` (optionnel ; par défaut true) : de type booléen ; définit si l'association est optionnelle.
- `mappedBy` (optionnel) : de type String ; obligatoire dans le cas d'une association bidirectionnelle ; est utilisé par l'entité inverse pour signaler quelle propriété de l'entité associée gère l'association.

## Mapper les collections, association x — *

Avant de détailler les métadonnées permettant d'annoter une collection, nous allons effectuer un rappel sur le framework Collection.

Vous pouvez principalement travailler avec les interfaces des collections Set, List et Map.

La figure 3.5 illustre le diagramme de classes, ou plus exactement d'interfaces, du framework Collection.

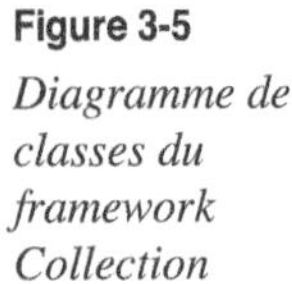

**Figure 3-5**
*Diagramme de classes du framework Collection*

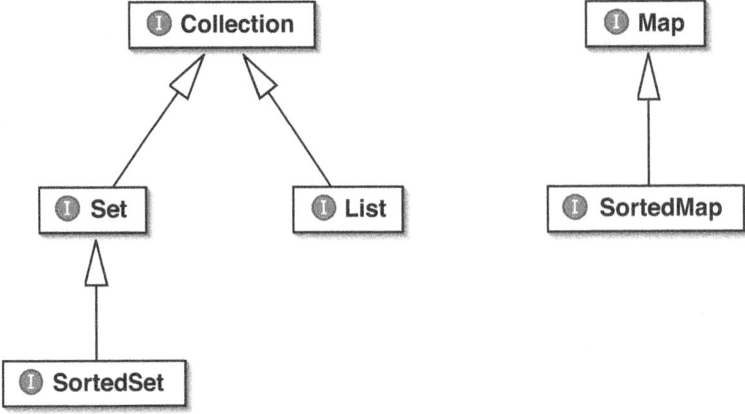

L'interface Collection est la racine de la hiérarchie des collections. Une collection représente un groupe d'objets, généralement appelés éléments de la collection. Certaines implémentations de Collection autorisent la duplication d'éléments et d'autres non. Certaines sont de plus ordonnées, indexées, tandis que d'autres ne le sont pas.

Un Set est une collection qui ne peut contenir d'éléments dupliqués. La traduction littérale de set est « jeu ». Il peut être utilisé pour représenter un jeu de cartes, par exemple, ou l'ensemble des processus présents sur une machine.

Une List st une collection indexée, parfois appelée séquence. Les listes peuvent contenir des éléments dupliqués. L'utilisateur a généralement le contrôle sur l'endroit où sont insérés les éléments d'une List. L'utilisateur peut accéder aux éléments par leur index (position), qui est un entier.

Une Map est un objet qui associe des clés à des valeurs. Les maps ne peuvent contenir de clé dupliquée, et chaque clé ne peut associer qu'une valeur.

En fonction de vos besoins, vous aurez à choisir un type de collection précis.

Dans le monde relationnel, une clé étrangère permet de mettre en relation deux tables. Dans le monde objet, les entités mappées aux tables en question peuvent être associées de diverses manières :

- L'option la plus fidèle au modèle relationnel est de mapper un ManyToOne unidirectionnel, comme nous l'avons vu précédemment, où une joueur appartenait à une équipe (`Player * - - > 1 Team`).
- Pour des raisons de modélisation, on peut aussi avoir un OneToMany, une équipe possédant ainsi plusieurs joueurs (`Team 1 - - > * Player`).
- Enfin, toujours pour des raisons de modélisation, vous pouvez avoir une relation bidirectionnelle (`Team 1 < - - > * Player`).

Nous détaillerons la mise en œuvre de toutes ces subtilités de mapping au chapitre 4. Pour l'heure, nous n'allons lister que les options de ces mappings.

### @OneToMany

Un exemple d'association OneToMany est représenté à la figure 3.6.

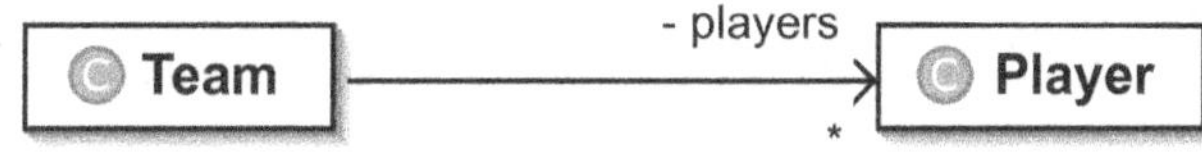


**Figure 3-6**
*Nécessité de mapper une collection*

Exemple (association unidirectionnelle), dans la classe `Team` :

```
@OneToMany(
   cascade=CascadeType.ALL)
public Set<Player> getPlayers()
{ return players; }
```

**Description :**

- `targetEntity` (optionnel ; déduit du générique utilisé) : de type Class ; type de l'entité associée.
- `cascade` (optionnel ; par défaut aucune) : de type `CascadeType[]` ; types d'opérations devant être effectuées en cascade sur l'entité associée.
- `fetch` (optionnel ; par défaut `FetchType.LAZY`) : de type `FetchType` ; est-ce que l'entité associée doit être chargé agressivement (`FetchType.EAGER`) ou à la demande (`FetchType.LAZY`) ?
- `mappedBy` (optionnel) : de type String ; obligatoire dans le cas d'une association bidirectionnelle ; est utilisée par l'entité inverse pour signaler quelle propriété de l'entité associée est propriétaire l'association.

Selon la spécification, le schéma relationnel par défaut pour une association OneToMany unidirectionnelle passe par une table de jointure. Un OneToMany unidirectionnel exploitant une clé étrangère directe entre les deux tables impliquées au lieu de la table de jointure est possible, mais non exigé par la spécification. Cette fonctionnalité n'est donc pas portable. Si vous souhaitez exploiter une clé étrangère et rendre votre code portable, vous devrez opter pour un OneToMany bidirectionnel.

### *@JoinTable* (définir une table de jointure)

L'annotation @JoinTable est utilisée dans le cadre d'un OneToMany unidirectionnel ou dans un ManyToMany sur l'extrémité qui gère l'association :

```
@JoinTable(
  name="TEAM_GAME",
  joinColumns=
    @JoinColumn(name="TEAM_ID", referencedColumnName="ID"),
  inverseJoinColumns=
    @JoinColumn(name="GAME_ID", referencedColumnName="ID")
)
```

**Description :**

- `name` (optionnel ; par défaut la concaténation des noms des deux tables liées, séparées par un tiret bas) : de type String ; nom de la table de jointure (ou table d'association).
- `joinColumns` (optionnel ; par défaut voir @JoinColumn) : de type @JoinColumn[] ; colonnes portant la clé étrangère de la table qui référence la table primaire de l'entité propriétaire de l'association.
- `inverseJoinColumns` (optionnel ; par défaut voir @JoinColumn) : de type @JoinColumn[] ; colonnes portant la clé étrangère de la table qui référence la table primaire de l'entité non propriétaire de l'association (extrémité inverse).
- `catalog` (optionnel ; par défaut égal au catalogue par défaut) : de type String ; nom du catalogue de la table.

- `schema` (optionnel ; par défaut égal au schéma de l'utilisateur) : de type String ; nom du schéma de la table.
- `uniqueConstraints` (optionnel) : de type @UniqueConstraint ; contraintes uniques qui doivent être placées sur la table. À n'utiliser qu'en cas de génération de table par l'outil.

### @ManyToMany

Permet de définir une association de type `UML *< - - >*`.

Une association ManyToMany a toujours deux extrémités, l'extrémité propriétaire de l'association et l'extrémité non propriétaire (ou extrémité *inverse*). @JoinTable est spécifié sur l'extrémité propriétaire.

Exemple :

Dans la classe `Team` :

```
@ManyToMany
@JoinTable(name="TEAM_GAME")
public Set<Game> getGames() { return games; }
```

Dans la classe `Game` :

```
@ManyToMany(mappedBy="games")
public Set<Team> getTeams() { return team; }
```

**Description :**

- `targetEntity` (optionnel ; déduit du générique utilisé) : de type Class ; type de l'entité associée.
- `cascade` (optionnel ; par défaut aucune) : de type `CascadeType[]` ; types d'opération devant être effectuées en cascade sur l'entité associée.
- `fetch` (optionnel ; par défaut `FetchType.LAZY`) : de type `FetchType` ; est-ce que l'entité associée doit être chargé agressivement (`FetchType.EAGER`) ou à la demande (`FetchType.LAZY`) ?
- `mappedBy` (optionnel) : de type String ; obligatoire dans le cas d'une association bidirectionnelle ; est utilisée par l'entité inverse pour signaler quelle propriété de l'entité associée est propriétaire de l'association.

### *@OrderBy* (trier les éléments d'une collection)

@OrderBy spécifie l'ordre des éléments d'une collection d'entités lorsque l'association est chargée. C'est différent d'une gestion réelle de l'index d'une List, par exemple, fonctionnalité uniquement couverte par une extension Hibernate (qui sera abordée au chapitre 4). La conséquence est aussi que l'ordre n'est garanti qu'au chargement de l'association, et non lors de la manipulation de celle-ci dans votre code Java.

```
@Entity public class Team {
  ...
  @OneToMany
  @OrderBy("firstname, lastname ASC")
  public List<Player> getPlayers() {...};
    ...
  }
}
```

Vous devez passer une propriété ou énumération de propriétés de l'entité associée suivie de ASC ou DESC selon que vous désiriez un tri ascendant ou descendant.

### @MapKey

Si vous souhaitez utiliser une Map pour sa fonctionnalité d'indexation, l'annotation @MapKey vous permet de paramétrer l'index. En son absence, la clé primaire de la table jointe est prise en compte. Si cette clé primaire est composée et mappée *via* une IdClass, une instance de la clé primaire est utilisée.

Si une autre propriété que la clé primaire est utilisée comme index, il est requis qu'une contrainte d'unicité soit appliquée sur cette propriété.

La spécification n'autorise qu'une propriété simple comme index d'une Map. Hibernate propose une extension qui vous permet de définir une entité comme clé, ce qui vous permet de mapper des associations ternaires (nous la détaillerons au chapitre 4).

Dans l'exemple suivant, nous associons une équipe à ses joueurs en utilisant une Map indexée par le numéro de maillot du joueur, la clé primaire sur le joueur est en plus composée.

La classe `Team` :

```
@Entity
public class Team {
  ...
  @OneToMany(mappedBy="team")
  @MapKey(name="playerNumber")
  public Map<PlayerPk, Employee> getPlayers() {... }
    ...
  }
}
```

La classe `Player` :

```
@Entity
public class Player {
  @EmbeddedId public PlayerPk getPlayerPk() { ... }
  ...
  @ManyToOne
  @JoinColumn(name="team_id")
  public Team getTeam() { ... }
    ...
  }
}
```

Enfin, la classe représentant la clé primaire de `Player` :

```
@Embeddable
public class TeamPk {
  String firstName;
  String secondName;
}
```

Description :

`name` (optionnel ; clé primaire de la table jointe) : de type String ; nom de la propriété de l'entité associée à utiliser comme index.

#### Utiliser un index maintenu par l'implémentation de Java Persistence

@OrderBy n'est qu'une fonctionnalité de tri au chargement des éléments d'une collection. Si vous souhaitez une fonctionnalité robuste d'indexation de collection, vous devez utiliser les annotations spécifiques Hibernate @IndexColumn et @MapKeyManyToMany. Ces annotations seront détaillées au chapitre 4.

### *En résumé*

Nous venons de faire l'inventaire des métadonnées qui permettent de mapper un modèle de classes à quasiment toutes les structures relationnelles possibles. Pour les éléments plus spécifiques, qui ne figurent pas dans ce référentiel, reportez-vous à la spécification ainsi qu'au guide de référence des annotations Hibernate.

La section suivante est une mise en application relativement simple de ce référentiel.

## Mise en application simple

Nous allons désormais nous pencher sur un exemple simple, mais concret, qui couvre une majorité de mappings que vous rencontrerez systématiquement.

Notre objectif est d'écrire les métadonnées relatives aux classes illustrées à la figure 3.7, sur lesquelles nous avons déjà travaillé au chapitre précédent et qui représentent la problématique d'une application de gestion d'équipes de sport.

### *Classe Team annotée*

Nous commencerons par détailler le mapping de la classe `Team` puis donnerons la solution pour les autres classes. Le lecteur est invité à s'entraîner avec cet exemple, les mappings fournis dans la suite de l'ouvrage augmentant progressivement en complexité.

#### *@Entity* et *@Id*

Après avoir défini notre classe comme entité, l'étape suivante est de définir son identifiant. L'annotation @Id mappe la colonne identifiée comme clé primaire. La valeur de cet

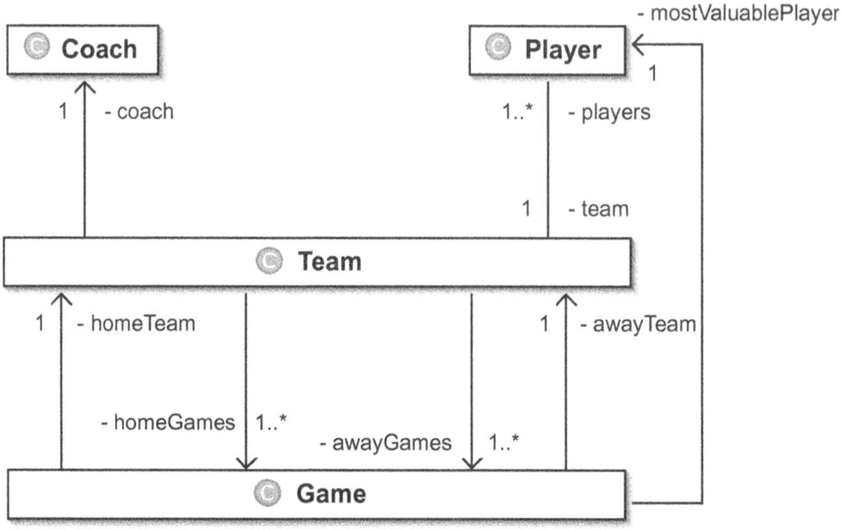

**Figure 3-7**
*Diagramme de classes de notre application exemple de gestion d'équipes de sport*

identifiant sera générée de manière automatique. Il s'agit de la notion d'identité de la base de données. Pour le mapping des clés primaires composées, référez-vous au chapitre 8.

Voici à quoi ressemble notre classe annotée pour le moment :

```
@Entity
public class Team {
  @Id
  @GeneratedValue(
    strategy=GenerationType.AUTO)
  @Column(name="TEAM_ID")
  private int id;
  …
}
```

Notez que, sur notre exemple, nous annotons directement les propriétés et non les accesseurs, par souci de lisibilité.

La génération automatique de la propriété @Id s'effectue selon les cas au moment où vous invoquez l'ordre de persistance (`em.persist(myEntity)`), ou au moment ou vous validez la transaction qui contient l'ordre de persistance.

Si vous utilisez Oracle et une séquence MY_SEQ, l'invocation de la demande de persistance engendre la sortie suivante :

```
select MY_SEQ.nextval from dual
insert into XXX (YYY,…)
```

### Assignation manuelle d'*id*

En l'absence d'annotation @GeneratedValue, vous avez à charge d'affecter la valeur de l'identifiant avant de rendre persistante votre entité :

```
Team team = new Team();
team.setId(1);
em.persist(team);
```

## Mapping des collections de la classe *Team*

Dans la classe `Team`, les éléments des collections `homeGames` et `awayGames` doivent être indexés par date. Nous choisissons donc des maps.

Pour la collection `players`, choisissons arbitrairement le Set dans un premier temps :

```
@Entity
public class Team {
   @Id
   @GeneratedValue(
      strategy=GenerationType.AUTO)
   @Column(name="TEAM_ID")
   private int id;

   @OneToMany(mappedBy="team")
   private Set<Player> players = new HashSet<Player>();
   …
}
```

Comme décrit précédemment, nous avons la possibilité de rendre cette association bidirectionnelle, ce qui explique le paramétrage de l'élément `mappedBy`. Voici ce que nous avons dans la classe `Player` :

```
@Entity
public class Player {
   @Id
   @GeneratedValue(
      strategy=GenerationType.AUTO)
   private int id;
   @ManyToOne
   @JoinColumn(name="TEAM_ID")
   private Team team;
   …
}
```

L'annotation @JoinColumn va définir la colonne soumise à une contrainte de clé étrangère. C'est elle qui permet à Java Persistence de gérer les jointures et les associations.

Nous continuons d'annoter notre classe pour aboutir à :

```
@Entity
public class Team {
   @Id
```

```
    @GeneratedValue(
      strategy=GenerationType.AUTO)
    @Column(name="TEAM_ID")
    private int id;

    @OneToMany(mappedBy="team")
    private Set<Player> players = new HashSet<Player>();

    @OneToMany(mappedBy="homeTeam")
    @MapKey(name="gameDate")
    private Map<Date,Game> homeGames = new HashMap<Date,Game>();

    @OneToMany(mappedBy="awayTeam")
    @MapKey(name="gameDate")
    private Map<Date,Game> awayGames = new HashMap<Date,Game>();

    @OneToOne
    private Coach coach;

    @Transient
    private int nbLostGames;
    //accesseurs
    …
}
```

Vous pouvez constater que, pour les Map, l'annotation @MapKey spécifie la propriété de l'entité associée faisant office de clé.

---

## Exercice

### Énoncé

À partir de la figure 3.7, du référentiel des annotations, de la classe `Team` annotée et des définitions des tables relationnelles ci-dessous, écrivez les classes `Game`, `Coach` et `Player` annotées.

Définition des tables de l'exercice :

```
create table Team (
  TEAM_ID integer generated by default as identity (start with 1),
  name varchar(255),
  coach_id integer,
  primary key (TEAM_ID)
)
create table Player (
  id integer generated by default as identity (start with 1),
  name varchar(255),
  TEAM_ID integer,
  primary key (id)
)
create table Game (
  id integer generated by default as identity (start with 1),
```

```
    gameDate date,
    MVP_ID integer,
    AWAY_TEAM_ID integer,
    HOME_TEAM_ID integer,
    primary key (id)
  )
  create table Coach (
    id integer generated by default as identity (start with 1),
    name varchar(255),
    primary key (id)
  )
  alter table Game add constraint FK21C0126BB306DA
    foreign key (HOME_TEAM_ID) references Team
  alter table Game add constraint FK21C01236C560F4
    foreign key (MVP_ID) references Player
  alter table Game add constraint FK21C012FEE475E9
    foreign key (AWAY_TEAM_ID) references Team
  alter table Player add constraint FK8EA38701AD89BA3A
    foreign key (TEAM_ID) references Team
  alter table Team add constraint FK27B67D2D43E5DA
    foreign key (coach_id) references Coach
```

**Solution pour les classes *Game*, *Coach* et *Player* :**

La classe la plus simple à mapper sur la figure 3.7 est la classe `Coach`, car elle ne fait référence à aucune autre classe. Les seules déclarations concernent l'id et les propriétés :

```
@Entity
public class Coach {
  @Id
  @GeneratedValue(
    strategy=GenerationType.AUTO)
  private int id;
  private String name;
  …
}
```

La classe `Player` augmente ensuite la difficulté puisqu'elle fait référence à la classe `Team` *via* une association ManyToOne :

```
@Entity
public class Player {
  @Id
  @GeneratedValue(
    strategy=GenerationType.AUTO)
  private int id;
  private String name;

  @ManyToOne
  @JoinColumn(name="TEAM_ID")
  private Team team;
  …
}
```

La classe `Game` est du même ordre de complexité que la classe `Player` puisqu'elle fait référence à deux classes par des associations ManyToOne :

```
@Entity
public class Game {
  @Id
  @GeneratedValue(
    strategy=GenerationType.AUTO)
  private int id;

  @Temporal(TemporalType.DATE)
  private Date gameDate;

  @ManyToOne
  @JoinColumn(name="HOME_TEAM_ID")
  private Team homeTeam;

  @ManyToOne
  @JoinColumn(name="AWAY_TEAM_ID")
  private Team awayTeam;

  @ManyToOne
  @JoinColumn(name="MVP_ID")
  private Player mostValuablePlayer;

  …
}
```

Il nous reste à conclure sur le lien entre la classe `Team` et `Coach` ; nous avons opté pour un OneToOne, mais d'autres solutions étaient envisageables :

```
@Entity
public class Team {
  @Id
  @GeneratedValue(
    strategy=GenerationType.AUTO)
  @Column(name="TEAM_ID")
  private int id;

  @OneToMany(mappedBy="team")
  private Set<Player> players = new HashSet<Player>();

  @OneToMany(mappedBy="homeTeam")
  @MapKey(name="gameDate")
  private Map<Date,Game> homeGames = new HashMap<Date,Game>();

  @OneToMany(mappedBy="awayTeam")
  @MapKey(name="gameDate")
  private Map<Date,Game> awayGames = new HashMap<Date,Game>();

  @OneToOne
  private Coach coach;
```

```
    @Transient
    private int nbLostGames;

    ...
}
```

Si vous avez compris comment sont annotées les classes de cet exercice, vous serez capable de mapper sans difficulté de petites et moyennes applications.

### En résumé

Les classes annotées sont un peu déroutantes au début, mais avec l'aide du référentiel et du guide de référence, vous arriverez très rapidement à les écrire. Si vous ajoutez à cela l'outillage disponible, décrit au chapitre 9, les annotations ne vous prendront pas beaucoup de temps.

## Conclusion

Les chapitres 2 et 3 n'ont été pour l'essentiel qu'un condensé de la spécification. Même si ces aspects sont rébarbatifs et répétitifs, il était important de préciser les bases Java et de mapping avant d'entrer dans le vif du sujet.

Dès le chapitre 4, vous aborderez des notions plus complexes, comme l'héritage, les associations *n*-aires et les relations bidirectionnelles.

Pour ne pas vous perdre par la suite, n'hésitez pas à relire plusieurs fois ces chapitres 2 et 3 si une question ou une autre vous paraît obscure.

# 4

# Héritage, polymorphisme et modèles complexes

Ce chapitre se penche sur les fonctionnalités avancées de mapping que sont les stratégies de mapping d'héritage, de relations bidirectionnelles et d'associations ternaires.

Notion essentielle dans la programmation objet, l'héritage autorise la spécialisation des classes. De leur côté, les relations bidirectionnelles permettent de naviguer vers la classe liée, et ce depuis les deux extrémités de l'association, tandis que les associations ternaires mettent en jeu plus de deux classes.

Nous touchons ici à la frontière sensible entre le monde objet et le monde relationnel, notamment avec l'héritage. Le concepteur doit donc être vigilant et faire ses choix avec bon sens.

Il est possible que la criticité des performances relatives à la base de données relationnelle le pousse à sacrifier quelques parties du modèle objet au profit de la performance de l'application. Cela ne signifie pas que Java Persistence bride la créativité, bien au contraire. Il convient simplement de ne pas utiliser à outrance ses fonctionnalités poussées sans en mesurer les impacts.

## Stratégies de mapping d'héritage et polymorphisme

Cette section ne se veut pas un cours sur le polymorphisme. Son but est de vous donner les éléments vous permettant de faire le meilleur choix ainsi que les informations qui vous seront indispensables pour mapper ce choix. Cette section demande beaucoup de concentration de la part du lecteur, les différences entre deux étapes d'une même démonstration étant subtiles.

Regardons concrètement dans notre application exemple si nous avons des cas de polymorphisme. Sur le diagramme de classes illustré à la figure 4.1, rien n'est lié à `Person`. Nous pouvons donc affirmer qu'*a priori* le polymorphisme ne nous concerne pas

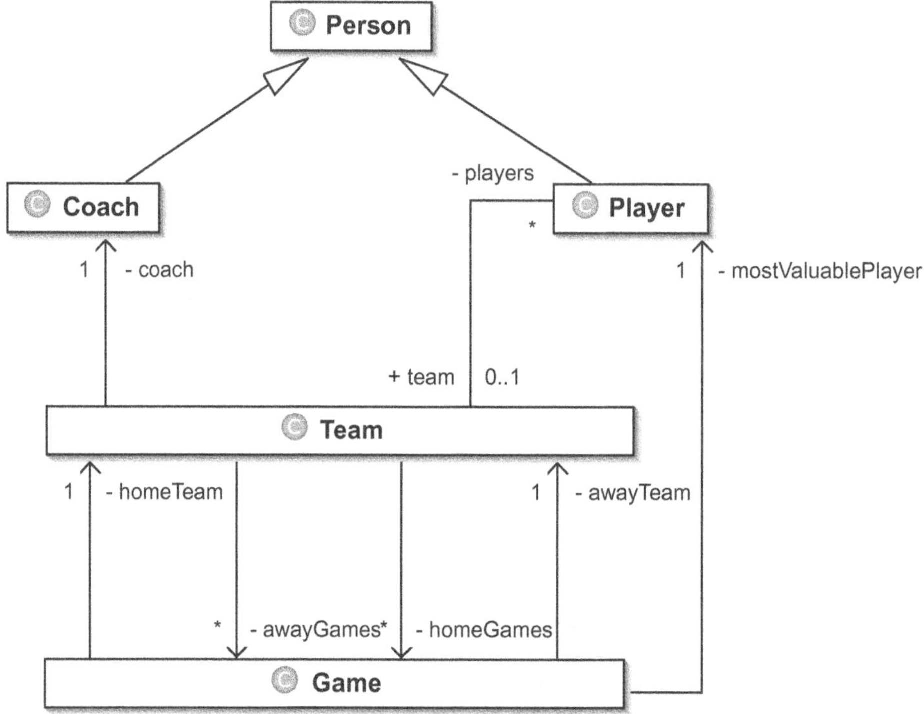


**Figure 4-1**

*Diagramme de classes exemple*

Ce diagramme de classes n'offre qu'une vue globale de notre problématique métier. Faisons un zoom sur l'arbre d'héritage `Person`. À la figure 4.2, nous découvrons deux niveaux d'héritage et comprenons qu'un `Player` peut être `Rookie` ou `SuperStar`. Une lecture attentive de ce diagramme montre que `Sponsor` n'hérite pas de `SuperStar` mais lui est associé *via* une relation ManyToOne.

Dans l'absolu, il s'agit d'un très mauvais exemple de polymorphisme puisqu'un *rookie* peut devenir *superstar* alors que, en Java, nous ne pouvons changer son type. Pour ces cas, préférez le pattern Delegate (par exemple, en ajoutant une association vers une classe `Type`). Quoi qu'il en soit, cet exemple permet d'appréhender les différentes stratégies d'implémentation de l'héritage dans un schéma relationnel.

Les stratégies possibles sont les suivantes :

- une table par sous-classe ;
- une table par hiérarchie de classes ;

- une table par sous-classe avec discriminateur ;
- une table par classe concrète ;
- une table par classe concrète avec option « union ».

Les sections qui suivent détaillent chacune de ces stratégies.

**Figure 4-2**
*Hiérarchie de classes à deux niveaux d'héritage*

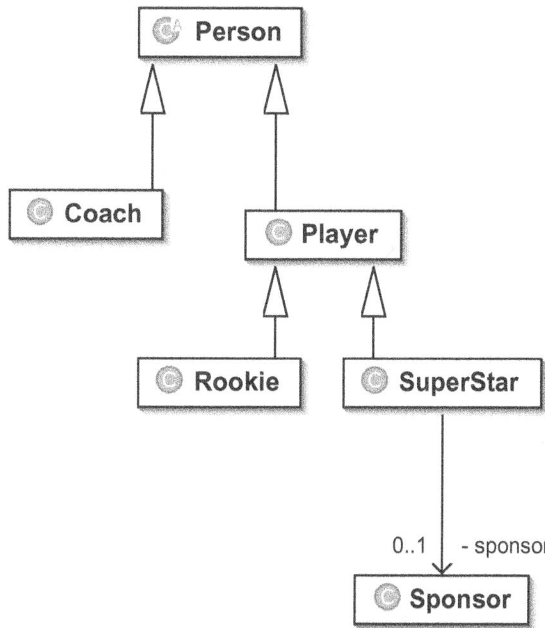


Pour bien cerner les avantages et inconvénients de chaque stratégie, les quatre traitements suivants vont vous être utiles :

- Génération du schéma de la basse de données (DDL) depuis SchemaExport, un outil fourni pas Hibernate et que nous détaillons au chapitre 9.
- Analyse du déroulement de l'insertion d'une instance de classe fille en base de données à l'aide du code ci-dessous :

```
ch4.parClasseConcrete.Player cisse = new ch4.parClasseConcrete.Player();
cisse.setName("cisse");
cisse.setNumber(12);

ch4.parClasseConcrete.Coach wenger = new ch4.parClasseConcrete.Coach();
wenger.setName("wenger");
wenger.setCoachedTeamName("arsenal");

tm.begin();
em.persist(cisse);
```

```
em.persist(wenger);
tm.commit();
```

- Récupération directe des instances de classes héritées testées :

```
Person p = (Person)em.find(Person.class, new Long(1));
```

- Récupération d'instances de classes héritées testée *via* une requête :

```
List l = em.createQuery("from Player p").getResultlist();
```

### Une table par classe concrète

Avec cette stratégie, chaque classe concrète est mappée d'une manière indépendante de la hiérarchie de classe. Ce cas vous permet de traiter les annotations générales relatives à l'héritage et à la surcharge des métadonnées dans les sous-classes.

Dans la sous-hiérarchie `Player` et `Coach` qui héritent de `Person`, cela donne deux tables, `Person` étant une classe abstraite :

```
create table Coach (
  id_coach bigint generated by default as identity (start with 1),
  birthday timestamp,
  height float not null,
  name varchar(255),
  weight float not null,
  coachedTeamName varchar(255),
  primary key (id_coach)
)

create table Player (
  id_player bigint generated by default as identity (start with 1),
  birthday timestamp,
  height float not null,
  player_name varchar(255),
  weight float not null,
  number integer not null,
  primary key (id_player)
)
```

Prenons désormais en compte les classes `SuperStar` et `Rookie`, qui héritent de `Player`. La table `PLAYER` disparaît et donne lieu aux deux tables `SUPERSTAR` et `ROOKIE`.

Cette stratégie est la meilleure si aucune association vers `Person` ou `Player` n'est déclarée, en d'autres termes si vous n'avez pas besoin du polymorphisme sur cette partie du diagramme. Dans le cas contraire, `Person` et `Player` n'étant plus mappées, un problème apparaît.

Souvenez-vous de la déclaration de collection dans la classe `Team` :

```
@OneToMany(
  cascade=CascadeType.ALL)
public Set<Player> getPlayers()
{ return players; }
```

Celle-ci devient impossible (`Player` n'est plus mappée à une table dédiée), et il n'y a pas de solution.

De même, dans la classe `Game`, nous avions :

```
@ManyToOne
@JoinColumn(name="MVP_ID")
private Player mostValuablePlayer;
```

qui n'est plus possible avec cette stratégie d'héritage.

Il est cependant intéressant de savoir comment annoter la classe abstraite dans ces cas-là.

### *@MappedSuperclass* (pour des métadonnées qui s'appliquent aux sous-classes)

Une classe annotée *via* @MappedSuperClass désigne une classe dont les informations de mapping s'appliquent aux entités qui héritent de la classe annotée (puisque l'entité mère n'est pas réellement mappée à une table).

Prenons un exemple concret et mappons notre hiérarchie `Coach` et `Player`, qui héritent de `Person` :

```
@MappedSuperclass
public abstract class Person {
  @Id
  @GeneratedValue
  private Long id;
  private String name;
  private Date birthday;
  private float height;
  private float weight;
  …
}
```

Les classes `Player` et `Coach` sont simplement annotées avec @Entity.

De ce code, nous pouvons déduire que les tables mappées aux classes héritées auront une colonne clé primaire nommée `id`, qu'elle sera générée automatiquement et que nous retrouverons des colonnes nommées `name`, `birthday`, etc.

Cela vaut pour toutes les classes qui héritent de `Person`.

### *@AttributeOverride* (surcharge d'attribut)

Si, pour une classe particulière, vous souhaitez surcharger les mappings hérités de la classe mère, vous pouvez utiliser @AttributeOverride. Si dans notre exemple, vous souhaitez que l'identifiant de la classe `Coach` soit mappé à la colonne `id_coach` au lieu de `id`, annotez la classe comme ceci :

```
@Entity
@AttributeOverride(
```

```
  name="id",
  column=@Column(name="id_coach"))
public class Coach extends Person implements Serializable{
  ...
}
```

Description :

- `name` : de type String ; nom de la propriété dont le mapping est surchargé.
- `column` : de type @Column ; définition de la colonne à utiliser.

### *@AttributeOverrides* (surcharge d'attributs)

Il s'agit de l'équivalent de l'annotation précédente si vous devez surcharger un ensemble de mappings :

```
@Entity
@AttributeOverrides({
  @AttributeOverride(
    name="id",
    column=@Column(name="id_player")),
  @AttributeOverride(
    name="name",
    column=@Column(name="player_name"))})
public class Player extends Person implements Serializable{
  private int number;
```

### *@AssociationOverride* (surcharge d'association)

Cette annotation est utilisée pour surcharger les mapping relatifs à une association ManyToOne ou OneToOne. Elle peut être appliquée aux sous-classes d'une superclasse mappée qui définit de telles associations.

Description :

- `name` : de type String ; nom de la propriété (représentant une association) dont le mapping est surchargé.
- `joinColumns` : de type @JoinColumn`[]` ; colonne de jointure qui sera mappée à l'attribut persistant (le type de mapping restera le même que celui défini dans la superclasse).

Exemple :

```
@MappedSuperclass
public class Player {
  @Id protected Integer id;
  @ManyToOne
  protected Team team;
  ...
}
```

```
@Entity
@AssociationOverride(name="team",
   joinColumns=@JoinColumn(name="TEAM_ID"))
public class SubPlayer extends Player {
   …
}
```

### *@AssociationOverrides* (surcharge d'associations)

Cette annotation est utilisée pour surcharger les mapping relatifs à plusieurs associations ManyToOne ou OneToOne. Elle peut être appliquée aux sous-classes d'une superclasse mappée qui définit de telles associations. Elle prend comme membre un tableau de @AssociationOverride.

### *@Inheritance* (déclaration d'une stratégie d'héritage)

Définir une stratégie d'héritage implique l'activation de la gestion du polymorphisme.

@Inheritance est utilisée pour définir la stratégie d'héritage. Elle annote la classe racine de la hiérarchie, en association avec l'annotation @Entity.

Il existe trois stratégies proposées par la spécification :

- TABLE_PER_CLASS
- JOINED
- SINGLE_TABLE

Notez que TABLE_PER_CLASS est optionnelle. La spécification la cite mais ne la requiert pas. Chaque implémentation peut donc décider de fournir cette possibilité ou non.

### Limitation de la stratégie *une table par classe concrète*

Si nous effectuons une requête polymorphique comme ceci :

```
tm.begin();
List persons = em.createQuery("
  select person
  from ch4.parClasseConcrete.Person person").getResultList();
tm.commit();
```

il n'y a aucun problème : Java Persistence déclenche deux requêtes SQL :

```
select coach0_.id_coach as id1_0_, coach0_.birthday as birthday0_,
coach0_.height as height0_, coach0_.name as name0_, coach0_.weight as weight0_,
coach0_.coachedTeamName as coachedT6_0_ from Coach coach0_

select player0_.id_player as id1_1_, player0_.birthday as birthday1_,
player0_.height as height1_, player0_.player_name as player4_1_,
player0_.weight as weight1_, player0_.number as number1_ from Player player0_
```

et en agrège les résultats. Les requêtes polymorphiques sont donc supportées.

Par contre, supposons que, avec la définition d'héritage précédente, vous souhaitiez l'association suivante :

```
@Entity
public class Team {
  @Id
  @GeneratedValue(
    strategy=GenerationType.AUTO)
  @Column(name="TEAM_ID")
  private int id;

  @OneToMany
  private Set<Person> staff = new HashSet<Person>();
  …
}
```

Les éléments de la collection `staff` peuvent être de type `Coach` ou `Player` : il s'agit d'une association dite polymorphique.

Avec la stratégie de mapping employée, l'exception suivante est soulevée au démarrage :

```
org.hibernate.AnnotationException: Use of @OneToMany or @ManyToMany targeting
an unmapped class:
ch4.parClasseConcrete.Team.staff[ch4.parClasseConcrete.Person]
at
org.hibernate.cfg.annotations.CollectionBinder.bindManyToManySecondPass(Colle
ctionBinder.java:1033)
at
org.hibernate.cfg.annotations.CollectionBinder.bindStarToManySecondPass(Colle
ctionBinder.java:576)
at
org.hibernate.cfg.annotations.CollectionBinder$1.secondPass(CollectionBinder.
java:517)
```

Vous pouvez constater que, dès que vous avez besoin de polymorphisme, cette stratégie est inadaptée.

**@Any et @ManyToMany pour résoudre cette limitation**

À l'heure d'écrire cet ouvrage, une subtilité spécifique est possible pour parer à cette limitation. Elle exploite les annotations @org.hibernate.annotations.AnyMetaDef, @org.hibernate.annotations.Any et @org.hibernate.annotations.ManyToAny. Cette solution requiert deux colonnes techniques, une qui donne le type de l'entité associée et une qui donne la valeur de l'identifiant correspondant. Cette fonctionnalité existe, mais n'est pour ainsi dire jamais utilisée. Nous ne la citons que par souci d'exhaustivité.

Plus de détails sont fournis à cette adresse : *http://opensource.atlassian.com/projects/hibernate/browse/ANN-28*

Si vous souhaitez préserver une table par classe concrète et que vous ayez besoin de polymorphisme, surtout pour une association OneToMany, choisissez la déclinaison de cette stratégie suivante « *avec union* ».

## Une table par classe concrète avec option union

Cette stratégie est une variante de la précédente, dont elle diffère en deux points : nous appliquons réellement une stratégie d'héritage en utilisant l'annotation @Inheritance ; une contrainte s'applique à l'affectation des valeurs des identifiants des classes présentes dans la hiérarchie.

### InheritanceType.TABLE_PER_CLASS

Comme dans l'exemple précédent, nous avons une table par classe concrète. Étant donné la nature du schéma de base de données, la seule solution possible pour gérer le polymorphisme est d'exploiter l'union des tables lors de la récupération de données.

Les classes `Player` et `Person` ne changent pas ; la classe `Person` devient :

```
@Entity
@Inheritance(strategy = InheritanceType.TABLE_PER_CLASS)
public abstract class Person {…}
```

### Identifiant unique sur une hiérarchie de classe

Reprenons notre identifiant annoté de l'exemple précédent :

```
public abstract class Person {
   @Id
   @GeneratedValue
   private Long id;
   …
}
```

La clé primaire des tables mappées aux entités héritant de `Person` (donc les tables `PLAYER` et `COACH`) adoptent le même comportement, à savoir une génération d'identifiant automatique, par exemple *via* `Identity`, fonctionnalité propre à HSQLDB pour la génération d'identifiant.

`Identity` génère une valeur unique mais par table. Cela signifie que le premier enregistrement inséré dans la table `PLAYER` aurait une valeur de clé primaire égale à 1 et que le premier enregistrement inséré dans la table `COACH` aurait aussi une valeur de clé primaire égale à 1. Pour supporter le polymorphisme, ce n'est pas valable. En effet, comment pourrait-on demander à Java Persistence « récupère moi la personne qui possède l'identifiant égal à 1 » ? Il y aurait deux instances répondant à ce critère, ce qui n'a pas de sens pour une restriction forte posée sur l'identifiant.

La génération d'identifiant par le générateur `Identity` ne convient donc pas pour cette stratégie. Cela explique l'utilisation d'un identifiant assigné manuellement, et donc non généré : le développeur doit renseigner lui-même les identifiants des instances des sous-classes.

Si vous utilisez une séquence, chacune des tables doit avoir une génération d'identifiant réalisée par la même séquence.

Les mêmes tables que pour la stratégie « une table par classe concrète » sont mappées.

La persistance de nouvelles instances donne lieu aux traces suivantes :

```
insert into Player (birthday, height, name, weight, number, id) values (?, ?, ?, ?, ?,
?)
insert into Coach (birthday, height, name, weight, coachedTeamName, id) values (?, ?,
?, ?, ?, ?)
```

L'insertion est efficace puisque le travail est effectué sur une table cible unique par instance.

Regardons désormais la sélection *via* l'exécution du code suivant :

```
Person p = (Person)em.find(Person.class, new Long(1));
```

```
select person0_.id as id0_0_, person0_.birthday as birthday0_0_,
   person0_.height as height0_0_, person0_.name as name0_0_,
   person0_.weight as weight0_0_, person0_.coachedTeamName as
   coachedT1_1_0_, person0_.number as number2_0_, person0_.clazz_ as
   clazz_0_
from ( select height, coachedTeamName, name, weight, id,
   null as number, birthday, 1 as clazz_ from Coach
   union select height, null as coachedTeamName, name, weight, id,
   number, birthday, 2 as clazz_ from Player
) person0_
where person0_.id=?
```

La requête générée est plus complexe, car elle utilise le `union` SQL. La sélection est aussi plus lourde, puisqu'un `union` sur les différentes tables est nécessaire. Cette stratégie n'en permet pas moins le polymorphisme et garantit l'intégrité des données.

### InheritanceType.JOINED (stratégie « une table par sous-classe »)

Cette stratégie consiste à utiliser une table par sous-classe en plus de la table mappée à la classe mère. Cela signifie que toutes les classes, qu'elles soient abstraites ou concrètes, et toutes les interfaces sont mappées respectivement à une table.

Le mapping utilise l'élément `@Inheritance(strategy = InheritanceType.JOINED)`.

Notre classe racine est mappée de la sorte :

```
@Entity(name="ch4.parSousClasse.Person")
@Inheritance(strategy = InheritanceType.JOINED)
@Table(name="JOINED_PERSON")
public abstract class Person { … }
```

Le schéma de base de données correspondant est le suivant :

```
create table JOINED_COACH (
    id bigint not null,
    coachedTeamName varchar(255),
    primary key (id)
)
create table JOINED_PERSON (
    id bigint generated by default as identity (start with 1),
    birthday timestamp,
    height float not null,
    name varchar(255),
    weight float not null,
    primary key (id)
)
create table JOINED_PLAYER (
    id bigint not null,
    number integer not null,
    primary key (id)
)
create table JOINED_TEAM (
    TEAM_ID integer generated by default as identity (start with 1),
    name varchar(255),
    coach_id bigint,
    primary key (TEAM_ID)
)
alter table JOINED_COACH add constraint FKB4825004F3132D55 foreign key (id) references
JOINED_PERSON
alter table JOINED_PLAYER add constraint FKF1CCBC97F3132D55 foreign key (id)
references JOINED_PERSON
alter table JOINED_TEAM add constraint FK165E5D93FFC2BDF5 foreign key (coach_id)
references JOINED_COACH
```

Par défaut, les tables mappées aux sous-classes sont liées à la table racine par sa clé primaire. Relationnellement, il s'agit d'une OneToOne, les tables partageant les valeurs de leur clé primaire.

Au cas où vous souhaiteriez lier les tables par une autre colonne que la clé primaire, utilisez l'annotation @PrimaryKeyJoinColumn pour une jointure sur colonne simple ou @PrimaryKeyJoinColumns pour une jointure sur un ensemble de colonnes. Ces annotations ont été détaillées au chapitre 3.

Cette stratégie garantit le respect des contraintes not-null.

Le test d'insertion engendre les traces suivantes :

```
insert into JOINED_PERSON (id, birthday, height, name, weight) values (null, ?,
?, ?, ?)
call identity()
insert into JOINED_PLAYER (number, id) values (?, ?)
```

```
insert into JOINED_PERSON (id, birthday, height, name, weight) values (null, ?,
?, ?, ?)
call identity()
insert into JOINED_COACH (coachedTeamName, id) values (?, ?)
```

Une création de `Coach` nécessite une insertion dans `PERSON` et une autre dans `COACH`. Dans le cas d'une génération automatique d'identifiant, celle-ci porte sur l'insertion dans la table racine. Sa valeur est ensuite réutilisée lors de l'insertion dans les tables filles.

Afin de déterminer quelle est la classe fille, la requête est obligée d'interroger toutes les tables entrant en jeu pour un arbre d'héritage donné. Ainsi, lorsque nous souhaitons récupérer les objets qui héritent de `Person`, il est nécessaire d'interroger toutes les tables de notre exemple pour trouver le type de classe fille à récupérer.

Voici la requête SQL générée :

```
select person0_.id as id3_, person0_.birthday as birthday3_, person0_.height as
height3_, person0_.name as name3_, person0_.weight as weight3_,
person0_1_.coachedTeamName as coachedT2_4_, person0_2_.number as number5_,
case
   when person0_1_.id is not null then 1
   when person0_2_.id is not null then 2
   when person0_.id is not null then 0 end as clazz_
from JOINED_PERSON person0_
   left outer join JOINED_COACH person0_1_ on person0_.id=person0_1_.id
   left outer join JOINED_PLAYER person0_2_ on person0_.id=person0_2_.id
```

Le principal inconvénient de cette stratégie est l'impact notable des jointures effectuées sur les performances à la lecture, mais aussi en insertion lors d'insertions massives. Ses avantages certains sont la garantie de l'intégrité des données et l'accès au polymorphisme.

## Stratégies par discrimination

Une colonne discriminante est une colonne technique, transparente pour votre application, qui permet, lors de la récupération de données, de décider quelle classe instancier.

Cette colonne est nécessaire pour deux des trois stratégies spécifiée par Java Persistence.

### *@DiscriminatorColumn* (déclarer la colonne discriminante)

@DiscriminatorColumn permet d'annoter la classe racine d'une hiérarchie ou sous-hiérarchie pour définir la colonne qui permettra de choisir la classe à instancier :

```
@Entity(name="ch4.parHierarchie.Person")
@Table(name="HIERARCHIE_PERSON")
@Inheritance(strategy = InheritanceType.SINGLE_TABLE)
@DiscriminatorColumn(
  name = "PERSON_TYPE",
  discriminatorType = DiscriminatorType.STRING
)
public abstract class Person {…}
```

**Description :**

- `name` (optionnel ; par défaut égal à DTYPE) : de type String ; nom de la colonne discriminante.
- `discriminatorType` (optionnel ; par défaut égal à `DiscriminatorType.String`) : de type DiscriminatorType ; type de la colonne parmi `DiscriminatorType.STRING`, `DiscriminatorType.CHAR`, `DiscriminatorType.INTEGER`.
- `columnDefinition` (optionnel ; par défaut le SQL utilisé pour généré la colonne) : de type String ; fragment SQL utilisé lors de la génération DDL de la colonne.
- `length` (optionnel ; par défaut 31) : de type int ; longueur de la colonne (utilisée pour `DiscriminatorType.STRING` uniquement).

Cette annotation est optionnelle ; en son absence, dès qu'une des stratégies JOINED ou SINGLE_TABLE est sélectionnée, une colonne DTYPE de type String sera adoptée par défaut comme colonne discriminante.

### *@DiscriminatorColumnValue* (déclarer la colonne discriminante)

Utilisée pour spécifier la valeur de la colonne discriminante pour un type donnée, cette annotation est utilisée sur les classes concrètes de la hiérarchie.

Les valeurs spécifiées doivent être compatibles avec le type définition par @DiscriminatorColumn, c'est-à-dire que la conversion doit être possible :

```
@Entity(name="ch4.parHierarchie.Player")
@DiscriminatorValue("PLAYER")
public class Player extends Person implements Serializable{…}
```

L'annotation ne prend qu'un membre : la valeur de la colonne discriminante pour la classe annotée.

En son absence, il est de la responsabilité de l'implémentation de fournir des défauts cohérents. Dans le cas d'Hibernate, la valeur de la colonne par défaut est le nom de l'entité, celui défini par le membre `name` de l'annotation @Entity.

### *InheritanceType.SINGLE_TABLE* (stratégie « une table par hiérarchie de classe »)

Cette stratégie propose de mapper la hiérarchie à une seule table :

```
create table HIERARCHIE_PERSON (
  PERSON_TYPE varchar(31) not null,
```

```
  id bigint not null,
  birthday timestamp,
  height float not null,
  name varchar(255),
  weight float not null,
  coachedTeamName varchar(255),
  number integer,
  school_id bigint,
  sponsor_id bigint,
  primary key (id)
)
```

Le mapping s'effectue *via* la déclaration d'une colonne discriminante et les différentes valeurs qui permettront d'instancier la bonne classe.

Reprenons les mappings précédents :

```
@Entity(name="ch4.parHierarchie.Person")
@Table(name="HIERARCHIE_PERSON")
@Inheritance(strategy = InheritanceType.SINGLE_TABLE)
@DiscriminatorColumn(
  name = "PERSON_TYPE",
  discriminatorType = DiscriminatorType.STRING
)
public abstract class Person {
  @Id
  @GeneratedValue
  private Long id;
  …
}

@Entity(name="ch4.parHierarchie.Player")
@DiscriminatorValue("PLAYER")
public class Player extends Person implements Serializable{…}

@Entity(name="ch4.parHierarchie.SuperStar")
public class SuperStar extends Player{…}
```

Dans cet exemple, si la valeur de la colonne PERSON_TYPE est `"PLAYER"`, Java Persistence en déduit que le type de l'objet est `Player` ; si la valeur est `"ch4.parHierarchie.Player"` (car absence de @DiscriminatorValue), l'objet est une instance de la classe `Superstar`, et ainsi de suite.

Notez qu'ici, nous pouvons utiliser une génération automatique d'identifiant.

Souvenons-nous qu'une hiérarchie d'héritage n'est pas limitée à un niveau, comme le montre la figure 4.3.

Si des propriétés de `Rookie` ou `SuperStar` ne pouvaient être nulles, cette stratégie serait incapable de garantir l'intégrité des données du côté de la base de données *via* de simples clauses not-null.

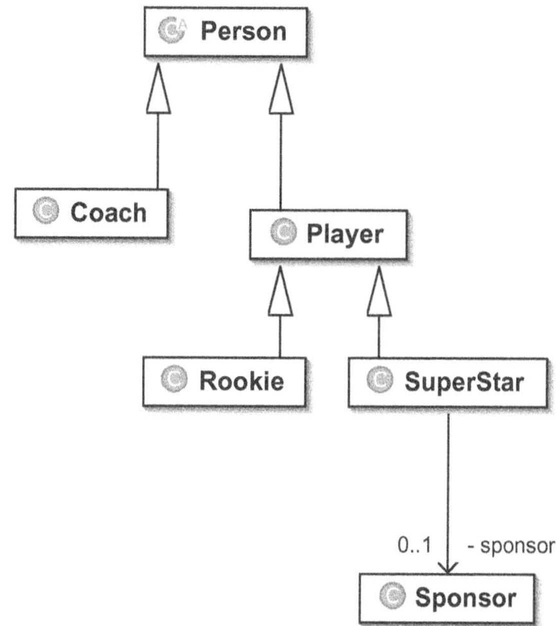


**Figure 4-3**
*Hiérarchie de classes à deux niveaux d'héritage*

Reprenons l'exemple de la classe `SuperStar`. Celle-ci est forcément liée à une instance de `Sponsor`. Une contrainte not-null sur SPONSOR_ID serait donc justifiée. Cependant, la classe `Rookie` n'a pas de propriété `sponsor`, et comme `Rookie` et `SuperStar` sont mappées à la même table, la contrainte not-null sur SPONSOR_ID n'est pas applicable.

En lieu et place d'une contrainte forte de type not-null, il est possible de créer une *check constraint*. Rapprochez-vous toutefois de votre DBA (DataBase Administrator) pour savoir s'il vous autorise à utiliser ce genre de contrainte.

Voyons comment se déroule la persistance de nouvelles instances *via* le code suivant :

```
ch4.parHierarchie.Player cisse = new ch4.parHierarchie.SuperStar();
cisse.setName("cisse");
cisse.setNumber(12);

ch4.parHierarchie.Coach wenger = new ch4.parHierarchie.Coach();
wenger.setName("wenger");
wenger.setCoachedTeamName("arsenal");

tm.begin();
em.persist(cisse);
em.persist(wenger);
tm.commit();
```

Le SQL généré est :

```
Hibernate: insert into HIERARCHIE_PERSON (id, birthday, height, name, weight,
number, sponsor_id, PERSON_TYPE) values (null, ?, ?, ?, ?, ?, ?, 'STAR')
Hibernate: call identity()
Hibernate: insert into HIERARCHIE_PERSON (id, birthday, height, name, weight,
coachedTeamName, PERSON_TYPE) values (null, ?, ?, ?, ?, ?,
'ch4.parHierarchie.Coach')
Hibernate: call identity()
```

Testons désormais un requête polymorphique comme :

```
List persons = em.createQuery("
 select person from ch4.parHierarchie.Player player")
.getResultList();
```

Notez que nous ciblons les entités `Player`, donc nous excluons volontairement les instances de `Coach`.

La requête SQL générée tient compte de cela :

```
select player0_.id as id7_, player0_.birthday as birthday7_,
   player0_.height as height7_, player0_.name as name7_,
   player0_.weight as weight7_, player0_.number as number7_,
   player0_.sponsor_id as sponsor10_7_,
   player0_.school_id as school9_7_,
   player0_.PERSON_TYPE as PERSON1_7_
from HIERARCHIE_PERSON player0_
where player0_.PERSON_TYPE in ('PLAYER', 'ch4.parHierarchie.SuperStar',
'ch4.parHierarchie.Rookie')
```

Nous constatons qu'aucune jointure n'est nécessaire. Cette stratégie est non seulement excellente pour les performances, mais elle autorise en outre le polymorphisme. Son principal défaut est qu'elle ne garantit généralement pas l'intégrité des données au niveau du datastore par des contraintes not-null, ce qui peut gêner son utilisation dans certains projets.

### *InheritanceType.JOINED* + discriminateur (stratégie « une table par sous-classe avec discriminateur »)

Java Persistence laisse la possibilité au fournisseur de recourir à l'utilisation d'une colonne discriminante pour `InheritanceType.JOINED`.

Avec ou sans colonne discriminante, les enregistrements dans les tables mappées à la hiérarchie doivent être cohérents. Hibernate se fie uniquement à l'agrégation des données recueillies par jointure sur ces tables et ne nécessite pas de colonne discriminante. Si vous en configurez une, elle sera ignorée.

## En résumé

Le tableau 4.1 récapitule les caractéristiques de chaque stratégie de mapping *(voir aussi le guide de référence).*

**Tableau 4.1 Stratégies d'implémentation de l'héritage**

| | JOINED | SINGLE_TABLE | TABLE_PER_CLASS | Pas de stratégie |
|---|---|---|---|---|
| **Intégrité des données** | ++ | check constraint | ++ | ++ |
| **Polymorphisme OneToMany** | Oui | Oui | Oui | Non |
| **Polymorphisme ManyToMany** | Oui | Oui | Oui | @ManyToAny |
| **Polymorphisme OneToOne** | Oui | Oui | Oui | Non |
| **Polymorphisme ManyToOne** | Oui | Oui | Oui | @Any |
| **Polymorphisme session.get()** | Oui | Oui | Oui | Par requête |
| **Requête polymorphique de type *from Team t join t.player p*** | Oui | Oui | Oui | Non |
| **Performances en insertion** | -- | ++ | ++ | ++ |
| **Performances en requête** | -- | ++ | - | + |

Notez que les requêtes polymorphiques de type `from Player p` sont utilisables pour toutes les stratégies.

# Mise en œuvre d'une association bidirectionnelle

Le concept d'association bidirectionnelle est courant dans les modèles de classes métier. Sur la figure 4.4, la navigabilité est active sur les deux classes qui sont les deux « extrémités » de l'association. Pourtant, en base de données, il n'existe pas de notion de navigabilité, les tables étant simplement liées par une clé étrangère. La colonne sur laquelle porte la clé étrangère représente le lien entre les deux classes. Il y a donc deux extrémités susceptibles de gérer une même colonne.

Cette section décrit en détail cette notion de « responsabilité » dans le contexte d'une association bidirectionnelle à partir de l'exemple illustré à la figure 4.4.

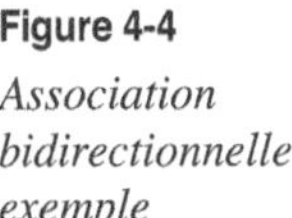

**Figure 4-4**
*Association bidirectionnelle exemple*

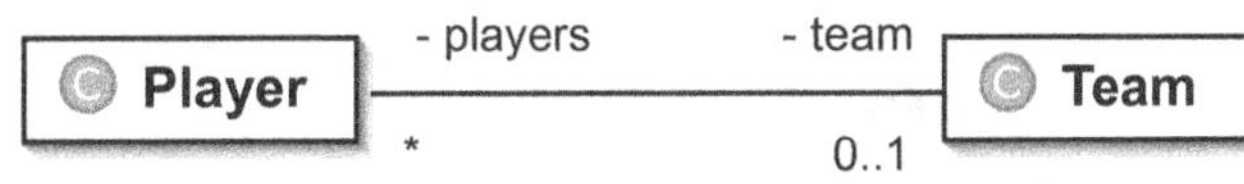


La première étape de la démonstration consiste à analyser les deux associations unidirectionnelles possibles entre `Team` et `Player` : les associations OneToMany et ManyToOne.

### Association OneToMany

La figure 4.5 illustre l'association OneToMany unidirectionnelle entre `Team` et `Player`.

`Team` possède une collection d'éléments de type `Player`, tandis que `Player` n'a pas d'attribut `team` de type `Team`.

**Figure 4-5**
*La classe annotée qui nous importe est* Team :

```
@Entity
public class Team {
  @Id
  @GeneratedValue
  private int id;

  @OneToMany
  @JoinColumn(name="TEAM_ID")
  private Set<Player> players = new HashSet<Player>();
  …
}
```

Nous aurions pu choisir une Map ou une List. Un rappel s'impose quant au comportement par défaut dicté par la spécification. En l'absence de notre annotation @JoinColumn, la spécification stipule que le mapping d'une association OneToMany unidirectionnelle passe par une table de jointure :

```
create table Player (
   id integer generated by default as identity (start with 1),
   …,
   primary key (id)
)
create table Team (
TEAM_ID integer generated by default as identity (start with 1),
   …,
   primary key (TEAM_ID)
)
create table Team_Player (
   Team_TEAM_ID integer not null,
   players_id integer not null,
   primary key (Team_TEAM_ID, players_id),
   unique (players_id)
)
alter table Team_Player add constraint FKD4E5F7036148F400 foreign key (Team_TEAM_ID)
references Team
alter table Team_Player add constraint FKD4E5F7034AC222F1 foreign key (players_id)
references Player
```

Cela apparaît comme une contrainte puisque, pour une telle association, nous ne souhaitons généralement pas de table de jointure mais un lien direct entre les tables TEAM et PLAYER :

```
create table Player (
   cid integer generated by default as identity (start with 1),
   …,
   TEAM_ID integer, primary key (id)
)
create table Team (
   TEAM_ID integer generated by default as identity (start with 1),
   …,
   primary key (TEAM_ID)
)
alter table Player add constraint FK8EA38701E908B7E2 foreign key (TEAM_ID) references
eam
```

Notez cependant qu'un OneToMany unidirectionnel sans table de jointure est une fonctionnalité optionnelle selon la spécification.

La gestion du lien entre l'instance de Team et les instances de Player contenues dans sa collection se traduit dans la base de données par la clé étrangère de la table PLAYER vers la table TEAM (colonne TEAM_ID).

Le code de test est le suivant :

```
Player cisse = new Player();
cisse.setName("cisse");
Team om = new Team();
om.setName("OM");
om.getPlayers().add(cisse);
transaction.begin();
em.persist(om);
em.persist(cisse);
transaction.commit();
```

Ce code est relativement simple. Nous rendons persistante une nouvelle instance de Player, que nous ajoutons à la collection players d'une instance de Team existante. La trace est la suivante :

```
insert into Team (TEAM_ID, coach_id, name) values (null, ?, ?)
call identity()
insert into Player (id, name) values (null, ?)
call identity()
update Player set TEAM_ID=? where id=?
```

La première requête correspond à la persistance de l'instance de Team, et la seconde à la persistance de l'instance de Player.

Enfin, un update est exécuté. Nous verrons plus loin quand l'implémentation Java Persistence décide d'exécuter les requêtes et dans quel ordre. Sachez simplement pour le moment que, dans cet exemple, l'appel de commit force le gestionnaire d'entités à se poser les bonnes questions sur les objets qu'elle contient. Après analyse de l'instance `team`, il note le rattachement de `player` à la collection `players`, ce qui engendre l'update.

## Association ManyToOne

La figure 4.6 illustre la situation inverse de la précédente. `Player` possède une référence vers `Team`, mais `Team` n'a plus de collection `players`.

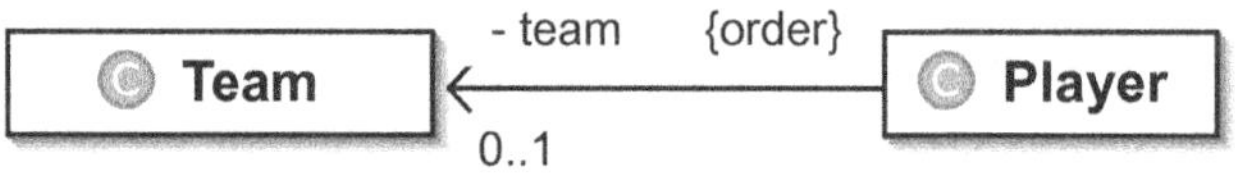

**Figure 4-6**
*Association ManyToOne unidirectionnelle*

La classe annotée qui nous intéresse désormais est `Player` :

```
@Entity
public class Player {
   @Id
   @GeneratedValue
   private int id;

   @ManyToOne
   private Team team;
   ...
}
```

Notre but est toujours de savoir comment est géré le lien entre l'instance de `Team` et celle de `Player`.

Voyons ce que provoque notre code de test :

```
Player cisse = new Player();
cisse.setName("cisse");
Team om = new Team();
om.setName("OM");
cisse.setTeam(om);

transaction.begin();
em.persist(om);
em.persist(cisse);
transaction.commit();
```

Ce code est identique à celui du test précédent, à l'exception de la ligne suivante :

```
om.getPlayers().add(cisse);
```

que nous avons remplacée par :

```
cisse.setTeam(om);
```

La trace est la suivante :

```
insert into Team (TEAM_ID, coach_id, name) values (null, ?, ?)
call identity()
insert into Player (id, name, team_TEAM_ID) values (null, ?, ?)
call identity()
```

Les traces sont sensiblement les mêmes, même si deux insert sans un update suffisent. Lorsque l'association est unidirectionnelle, la responsabilité de la persistance de cette association est effectuée à l'exécution, soit :

```
team.getPlayers().add(player);
```

soit :

```
player.setTeam(team);
```

Ces deux exemples n'ont d'autre intérêt que de soulever les questions suivantes :

- Que se passe-t-il si nous mixons les deux classes annotées et laissons ces deux associations ?
- Obtenons-nous une association bidirectionnelle ?
- Quelle action va provoquer l'update de la clé étrangère ?
- Que devons-nous utiliser pour rendre l'association persistante ?

Pour répondre à ces questions, fusionnons les mappings précédents pour rendre l'association bidirectionnelle, et effectuons un test :

```
tm.begin();
Player cisse = new Player();
cisse.setName("cisse");
Team om = (Team)em.find(Team.class, new Integer(1));
cisse.setTeam(om);
em.persist(cisse);
tm.commit();
```

À l'appel du commit, les enregistrements en base de données sont cohérents, et `player` a bien une référence vers `team`. Par contre, la collection `players` de notre instance `team` n'est pas à jour !

Ajoutons la ligne suivante :

```
om.getPlayers().add(cisse);
```

après :

```
cisse.setTeam(om);
```

Remarquez la lourdeur de cette écriture, qui nous oblige à écrire deux lignes pour une seule action.

Observons les traces :

```
select team0_.TEAM_ID as TEAM1_2_1_, team0_.coach_id as coach3_2_1_,
team0_.name as name2_1_, coach1_.id as id0_0_, coach1_.name as name0_0_ from
Team team0_ left outer join Coach coach1_ on team0_.coach_id=coach1_.id where
team0_.TEAM_ID=?

select players0_.TEAM_ID as TEAM3_1_, players0_.id as id1_, players0_.id as
id1_0_, players0_.name as name1_0_, players0_.TEAM_ID as TEAM3_1_0_ from Player
players0_ where players0_.TEAM_ID=?

insert into Player (id, name, TEAM_ID) values (null, ?, ?)

call identity()

update Player set TEAM_ID=? where id=?
```

Nous découvrons qu'un update de trop a été exécuté ; de même, un select de plus apparaît. En effet, le select est nécessaire pour vérifier que l'instance que nous ajoutons dans le Set n'est pas déjà présente. l'insert dans la table `Player` contenant déjà la valeur de la clé étrangère vers la table `Team`, l'update met à jour ce champ avec la même valeur, ce qui est totalement inutile.

### Méthodologie d'association bidirectionnelle

La conclusion de notre démonstration est double :

- Les lignes `team.getPlayers().add(player)` et `player.setTeam(team)` doivent être regroupées dans une méthode métier « de cohérence », en l'occurrence la méthode `team.addPlayer(player)`. Celle-ci est à écrire une seule fois pour toute l'application, après quoi vous n'avez plus à vous soucier de la cohérence de vos instances.
- Il est nécessaire d'indiquer à Java Persistence laquelle des deux extrémités de l'association bidirectionnelle est responsable de la gestion de la clé étrangère. Le paramètre permettant d'indiquer cela — et qui est si difficile à comprendre pour ceux qui font leurs premiers pas avec Java Persistence — est l'élément `mappedBy`, que l'on trouve pour les annotations d'association entre entité suivantes : @OneToMany, @OneToOne et @ManyToMany. L'action sur l'extrémité qui ne sera pas responsable de la gestion de la clé étrangère n'aura aucune incidence sur la base de données mais est primordiale pour la cohérence de votre modèle d'instances en mémoire.

Finissons-en avec l'analyse de notre exemple :

- Nos classes `Team` et `Player` ne changent pas, si ce n'est que, cette fois, nous utilisons la méthode `addPlayer(Player p)` de `Team`, qui gère les deux extrémités de l'association.
- La classe annotée `Player` ne change pas.

- `Team` est modifiée au niveau de la déclaration de la collection. `mappedBy` apparaît pour désigner la propriété de la classe `Player` qui est responsable de l'association. L'annotation @JoinColumn n'est plus requise puisque nous sommes en présence d'une association bidirectionnelle :

```
@OneToMany(mappedBy="team")
private Set<Player> players = new HashSet<Player>();
```

- Notre exemple de code fait désormais appel à `team.addPlayer(player)`, et nous n'entendons plus parler de `team.getPlayers().add(player)` ni de `player.setTeam(team)`.

Nous obtenons bien l'effet souhaité, à savoir un déclenchement d'ordres SQL optimisés.

### En résumé

Vous devriez maintenant y voir plus clair sur les actions qui régissent les colonnes soumises à une contrainte de clé étrangère.

Il est toujours intéressant de pouvoir anticiper quelques-unes des générations de requêtes SQL. Les associations bidirectionnelles offrent un confort de navigation non négligeable pour vos graphes d'objets. Pour autant, ce n'est pas une obligation.

## Une conception sans limite

Les associations que nous avons vues jusqu'à présent étaient binaires, c'est-à-dire qu'elles ne liaient que deux classes entre elles. Cette section cruciale tend à démontrer comment Java Persistence autorise la plupart des possibilités de conception orientée objet et comment les fonctionnalités avancées d'Hibernate autorisent certaines modélisations plus complexes ou exotiques.

### Collection de valeurs primitives (spécifique d'Hibernate)

Dans le cadre de l'association OneToMany, nous avons vu que les éléments de la collection étaient des entités. Mais comment mapper une collection de valeurs dites primitives comme des int ou même des String (dans l'absolu, String n'est pas un type primitif mais plutôt un type basique) ?

C'est un manque de la spécification Java Persistence, couvert par une fonctionnalité avancée d'Hibernate *via* l'annotation @org.hibernate.annotations.CollectionOfElements :

```
@Entity
public class Coach {
  @Id
  @GeneratedValue
  private int id;

  @org.hibernate.annotations.CollectionOfElements
  private Set<String> nicknames = new HashSet<String>();
  ...
}
```

Dans ce cas de figure, nous aurions une table COACH_NICKNAMES avec deux colonnes :

- COACH_ID, clé étrangère vers notre table `COACH`.
- ELEMENT, un nickname particulier.
- La mise en œuvre d'une telle collection n'est donc pas très compliquée.

## L'association OneToOne

Revenons à l'association entre `Coach` et `Team`. Il s'agit d'une relation OneToOne, comme le rappelle la figure 4.7.

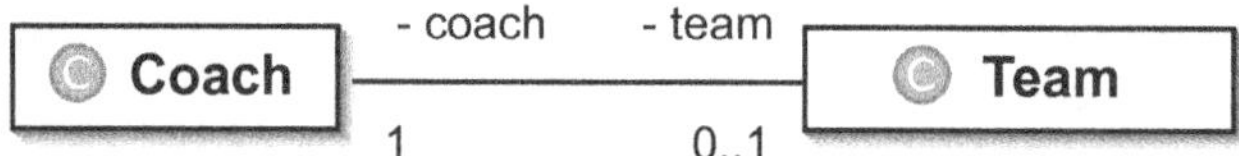


**Figure 4-7**
*Relation OneToOne entre* Coach *et* Team

Cette association semble aussi simple qu'une association OneToMany, si ce n'est qu'elle peut être mappée à différentes possibilités relationnelles.

### Association par clé étrangère unique

Il s'agit du mapping par défaut, dans le cas d'une association unidirectionnelle. Cela donne :

```
@Entity
public class Team {
   @Id
   @GeneratedValue
   private int id;

   @OneToOne
   private Coach coach;
   …
}

@Entity
public class Coach {
   @Id
   @GeneratedValue
   private int id;
   // association unidirectionnelle, rien de particulier
   …
}
```

Cela équivaut à un ManyToOne classique. Le schéma correspondant est :

```
create table Team (
   TEAM_ID integer generated by default as identity (start with 1),
   coach_id integer,
   ...,
   primary key (TEAM_ID)
)
alter table Team add constraint FK27B67D61A49D32 foreign key (coach_id) references
(Coach)
```

Si vous souhaitez rendre cette association bidirectionnelle, annotez la classe `Coach` comme ceci :

```
@Entity
public class Coach {
  @Id
  @GeneratedValue
  private int id;

  @OneToOne(mappedBy="coach")
  private Team team;
  ...
}
```

Si vous souhaitez que les instances partagent les valeurs de leurs clés primaires, cela se complexifie.

### Association des clés primaires

Ici, les tables `TEAM` et `COACH` partagent les valeurs de leurs clés primaires, et aucune colonne supplémentaire n'est nécessaire.

Pour mapper un tel schéma, il faut spécifier que la jointure se fait par les clés primaires :

```
@Entity
public class Team {
  @Id
  @GeneratedValue
  private int id;

  @OneToOne
  @PrimaryKeyJoinColumn
  private Coach coach;
   ...
}

public class Coach {
  @Id
  private int id;

  @OneToOne(mappedBy="coach")
```

```
   private Team team;
   ...
}
```

Se pose alors la question des clés automatiquement générées. La spécification ne traitant pas ce point, il convient de s'assurer que les entités ont la même valeur d'identifiant. Ce qui n'est raisonnablement faisable qu'en assignant manuellement les valeurs des identifiants.

L'idéal serait d'avoir accès à la génération d'identifiant sur l'extrémité propriétaire de l'association et, sur l'autre extrémité, d'affecter automatiquement la même valeur.

C'est ce que permet de réaliser le générateur `foreign` spécifique fourni par Hibernate.

Nous allons donc annoter la classe `Coach` avec un générateur spécifique Hibernate, *via* l'annotation @org.hibernate.annotations.GenericGenerator :

```
public class Coach {
   @Id
   @GeneratedValue(generator="myforeign")
   @org.hibernate.annotations.GenericGenerator(
      name="myforeign",
      strategy = "foreign",
      parameters = {
        @Parameter(name="property", value="team")
      })
   private int id;

   @OneToOne(mappedBy="coach")
   private Team team;
   ...
}
```

@GeneratedValue référence un générateur *via* l'alias `myforeign` affecté au membre `generator`.

@org.hibernate.annotations.GenericGenerator configure ce générateur connu sous l'alias `myforeign` (membre `name` de l'annotation). Il indique que ce générateur applique la stratégie `foreign` (stratégie disponible *via* Hibernate) et lui applique les paramètres nécessaires. Cela se fait grâce au membre `parameters`, qui prend comme valeur un tableau de @Parameter.

Chaque @Parameter accepte comme membres le doublet `name/value`. Dans le cas de la stratégie `foreign`, nous devons simplement indiquer quelle propriété de la classe dispense la valeur de clé primaire. Dans notre cas, il s'agit de `coach`. Vous pouvez suivre cette méthodologie pour appliquer n'importe lequel des générateurs spécifiques proposés par Hibernate.

Nous en avons fini avec les OneToOne. Nous pouvons même ajouter qu'en termes de conception, notre exemple était loin d'être parfait. En effet, le `coach` entraînera très probablement plusieurs `teams`, et une même `team` sera dirigée par différents `coachs`.

## L'association ManyToMany

Lorsque l'association devient ManyToMany, nous devons rectifier notre conception. Pour simplifier, rendons-la unidirectionnelle, comme illustré à la figure 4.8.

Figure 4-8
*Association ManyToMany entre* Coach *et* Team

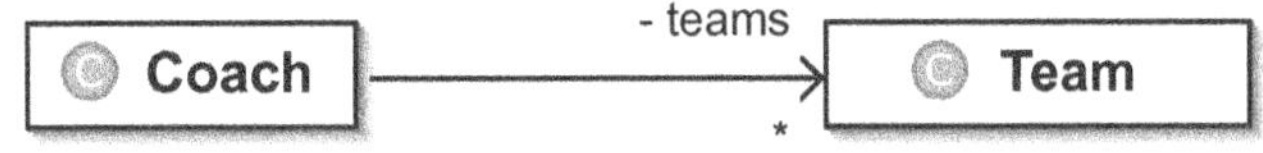


Une table d'association est nécessaire au niveau de la base de données :

```
create table Coach (
   id integer generated by default as identity (start with 1),
   …,
   primary key (id)
)
create table Team (
   id integer generated by default as identity (start with 1),
   …,
   primary key (id)
)
create table Coach_Team (
   Coach_id integer not null,
   teams_id integer not null,
   primary key (Coach_id, teams_id)
)
alter table Coach_Team add constraint FKC11A1722301F4C74 foreign key (teams_id)
references Team
alter table Coach_Team add constraint FKC11A1722A35A2807 foreign key (Coach_id)
references Coach
```

Une telle association s'annote de la façon suivante :

```
@Entity
public class Coach {
  @Id
  @GeneratedValue
  private int id;

  @ManyToMany
  private Set<Team> teams = new HashSet<Team>();
  …
}
```

Ou, dans une version totalement détaillée :

```
@Entity
public class Coach {
  @Id
  @GeneratedValue
```

```
    private int id;

    @ManyToMany
    //déclaration de la table d'association
    @JoinTable(
     name="A_B",
     // déclaration de la colonne qui pointe vers la
     // table mappée à l'entité propriétaire de l'association
     joinColumns=
        @JoinColumn(name="A_ID", referencedColumnName="ID"),
     // déclaration de la colonne qui pointe vers la
     // table mappée à l'entité non propriétaire de l'association
     inverseJoinColumns=
        @JoinColumn(name="B_ID", referencedColumnName="ID")
    )
    private Set<Team> teams = new HashSet<Team>();
...
}
```

La construction du ManyToMany étant semblable à celle du OneToMany, il n'y a rien de particulier à ajouter.

## Collections indexées

L'annotation @javax.persistence.OrderBy est détaillée au chapitre 3, et sa limitation expliquée : il s'agit d'un tri effectué à la récupération des éléments de la collection. Cela signifie que, lorsque vous agissez sur l'index de la collection, ces actions ne sont pas rendues persistantes en base de données par Java Persistence.

@javax.persistence.MapKey de la spécification Java Persistence est légèrement différente, dans le sens où elle spécifie une propriété de l'entité associée. En cas d'incohérence entre la clé de la Map et la valeur de la propriété de l'entité associée, c'est la valeur de la propriété qui prime. La grosse limitation est que cet index ne peut être mappé/géré de manière transparente à une colonne si celle-ci n'est pas elle-même mappée à une propriété de l'entité associée.

### *@org.hibernate.annotations.IndexColumn* (indexation par un entier — spécifique d'Hibernate)

Notre but est simple : mapper notre collection de `Team (Coach.teams)` *via* une List, donc avec une fonctionnalité d'indexation par un entier.

Cet index se trouve :

- dans la table mappée à l'entité `Team`, dans le cas d'une association `Coach` OneToMany `Team` sans table d'association ;
- dans la table d'association, dans le cas d'une association `Coach` OneToMany `Team` avec table d'association ;

- dans la table d'association, dans le cas d'une association ManyToMany.

Nous voulons donc que l'index de la collection corresponde à une valeur de colonne et qu'elle soit gérée, de manière transparente, aussi bien à la récupération de la collection qu'au moment de rendre persistantes d'éventuelles modifications apportées à la collection (ajout d'un élément à un index particulier par exemple).

Dans le code suivant :

```
Team team = new Team();
team.setName("OM");
Coach coach = new Coach();
coach.setName("coach");
coach.getTeams().add(0,team);
tm.begin();
em.persist(team);
em.persist(coach);
tm.commit();
```

nous souhaitons que la valeur 0 soient rendue persistante en base de données.

Pour cela, Hibernate nous propose @org.hibernate.annotations.IndexColumn :

```
@Entity
public class Coach {
  @Id
  @GeneratedValue
  private int id;

  @ManyToMany
  @org.hibernate.annotations.IndexColumn(name="ind",base=0)
  private List<Team> teams = new ArrayList<Team>();
  ...
}
```

@org.hibernate.annotations.IndexColumn prend quatre membres :

- `name` : de type String ; nom de la colonne qui portera la valeur de l'index.
- `base` (optionnel ; par défaut égale à 0) : de type int ; valeur de départ de l'index, généralement 0 ou 1.
- `columnDefinition` (optionnel) : de type String ; définition de la colonne.
- `nullable` (optionnel ; par défaut égale à true) : de type booléen (est-ce que l'index est nullable ?)

### *@org.hibernate.annotations.MapKey* (indexation par un objet non-entité — spécifique d'Hibernate)

La collection Map permet d'indexer les éléments de la collection par une clé qui est un objet. Concrètement, cela peut être une date ou un String.

Voici comment utiliser l'annotation @org.hibernate.annotations.MapKey :

```
@Entity
public class Coach {
   @Id
   @GeneratedValue
   private int id;

   @ManyToMany
   @org.hibernate.annotations.MapKey(columns = {
      @Column(name="thekey")}
   )
   private Map<String,Team> teams = new HashMap<String,Team>();
   …
}
```

L'annotation prend deux membres :

- `columns` : de type tableau de @Column ; ensemble des colonnes qui permettent de constituer la clé de la Map.
- `targetElement` (optionnel ; déduit grâce au générique) : de type Class ; type de la clé.

Comme pour l'indexation par un entier dans une List, cet index se trouve :

- dans la table mappée à l'entité `Team`, dans le cas d'une association `Coach` OneToMany `Team` sans table d'association.
- dans la table d'association, dans le cas d'une association `Coach` OneToMany `Team` avec table d'association.
- dans la table d'association, dans le cas d'une association ManyToMany.

Dans la réalité, une table d'association représente aussi un moyen de stocker des informations supplémentaires. Les exemples sont nombreux : si une table d'association CLIENT_MAGASIN lie les tables `CLIENT` et `MAGASIN`, on pourrait très vite y définir une colonne DATE_ENTREE. Nous nous intéresserons à ces cas dans peu de temps.

### Association bidirectionnelle et collection indexée

Souvenez-vous de la démonstration sur les associations bidirectionnelles, notamment dans le cas d'un OneToMany bidirectionnel. Le membre `mappedBy` n'étant disponible que pour l'annotation @ManyToOne, les actions sur la collection de l'autre extrémité de l'association n'ont pas d'impact sur la base de données.

Or c'est bien la collection qui porte l'information d'indexation. Pour parer à ce problème, il suffit de « simuler » un mapping inverse : l'association doit être portée par la collection et l'extrémité ManyToOne ignorée. Pour que les effets sur la collection soient pris en compte, il suffit donc de ne pas renseigner le membre `mappedBy` :

```
@Entity
public class Team {
   @OneToMany
```

```
    @org.hibernate.annotations.MapKey(
        columns=@Column(name="number")
    )
    private List<Player> players = new ArrayList<Player>();
    …
}
```

Puis, pour simuler un ManyToOne inverse :

```
@Entity
public class Player {
    ...
    @ManyToOne
    @JoinColumn(name="parent_id",
        insertable=false, updatable=false, nullable=false
    )
    private Team team;
    …
}
```

Ainsi, vous interdisez à Java Persistence de mettre à jour la clé étrangère, et seules les actions apportées au niveau de la collection seront analysées par le fournisseur de persistance.

## Collection d'objets inclus (spécifique d'Hibernate)

Derrière ce nom peu explicite se dessine un moyen de mapper les fameuses informations supplémentaires stockées dans les tables d'association. Cette collection est composée d'éléments connus aussi sous le nom d'éléments composites (en opposition au terme entité).

Imaginons que nous souhaitions stocker dans la table d'association COACH_TEAM le nom du directeur du club (DIRECTOR_NAME).

La table d'association deviendrait :

```
create table Coach_coachTeams (
    Coach_id integer not null,
    directorName varchar(255),
    team_id integer,
    …
)
```

Nous avons besoin de modifier notre modèle de classe pour pouvoir récupérer l'information DIRECTOR_NAME. Où placer une telle information ? Elle n'appartient ni à la classe `Coach`, ni à la classe `Team`. Le concept ManyToMany de base ne permet donc pas d'exploiter cette information. La table d'association devient une classe à part entière dans notre nouveau diagramme de classes, comme l'illustre la figure 4.9.

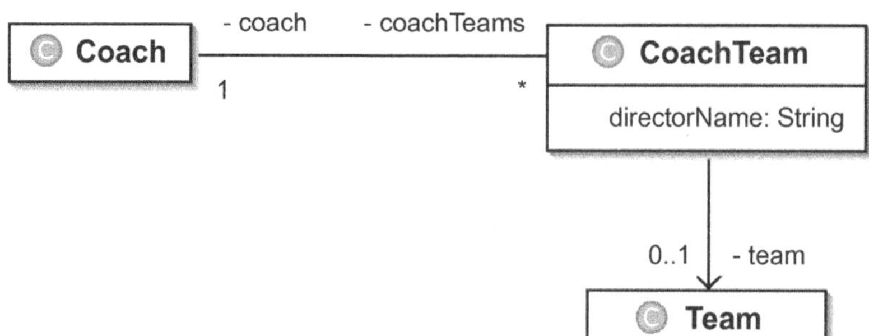


**Figure 4-9**
*Modélisation de la classe d'association*

La classe `CoachTeam` est des plus simples :

```
  public class CoachTeam implements Serializable{
  private String directorName;
  private Team team;
  private Coach coach;
  …
}
```

Pour mapper une telle classe, nous utilisons l'annotation @org.hibernate.annotations.CollectionOfElements. Il s'agit de la même annotation utilisée pour mapper les collections de valeurs primitives :

```
// Entité Coach
@Entity
public class Coach {
  @Id
  @GeneratedValue
  private int id;

  @CollectionOfElements
  private Set<CoachTeam> coachTeams = new HashSet<CoachTeam>();
  …
}

// Objet inclus CoachTeam
@Embeddable
public class CoachTeam {

  @org.hibernate.annotations.Parent
  private Coach Coach;

  @ManyToOne
  private Team team;

  private String directorName;
  …
}
```

```
Entité Team
@Entity
public class Team {
  @Id
  @GeneratedValue
  private int id;
  …
}
```

Il s'agit du concept de valeur évoqué au chapitre 2. Une instance de `CoachTeam` n'est pas une entité, et son cycle de vie est entièrement lié à celui de l'instance de `Coach`, qui est son parent. Ainsi, si nous voulons ajouter un pointeur depuis l'élément composite vers sont parent (entité propriétaire), nous devons utiliser l'annotation @org.hibernate.annotations.Parent (spécifique d'Hibernate). Nous avons ainsi une sorte d'association bidirectionnelle entre `Coach` et son élément composite `CoachTeam` *via* les annotations @CollectionOfElements et @Parent.

Du point de vue de la nouvelle classe `CoachTeam`, nous réduisons la cardinalité vers `Team` à un, ce qui explique le ManyToOne.

Le code suivant montre comment se passe la manipulation et la persistance de cet ensemble de classes :

```
Team team = new Team();
team.setName("OM");
Coach coach = new Coach();
coach.setName("coach");
tm.begin();
em.persist(team);
em.persist(coach);
tm.commit();
// ici les deux instances ne sont pas en relation
// elles sont aussi détachées

// création du lien
tm.begin();
CoachTeam ct = new CoachTeam();
ct.setCoach(coach);
// ligne la plus importante
coach.getCoachTeams().add(ct);
ct.setTeam(team);
ct.setDirectorName("the director");
// rendre les modifications persistantes,
// les entités sont détachées, ceci n'est pas
// réalisé de manière transparente
em.merge(coach);
tm.commit();
```

Ce code permet de comprendre comment manipuler l'élément composite.

Une limitation de taille des éléments composites est que ceux-ci ne peuvent être la cible d'une requête. Dans notre exemple, vous ne pourriez donc pas exécuter de requête EJBQL du type :

```
select coachTeam.coach from CoachTeam coachTeam where coachTeam.directorName = :param
```

Selon vos besoins, faites donc le bon choix entre élément composite et entité (ajout d'un identifiant).

## L'association ternaire

Il s'agit d'une association forte entre trois objets. Reprenons notre exemple d'association entre `Coach` et `Team` où, au début de notre conception, nous avions conçu un *coach* qui n'entraîne qu'une *team*. Puis, avec un peu de recul ou une modification des spécifications de notre application, nous en étions venus à penser que, « dans toute sa carrière », un *coach* peut entraîner plusieurs *teams* et une même *team* être entraînée par plusieurs *coachs*, d'où nécessité d'un ManyToMany.

Quelle notion pourrait nous permettre de réduire la cardinalité de notre association entre `Coach` et `Team` ? La notion de saison pourrait nous permettre d'affirmer que, dans le cadre de notre application, pour une *season* donnée, un *coach* n'entraîne qu'une *team*. Voici exactement la démonstration de ce qu'est une association ternaire.

Nous utilisons la notation *qualifier* d'UML pour représenter le rôle de notre nouvelle classe `Season`, comme illustré à la figure 4.10.

**Figure 4-10**
*La classe* Season *comme index de la collection*

La classe `Season` est très simple et peut être enrichie selon les besoins de l'application :

```
public class Season implements Serializable{
  private Date startDate;
  private Date endDate;
  ...
}
```

Deux possibilités s'offrent à nous :

- Une instance de `Season` est fortement dépendante du *coach* auquel elle est appartient : dans ce cas `Season` est un objet inclus (ou composant).
- Une instance de `Season` possède son propre cycle de vie : dans ce cas c'est une entité.

### Association ternaire avec un objet inclus comme *qualifier*

Dans ce cas notre classe `Season` est annotée avec @Embeddable :

```
@Embeddable
public class Season {
   private Date startDate;
   private Date endDate;
   …
}
```

Pour mapper l'association ternaire avec cette objet inclus, nous utilisons l'annotation @org.hibernate.annotations.MapKey que nous avons vue précédemment :

```
@Entity
public class Coach {
   @Id
   @GeneratedValue
   private int id;

   @ManyToMany
   @MapKey
   private Map<Season,Team> teams = new HashMap<Season,Team>();
   …
}
```

Grâce à l'utilisation des génériques, les mappings liés à la classe `Season` seront automatiquement résolus. Rien de particulier pour la classe `Team`.

Les informations relatives à `Season` ne sont pas dans une table dédiée. Leur cycle de vie est dépendant de l'entité à laquelle elles appartiennent. Cela n'est pas entièrement vrai. Dans le cas d'une association ternaire, leur cycle de vie est couplé à la relation entre les deux entités qu'elle qualifie, donc stockée dans la table d'association :

```
create table Coach_Team (
    Coach_id integer not null,
    teams_id integer not null,
    endDate timestamp,
    startDate timestamp,
    …
)
```

Dans une application qui traite de sports, la notion de saison risque fort d'être cruciale : autour d'elle gravitent plusieurs *use cases*. Il est donc logique de rendre cette classe entité et non objet inclus. Nous pourrons ainsi écrire des requêtes ayant pour cible la classe `Season`.

### Association ternaire avec une entité comme *qualifier*

Cette fois, notre classe `Season` est une entité, avec son propre cycle de vie et sa propre propriété identifiante :

```
@Entity
public class Season {
   @Id
   @GeneratedValue
```

```
    private Long id;
    private Date startDate;
    private Date endDate;
    ...
}
```

Elle est mappée à une table qui lui est dédiée :

```
create table Season (
    id bigint generated by default as identity (start with 1),
    endDate timestamp,
    startDate timestamp,
    primary key (id)
)
```

Au niveau de la classe `Coach`, nous ne pouvons plus utiliser @org.hibernate.annotations.MapKey, celle-ci n'étant utilisable qu'avec des objets inclus et types simples/primitifs.

Une autre annotation spécifique d'Hibernate nous permet de le faire : @org.hibernate.annotations.MapKeyManyToMany :

```
@Entity
public class Coach {
    @Id
    @GeneratedValue
    private int id;

    @ManyToMany
    @MapKeyManyToMany
    private Map<Season,Team> teams = new HashMap<Season,Team>();
    ...
}
```

La table d'association devient:

```
create table Coach_Team (
    Coach_id integer not null,
    teams_id integer not null,
    mapkey_id bigint not null,
    ...
)
...
alter table Coach_Team add constraint FKC11A17226974C50F foreign key (mapkey_id)
references Season
```

La Map nous permet de gérer assez facilement une association ternaire. Si d'autres classes sont impliquées de manière forte dans une même association, la Map ne suffit pas.

## *L'association* n-*aire*

Dans l'exemple précédent, nous avons oublié notre information DIRECTOR_NAME. De la même manière, pour rendre plus évolutif notre modèle, nous allons ajouter une association vers la classe `Person`, dont le rôle sera `director` *(voir figure 4.11).*

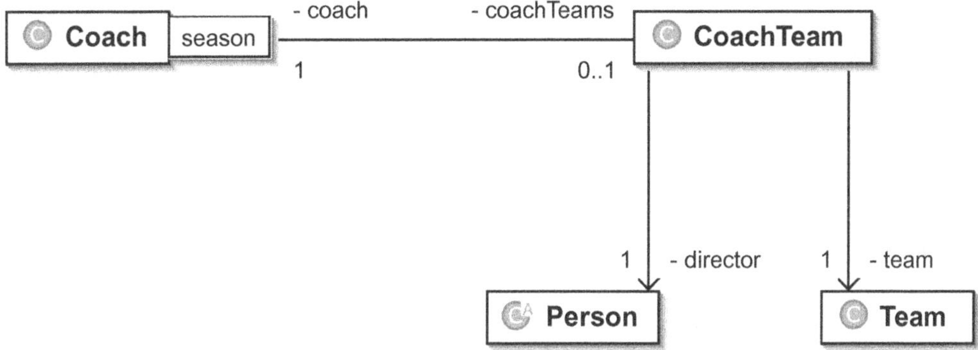


**Figure 4-11**
*Association* n-*aire avec élément* composite

Nous obtenons ainsi une nouvelle table pour porter les données relatives à la classe `Person` ; surtout, la table d'association devient :

```
create table Coach_coachTeams (
   Coach_id integer not null,
   director_id bigint,
   team_id integer,
   mapkey_id bigint not null,
   …
)
alter table Coach_coachTeams add constraint FK7BC376211E42C741 foreign key
(mapkey_id) references Season
alter table Coach_coachTeams add constraint FK7BC37621A0BF761 foreign key (team_id)
references Team
alter table Coach_coachTeams add constraint FK7BC3762159B0670A foreign key
(director_id) references Person
alter table Coach_coachTeams add constraint FK7BC3762161094D93 foreign key (Coach_id)
references Coach
```

Notre classe d'association comporte désormais une propriété `director` :

```
@Embeddable
   public class CoachTeam {

   // renvoie vers l'entité propriétaire dans le cas
   // d'un objet inclus
   @Parent
   private Coach coach;
```

```
    @ManyToOne
    private Team team;

    @ManyToOne
    private Person director;
    …
}
```

Le mapping n'est pas très compliqué : il suffit de mixer le mapping du *qualifier* entité et celui de la collection d'objets inclus :

```
@Entity
public class Coach {
    @Id
    @GeneratedValue
    private int id;

    // annotations spécifique Hibernate
    @CollectionOfElements
    @MapKeyManyToMany
    private Map<Season,CoachTeam> coachTeams =
        new HashMap<Season,CoachTeam>();
    …
}
```

Pensez toujours à ajouter des méthodes métier pour gérer cette association dans son intégralité dans une méthode centralisée, typiquement dans la classe `Coach` :

```
public void createCoachTeam(Season season, Person director, Team team){
    CoachTeam coachTeam = new CoachTeam();
    coachTeam.setCoach(this);
    coachTeam.setDirector(director);
    coachTeam.setTeam(team);
    this.getCoachTeams().put(season, coachTeam);
}
```

## En résumé

Vous venez de suivre, étape par étape, les subtilités relatives à l'enrichissement en données d'une table d'association. Cet enrichissement est des plus courants dans les applications d'entreprise, ce qui rend l'association ManyToMany de base (table d'association sans valeur ajoutée) rare. En lieu et place, vous rencontrerez plutôt des associations *n*-aires ou des cas nécessitant l'emploi d'éléments composites.

## Conclusion

Vous avez vu dans ce chapitre qu'à partir d'un exemple des plus simples, votre modèle de classes pouvait être très vite enrichi grâce à l'héritage et à divers types d'associations. Java Persistence couplé aux fonctionnalités avancées d'Hibernate ne vous bride aucunement dans l'enrichissement de votre modèle de classes. Plus votre modèle de classes est fin et riche, plus vous pouvez en réutiliser des parties et plus il est facile à maintenir. Un tel niveau de finesse ne pouvait être atteint avec les EJB Entité versions 1 ou 2.

Le fait qu'Hibernate, *via* ses annotations spécifiques, repousse fortement les limites concrètes entre les mondes objet et relationnel est une des raisons de son succès. C'est probablement la raison principale pour laquelle Hibernate est l'implémentation de Java Persistence la plus aboutie.

# 5

# Méthodes de récupération des entités

L'accès aux données et donc la récupération des objets est une partie sensible de l'application, sur laquelle l'optimisation peut jouer un grand rôle. Les précédentes générations de solutions de mapping objet-relationnel et autres EJB Entité (versions 1 et 2) ont répandu l'idée selon laquelle toute forme de persistance par logique de mapping objet empêchait l'utilisation des fonctionnalités avancées des bases de données. Ces dernières se voyaient ainsi privées de levier d'optimisation, et ces solutions ne pouvaient proposer de performances optimales.

Java Persistence fournit une solution complète pour maîtriser l'accès aux données, et ce selon les trois axes principaux suivants :

- configuration du chargement à la demande, ou *lazy loading, via* les annotations afin d'éviter le chargement d'instances inutiles ;
- chargement des instances associées à l'exécution afin de permettre le chargement d'un réseau d'objets plus large que celui défini par défaut et de limiter ainsi le nombre de requêtes générées ;
- optimisation du SQL généré, afin de tirer parti d'un certain nombre de spécificités du dialecte de la base de données cible.

## Le lazy loading, ou chargement à la demande

Le lazy loading est un des leviers sur lesquels vous pouvez agir pour anticiper les problèmes potentiels de performance dus à un chargement trop large de votre graphe d'objets.

Tout l'intérêt d'un outil de mapping objet-relationnel est de travailler avec un ensemble de classes liées entre elles par diverses associations dans le but de résoudre un problème métier.

Même peu complexe, un système peut reposer sur un modèle métier de plusieurs dizaines de classes. De plus, ces classes peuvent être potentiellement liées entre elles. Il faut donc pouvoir naviguer dans le graphe d'objets de manière transparente.

Par exemple, nous pourrions imaginer une application sur laquelle nous naviguerions de la façon suivante :

```
maPersonne.getChienDomestique().getMere().getRace().getRacesDerivees(2).xxx.
```

Il ne serait guère performant de charger la totalité du graphe à la seule récupération de `maPersonne`. Le lazy loading, littéralement « chargement paresseux », entre ici en scène en n'interrogeant la base de données que lorsque nous faisons appel aux getters. Il s'agit d'un chargement à la demande.

Le comportement inverse du lazy loading est l'*eager fetching*.

## Comportements par défaut

Le lazy loading consiste en un paramétrage de valeurs par défaut pour les classes et associations.

Voyons comment cela se déroule avec l'exemple de classe `Team`, qui possède des associations ToMany et une association ToOne.

### Cas des associations ToMany

Commençons par un exemple connu, celui de l'association entre les classes `Team` et `Player` :

```
@Entity
public class Team {
   @Id
   @GeneratedValue(
      strategy=GenerationType.AUTO)
   @Column(name="TEAM_ID")
   private int id;

   @OneToMany
   private Set<Player> players = new HashSet<Player>();
   …
}
```

Testons le code suivant au débogueur dans notre IDE favori :

```
Team team = (Team) em.find(Team.class, new Integer(1));
System.out.println(((Player) team.getPlayers().iterator().next())
  .getName());
```

Marquons un point d'arrêt à la seconde ligne, et exécutons en mode debug :

```
select team0_.TEAM_ID as TEAM1_0_0_, team0_.name as name0_0_
from Team team0_
where team0_.TEAM_ID=?
```

Comme vous le voyez, la requête effectuée pour récupérer l'objet `team` ne comporte aucune notion de `player`. Après exécution du `em.find(Team.class, new Integer(1))`, le seul moyen de savoir ce qu'il y a dans `team.getPlayers()` consiste à examiner ce que comporte le volet Variables de l'IDE *(voir figure 5.1)*.

**Figure 5-1**
*Collection non chargée*

Variables | Breakpoints | Web Data

| Name | Value |
|---|---|
| this | Ch5EjbQlTestCase (id=129) |
| em | TransactionScopedEntityManager (id=141) |
| tm | TransactionManagerDelegate (id=147) |
| team | Team (id=154) |
| awayGames | PersistentMap (id=156) |
| coach | null |
| homeGames | PersistentMap (id=161) |
| id | 1 |
| name | "Team A" |
| nbLostGames | 0 |
| players | PersistentSet (id=166) |
| cachedSize | -1 |
| directlyAccessib | false |
| dirty | false |
| initialized | false |
| initializing | false |
| key | Integer (id=171) |
| operationQueue | null |
| owner | Team (id=154) |
| role | "ch5.Team.players" |
| session | SessionImpl (id=175) |
| set | null |
| storedSnapshot | null |
| tempList | null |

`players` a beau être null (`set=null`), les variables `initialized` et `session` sont un peu surprenantes ici. Souvenez-vous que vous avez plusieurs possibilités à votre disposition pour mapper une collection. Dans cet exemple, nous avons choisi un Set, alors que `initialized` et `session` ne font pas partie, à première vue, de la définition de l'interface Set.

L'implémentation la plus courante de l'interface Set est la classe `HashSet`, mais ce n'est pas celle utilisée par Hibernate. Hibernate utilise ses propres implémentations des interfaces Map, List et Set (ici `PersistentSet`) pour compléter les contrats des interfaces de ses fonctionnalités propres, dont le lazy loading. Sachez simplement que les variables `session` et `initialized` entrent en jeu dans la fonctionnalité du lazy loading.

Continuons notre débogage, et exécutons la deuxième ligne :

```
System.out.println(((Player)team.getPlayers().get(0)).getName());
```

Celle-ci devrait remonter une NullPointerException puisque la collection `players` semble null. Or voici ce qui s'affiche dans la console de sortie :

```
select players0_.Team_TEAM_ID as Team1_1_, players0_.players_id as
players2_1_, player1_.id as id2_0_, player1_.name as name2_0_

from Team_Player players0_
   left outer join Player player1_
   on players0_.players_id=player1_.id

where players0_.Team_TEAM_ID=?
```

Hibernate a repris la main sur son implémentation afin de charger de manière transparente les éléments de la collection `players`.

La figure 5.2 illustre ce que comporte désormais le volet Variables.

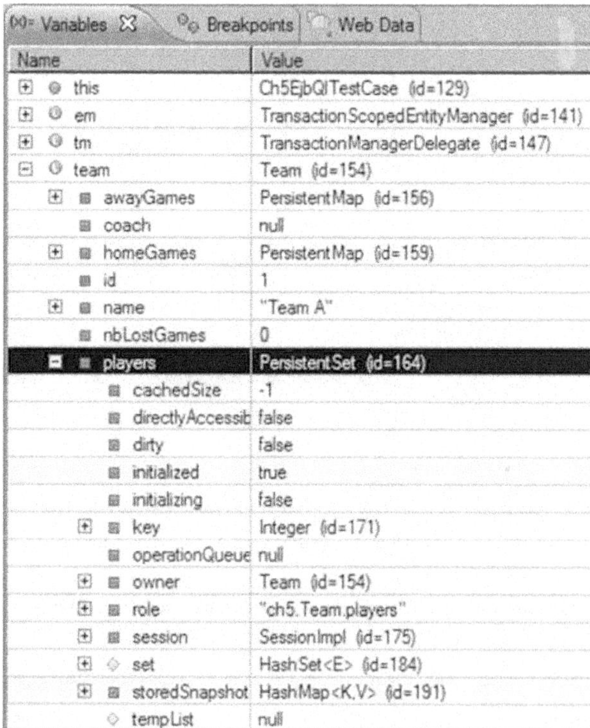


**Figure 5-2**
*Collection chargée*

Nous retrouvons les mêmes informations, mais cette fois la collection est initialisée, et nous pouvons même voir quel type d'implémentation nous avons pour le Set.

Nous venons de vérifier que, par défaut, les collections ne sont pas chargées lors de la récupération de l'entité à laquelle elles sont associées. C'est là un gage de performance puisque nos objets peuvent posséder des collections avec des milliers d'éléments. De la même manière qu'en JDBC, Hibernate évite le traitement de resultsets trop volumineux. Ce comportement est cependant modifiable *via* les annotations et même lors de l'exécution.

### Cas des associations ToOne

Les instances de la classe `Player` sont associées à une instance de `Team` *via* une relation ManyToOne (attention à paramétrer le membre `mappedBy` sur l'autre extrémité de l'association, celle-ci devenant bidirectionnelle) :

```
@Entity
public class Player {
   @Id
   @GeneratedValue(
      strategy=GenerationType.AUTO)
   private int id;

   @ManyToOne
   private Team team;
   …
}
```

Comme précédemment, déboguons les deux lignes de code suivantes :

```
Player player = (Player) em.find(Player.class, new Integer(1));
System.out.println(player.getTeam().getName());
```

Exécution de la ligne 1 :

```
select player0_.id as id2_1_, player0_.name as name2_1_, player0_.team_TEAM_ID
as team3_2_1_, team1_.TEAM_ID as TEAM1_0_0_, team1_.name as name0_0_
from Player player0_
   left outer join Team team1_
      on player0_.team_TEAM_ID=team1_.TEAM_ID
where player0_.id=?
```

Le comportement ici est différent, puisque l'association ToOne est chargée de suite. Ça n'a, dans la plupart des cas, pas d'impact sur les performances. En effet, la jointure externe exécutée pour ce chargement ne multiplie pas le nombre d'enregistrements retournés.

### Récapitulatif des comportements de chargement par défaut

Pour vérifier ces observations, consultons la spécification des annotations entrant en jeu. En effet, lorsque le chargement peut être contrôlé, un membre `fetch` est disponible sur l'annotation. Ce membre peut, selon la spécification, prendre deux valeurs : `FetchType.LAZY` ou `FetchType.EAGER`

Le tableau 5.1 récapitule le comportement de chargement des associations par défaut.

**Tableau 5.1 Comportement de chargement des associations par défaut**

| Association | Java Persistence |
|---|---|
| @(One\|Many)toMany (collection) | LAZY |
| @(One\|Many)toOne (entité) | EAGER |
| @Basic | EAGER |

Avec Java Persistence, les comportements de chargement par défaut permettent une prévention des problèmes de performance qu'engendreraient des chargements trop larges de vos graphes d'objets. Ce paramétrage peut être surchargé *via* les annotations et surtout l'interrogation de la base de données, par le biais par exemple des requêtes orientées objet.

## Paramétrage du chargement via le membre fetch

Comme évoqué précédemment, vous retrouvez le membre `fetch` principalement dans les annotations relatives à la déclaration des associations et éléments liés. Ce membre le plus simple est normalisé pour l'activation/désactivation du lazy loading. Le mot *fetch* veut dire « charger ».

Le membre `fetch` accepte comme valeurs `FetchType.LAZY` ou `FetchType.EAGER` :

- Avec LAZY, par défaut, un ordre SQL select supplémentaire est exécuté à la demande afin de récupérer les informations permettant de construire les éléments liés.
- Avec EAGER, une jointure externe (`left outer join`) est exécutée pour récupérer en une requête la partie du graphe d'objets concernée.

Par exemple, si nous souhaitons charger à la demande la *team* associée à un *player* particulier, il nous faut annoter notre classe comme ceci :

```
@Entity
public class Player {
   @Id
   @GeneratedValue(
      strategy=GenerationType.AUTO)
   private int id;

   @ManyToOne(fetch=FetchType.LAZY)
   private Team team;
   …
}
```

Contrairement à la démonstration précédente, l'instance de `Team` associée à une instance de `Player` chargée *via* `em.find()` semble null. Pourtant, comme l'illustre la figure 5.3, quelque chose de nouveau se produit : même si tous ces attributs sont null (ou égaux à 0), l'instance est `Team_$$_javassist_2`. Cet élément correspond à un proxy. Javaassist (ou encore cglib) est un outil permettant de générer des proxy.

**Figure 5-3**
*Entité* team *non chargée*

(x)= Variables | Breakpoints | Web Data

| Name | Value |
|---|---|
| this | Ch5EjbQlTestCase (id=129) |
| em | TransactionScopedEntityManager (id=141) |
| tm | TransactionManagerDelegate (id=147) |
| player | Player (id=154) |
| characteristics | PersistentSet (id=156) |
| height | 0.0 |
| id | 1 |
| name | "pl2" |
| school | null |
| team | Team_$$_javassist_2 (id=165) |
| awayGames | HashMap<K,V> (id=172) |
| coach | null |
| handler | JavassistLazyInitializer (id=177) |
| homeGames | HashMap<K,V> (id=182) |
| id | 0 |
| name | null |
| nbLostGames | 0 |
| players | HashSet<E> (id=184) |

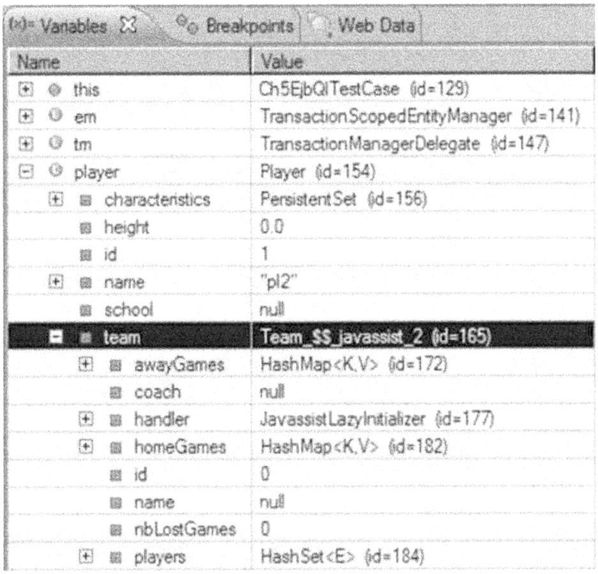

Proxy est un design pattern qui comporte de nombreuses variantes. Hibernate l'utilise en tant que déclencheur pour gérer l'accès à une entité. Ici, le proxy remplace l'objet qui devrait être à l'extrémité de l'association ToOne.

Si le proxy est accédé, il a la faculté de se remplacer lui-même par la véritable entité. Il déclenche alors de manière transparente les événements suivants :

- Lecture dans le gestionnaire d'entités.
- Lecture dans le cache de second niveau, si celui-ci est configuré et si le comportement par défaut n'est pas surchargé.
- Interrogation en base de données, si cela s'avère nécessaire, comme dans notre test.

Hibernate utilise intensivement les proxy. Cela offre au développeur un contrôle très fin sur l'interrogation de la base de données et la taille du gestionnaire d'entités puisque des proxy non initialisés n'occupent pas de mémoire.

## Options avancées de chargement (spécifique d'Hibernate)

Nous venons de voir que la spécification définit le membre `fetch` de certaines associations comme levier principal pour effectuer le lazy loading.

Hibernate propose des annotations spécifiques pour aller plus loin dans la maîtrise du chargement.

### @org.hibernate.annotations.LazyToOne

@org.hibernate.annotations.LazyToOne permet de définir quelle méthode utiliser pour effectuer le lazy loading sur les associations vers les entités (ToOne).

Cette annotation prend un paramètre qui peut prendre trois valeurs :

- `org.hibernate.annotations.LazyToOneOption.PROXY` : comportement par défaut ; utiliser la génération de proxy dynamique.
- `org.hibernate.annotations.LazyToOneOption.NO_PROXY` : utiliser l'instrumentation du bytecode (nécessite l'instrumentation du bytecode, typiquement *via* une tâche Ant disponible dans Hibernate).
- `org.hibernate.annotations.LazyToOneOption.FALSE` : l'association ne peut pas être lazy.

Exemple :

```
@Entity
public class Player {
   @Id
   @GeneratedValue(
      strategy=GenerationType.AUTO)
   private int id;

   @ManyToOne(fetch=FetchType.LAZY)
   @org.hibernate.annotations.LazyToOne(
     org.hibernate.annotations.LazyToOneOption.NO_PROXY)
   private Team team;
   ...
}
```

### @org.hibernate.annotations.LazyCollection

@org.hibernate.annotations.LazyCollection permet de définir quelle méthode utiliser pour effectuer le lazy loading sur les collections (ToMany).

Cette annotation prend un paramètre qui peut prendre trois valeurs :

- `org.hibernate.annotations.LazyCollectionOption.TRUE` : comportement par défaut ; la collection est chargée lorsqu'on y accède.
- `org.hibernate.annotations.LazyCollectionOption.EXTRA` : tout sera mis en jeu pour éviter le chargement de la collection. Par exemple, si on essaie de déterminer la taille de la collection, sans pour autant avoir besoin de ces éléments, cette option peut être utilisée.

- `org.hibernate.annotations.LazyCollectionOption.FALSE` : l'association ne peut pas être lazy.

Exemple :

```
@Entity
public class Team {
   @Id
   @GeneratedValue(
      strategy=GenerationType.AUTO)
   @Column(name="TEAM_ID")
   private int id;

   @OneToMany(mappedBy="team",cascade = CascadeType.PERSIST)
   @org.hibernate.annotations.LazyCollection(
      org.hibernate.annotations.LazyCollectionOption.EXTRA)
   private Set<Player> players = new HashSet<Player>();
   …
}
```

### @org.hibernate.annotations.Fetch

Définit quelle méthode utiliser lorsque le chargement intervient.

Cette annotation prend un paramètre qui peut avoir trois valeurs :

- org.hibernate.annotations.FetchMode.SELECT : un select SQL est généré lorsqu'on essaie d'accéder à l'association.
- org.hibernate.annotations.FetchMode.SUBSELECT : n'a de sens que pour les collections. Pour certains cas d'utilisation, cette option est très efficace puisqu'elle permet de charger, en une seule requête, toutes les collections ayant un même rôle. Par exemple, si nous chargeons deux instances de `Team`, *om* et *psg*, les collections `Team.players` ne seront pas chargées. Si nous accédons à la collection `om.players`, les deux collections seront chargées en une seule requête.
- `org.hibernate.annotations.FetchMode.JOIN` : inhibe tout paramétrage de lazy loading puisque l'association est résolue au moment de charger l'entité racine. L'ensemble composé de l'entité racine ainsi que de l'association (entité ou collection) est donc chargé en une seule requête comportant un join.

Exemple :

```
@Entity
public class Team {
@Id
  @GeneratedValue(
    strategy=GenerationType.AUTO)
  @Column(name="TEAM_ID")
  private int id;

  @OneToMany(mappedBy="team",cascade = CascadeType.PERSIST)
```

```
    @org.hibernate.annotations.LazyCollection(
      org.hibernate.annotations.LazyCollectionOption.EXTRA)
    @org.hibernate.annotations.Fetch(
      org.hibernate.annotations.FetchMode.SUBSELECT)
    private Set<Player> players = new HashSet<Player>();
    …
}
```

### Synthèse des équivalences

Le tableau 5.2 présente les équivalences entre les annotations spécifiées par Java Persistence et les annotations spécifiques Hibernate.

**Tableau 5.2 Équivalences entre annotations**

| Annotation | Méthode Lazy | Méthode Fetch |
|---|---|---|
| @[One\|Many]ToOne](fetch=FetchType.LAZY) | @LazyToOne(PROXY) | @Fetch(SELECT) |
| @[One\|Many]ToOne](fetch=FetchType.EAGER) | @LazyToOne(PROXY) | @Fetch(JOIN) |
| @[One\|Many]ToMany](fetch=FetchType.LAZY) | @LazyToCollection(TRUE) | @Fetch(SELECT) |
| @[One\|Many]ToMany](fetch=FetchType.EAGER) | @LazyToCollection(FALSE) | @Fetch(JOIN) |

## *Type de collection, lazy loading et performances*

Selon le type de la collection retenue pour un mapping particulier, un impact peut être observé sur le chargement des associations. En lecture, tous les types de collections adoptent le lazy loading, tandis qu'en écriture leur comportement diffère d'un type à un autre.

### List, Set et Map

Dans la classe `Team`, nous avons choisi arbitrairement de mapper la collection `players` avec un Set. De plus, nous voulions appliquer le lazy loading sur cette collection. Nous n'avons donc pas surchargé le membre `fetch` le l'annotation @OneToMany.

Testons l'ajout d'une instance de `Player` dans cette collection :

```
tm.begin();
Team team = (Team) em.find(Team.class, new Integer(1));
Player p = new Player("the new player");
team.getPlayers().add(p);
p.setTeam(team);
tm.commit();
```

Sur les traces, nous voyons clairement apparaître trois requêtes principales :

```
select team0_.TEAM_ID as TEAM1_0_0_, team0_.name as name0_0_ from Team team0_
where team0_.TEAM_ID=?
```

```
select players0_.team_TEAM_ID as team3_1_, players0_.id as id1_, players0_.id
as id2_0_, players0_.name as name2_0_, players0_.team_TEAM_ID as team3_2_0_
from Player players0_ where players0_.team_TEAM_ID=?
insert into Player (id, name, team_TEAM_ID) values (null, ?, ?)
call identity()
```

La première sert à récupérer l'instance de `Team` avec l'id donné ; la troisième correspond à l'ajout dans la collection ; la deuxième est exécutée pour garantir que le contrat de l'interface Set est respecté. Les éléments sont tous chargés pour vérifier qu'il n'y a pas de doublon. Il en irait de même pour List. Les éléments seraient chargés pour récupérer le prochain index et respecter l'ordre.

Que la collection soit inverse (association bidirectionnelle) ou non, la nature même de Set et de List nécessite le chargement de la collection. Lorsqu'il s'agit de mettre à jour un élément en particulier, si la collection est *inverse*, le type de collection n'a pas vraiment d'importance, le contrôle étant réalisé sur l'autre extrémité de l'association. Par contre, si la collection n'est pas inverse, List est plus performant (indexation forte), suivi de près par Set (indexation moyenne).

### Le Bag, collection « standard »

Le *Bag* est un terme utilisé pour désigner la collection de base `java.util.Collection`. Celle-ci ne possède pas le même genre de contrainte que List ou Set. Il n'a pas besoin d'accéder aux éléments qui le composent pour vérifier un aspect de son contrat. Permet-il pour autant d'éviter le chargement complet des éléments pour l'ajout d'un nouvel élément ?

Effectuez les modifications suivantes, d'abord sur la classe `Team`, puis changez le type de la collection en une collection de base :

```
@Entity
public class Team {
  @Id
  @GeneratedValue(
    strategy=GenerationType.AUTO)
  @Column(name="TEAM_ID")
  private int id;

  @OneToMany(mappedBy="team",cascade = CascadeType.PERSIST)
  private Collection<Player> players = new ArrayList<Player>();
  ...
}
```

Le code de test ne change pas, et vous obtenez la sortie suivante :

```
select team0_.TEAM_ID as TEAM1_0_0_, team0_.name as name0_0_ from Team team0_
where team0_.TEAM_ID=?
insert into Player (id, name, team_TEAM_ID) values (null, ?, ?)
call identity()
```

Hibernate n'a pas eu à charger la totalité des éléments pour ajouter l'instance de `Player`.

Malheureusement, il est un cas où Collection n'est pas du tout efficace. Lorsque votre collection n'est pas inverse. Dans ce cas, si vous ajoutez un élément dans la collection, étant donné que les doublons sont autorisés au niveau de la collection mais pas au niveau de la base de données (contraintes), il n'est d'autre choix que d'effacer la totalité des éléments puis de les recréer un à un.

Si nous revenons au cas du Set, la requête supplémentaire peut paraître dérisoire, puisqu'elle n'opère qu'une jointure. En revanche, selon l'application considérée, cette collection pourrait contenir des milliers d'éléments, et donc un resultset très volumineux, avec beaucoup de données sur le réseau puis en mémoire. Gardez toujours à l'esprit que, pour « magique » qu'il soit, Hibernate ne fait pas de miracle et reste fondé sur JDBC.

Le nombre d'éléments dans la collection n'est pas le seul critère. Vous pourriez, par exemple, n'avoir qu'une dizaine d'éléments mais avec une centaine de propriétés de type texte long. Dans ce cas, les performances seraient sérieusement impactées lors de l'ajout d'un nouvel élément.

### *@org.hibernate.annotations.CollectionId* (identifiant sur collection — spécifique d'Hibernate)

Un modèle particulier de collection a été créé pour parer au problème spécifique de la Collection standard évoquée précédemment. Il s'agit de mettre en œuvre un identifiant artificiel de collection *via* l'annotation @org.hibernate.annotations.CollectionId. Ainsi, les éléments de la collection sont identifiés et indexés par une clé artificielle générée.

Voici comment mettre en œuvre une telle collection :

```
@Entity
@TableGenerator(name="ids_generator", table="IDS")
public class Team {
   …
   @OneToMany(cascade = CascadeType.PERSIST)
   @org.hibernate.annotations.CollectionId(
      columns = @Column(name="COLLECTION_ID"),
      type=@org.hibernate.annotations.Type(type="long"),
      generator="ids_generator"
   )
   …
}
```

Les trois membres entrant en jeu sont :

- `columns` : tableau de @Column définissant l'identifiant de la collection.
- `type` : de type @org.hibernate.annotations.Type ; type de l'identifiant de la collection.
- `generator` : générateur à utiliser lors d'ajout d'un nouvel élément dans la collection.

L'identifiant sur collection évite les problèmes de performance. Cependant, elle requiert l'ajout d'une colonne technique dans la table des éléments de la collection, ce qui n'est pas toujours possible.

### Performances des collections

Nous venons de voir que la nature même des collections (le contrat qu'elles respectent) a une incidence sur les performances lors de leur chargement et de leur manipulation. Le tableau 5.3 synthétise les performances selon le type de collection et les actions menées sur celles-ci.

**Tableau 5.3 Collections et performances**

| Collection | Avantage | Inconvénient |
|---|---|---|
| Collection (Bag) | Collection très efficace dans le cas d'une association bidirectionnelle | Efface tous les éléments d'une collection puis les recrée lors d'un ajout/retrait d'élément de collection si l'association est unidirectionnelle. |
| Set | Performant pour ajout/retrait/modification d'éléments si la collection est inverse. | L'association doit être chargée si on la manipule. |
| List/Map | Performant pour ajout/retrait/modification d'éléments. Très performants dans le cas d'une association ManyToMany | Difficulté de mise en œuvre sur association bidirectionnelle |
| Collection (bag) + @IdCollection (spécifique d'Hibernate) | Performant partout | Nécessite une colonne technique. |

Ajoutons à cela que l'expérience montre que la plupart des modélisations adoptent le Set et que les associations sont principalement bidirectionnelles.

## En résumé

Les différents paramètres que nous venons de voir permettent de définir un comportement par défaut du chargement des associations et éléments liés de vos applications. Ces paramètres prennent des valeurs par défaut, qui permettent de prévenir des problèmes de performance liés à un chargement trop gourmand de vos graphes d'objets.

Il est bon de définir ces paramètres en fin de conception, en consolidant les cas d'utilisation de vos applications. Il serait d'ailleurs intéressant de faire apparaître vos choix de chargement sur vos diagrammes de classes UML sous forme de notes.

Une fois vos stratégies de chargement établies, vous devez les surcharger lors de la récupération de vos graphes d'objets pour les cas d'utilisation demandant un chargement différent de celui spécifié dans les métadonnées.

Le choix des collections est aussi un point important pour les performances de votre application. Il est primordial de prendre en compte les conséquences de chaque type de collection sur les performances de votre application.

## Techniques de récupération d'objets

Le paramétrage du chargement des graphes d'objets que nous venons de décrire permet de définir un comportement global pour l'ensemble d'une application. Les techniques de récupération d'objets proposées par Java Persistence offrent une multitude de fonctionnalités supplémentaires, notamment la surcharge de ce comportement.

La présente section décrit les fonctionnalités de récupération d'objets suivantes :

- `em.find()` et `em.getReference()`, pour récupérer une entité par son identifiant. Ces méthodes ont été abordées au chapitre 2.
- EJB-QL (EJB Query Language), un puissant langage de requête orienté objet normalisé par Java Persistence.
- HQL (Hibernate Query Language), qui offre le support d'EJB-QL avec des extensions.
- Requêtes natives en SQL (Native Query).
- API Criteria, spécifique d'Hibernate, qui répond au besoin de construction programmatique des requêtes, et dont les principes feront partie de Java Persistence 2.0.

Les trois premières techniques couvrent la grande majorité des besoins, même les plus avancés. Pour les cas d'utilisation qui demandent des optimisations de haut niveau ou l'intervention d'un DBA raisonnant en SQL pur, Java Persistence fournit l'avant-dernière technique, qui consiste à charger vos objets depuis le resultset d'une requête écrite en SQL.

### EJB-QL

Le langage EJB-QL est le moyen préféré des utilisateurs pour récupérer les instances dont ils ont besoin. Il consiste en une encapsulation du SQL selon une logique orientée objet.

Son utilisation passe par l'API Query, que vous obtenez depuis le gestionnaire d'entités en invoquant `em.createQuery(String requete)` :

```
StringBuffer queryString = new StringBuffer();
queryString.append("requête en EJB-QL")
Query query = em.createQuery(queryString.toString());
```

Comme une requête SQL, une requête EJB-QL se décompose en plusieurs clauses, notamment from, select et where.

L'exécution d'une requête renvoie une liste de résultats sous la forme de List à l'invocation de la méthode `getResultList()` de votre instance de query. Si vous savez que votre requête retourne un résultat unique, vous pouvez aussi invoquer `getSingleResult()` :

```
List results = query.getResultList() ;
Object o = query.getSingleResult() ;
```

> ***String* ou *StringBuffer* ?**
>
> La méthode `em.createQuery(requete)` prend en argument une chaîne de caractères. Une bonne pratique pour construire ce genre de chaîne consiste à utiliser systématiquement la classe `StringBuffer` pour la concaténation des parties constituant la chaîne. L'opérateur ± appliqué à la classe `String` demande plus de ressources que la méthode `append()`.

Nous allons travailler avec le diagramme de classes de la figure 5.4 pour décrire la constitution d'une requête.

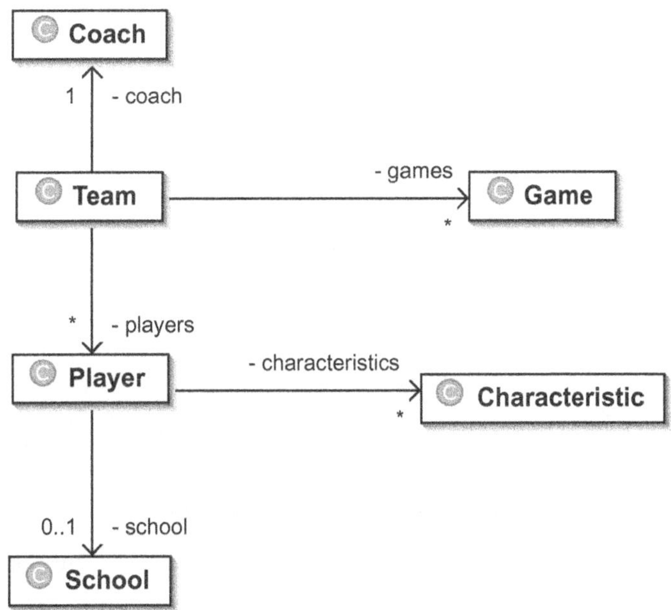


**Figure 5-4**
*Diagramme de classes exemple*

### La clause *select*

Une requête des plus simples consiste à récupérer une propriété particulière d'une classe :

```
select team.name from Team team
```

Dans cet exemple, la liste des résultats contiendra des chaînes de caractères. Notez que la clause `from` interroge une classe et non une table. Plus généralement, les éléments de la liste de résultats sont du même type que le composant présent dans la clause `select`.

Vous pouvez ajouter autant de propriétés que vous le souhaitez dans la clause `select` :

```
select team.name, team.id from Team team
```

Cette requête retourne un tableau d'objets.

Le traitement suivant permet de comprendre comment le manipuler :

```
StringBuffer queryString = new StringBuffer();
queryString.append("select team.name, team.id from Team team ");
Query query = em.createQuery(queryString.toString());
List results = query.getResultList();
// pour chaque ligne de résultat, nous avons deux éléments
// dans le tableau d'objets
Object[] firstResult = (Object[])results.get(0);
String firstTeamName = (String)firstResult[0];
Long firstTeamId = (Long)firstResult[1];
```

Chaque élément de la liste `results` représente une ligne de résultat et est constitué d'un tableau d'objets. Chaque élément de ce tableau représente une partie de la clause `select`, et le tableau respecte l'ordre de la clause `select`. Il ne reste qu'à « caster » selon le type désiré.

Jusqu'ici, nous n'avons interrogé que des propriétés simples. Cette syntaxe est cependant valide pour l'interrogation de plusieurs entités :

```
StringBuffer queryString = new StringBuffer();
queryString.append("select team, player from Team team, Player player ");
Query query = em.createQuery(queryString.toString());
List results = query.getResultList();
Object[] firstResult = (Object[])results.get(0);
Team firstTeam = (Team)firstResult[0];
Player firstPlayer = (Player)firstResult[1];
```

Notez que les deux requêtes suivantes sont équivalentes :

```
from Team team, Coach coach
```

et

```
Select team, coach from Team team, Coach coach
```

La clause `select` est facultative si elle n'apporte rien de plus que la clause `from`.

Le langage étant fondé sur le raisonnement objet, la navigation dans le réseau d'objets peut être utilisée :

```
Select team.coach from Team team
```

ou

```
Select player.team.coach from Player p
```

Dans ce cas, une liste d'instances de `Coach` est renvoyée.

Nous verrons bientôt les jointures, mais constatons sans attendre qu'une fois de plus les requêtes suivantes sont équivalentes :

```
Select coach
from Player player
join player.team team
join team.coach coach
```

et

```
Select player.team.coach from Player player
```

La navigation dans le graphe d'objets est d'un grand apport par sa simplicité d'écriture et sa lisibilité.

Les éléments d'une collection peuvent être retournés directement par une requête grâce au mot-clé `elements`. Cette syntaxe n'est pas spécifiée par Java Persistence mais proposée par Hibernate :

```
Select elements(team.players) from Team team
```

Vous pouvez récupérer des résultats distincts *via* le mot-clé `distinct` :

```
Select DISTINCT player.school.name
from Player player
```

Les fonctions SQL peuvent être appelées en toute transparence. Ce n'est pas spécifié par Java Persistence mais est proposé par Hibernate :

```
select upper(player.name)
from Player player
```

Les fonctions d'agrégation sont aussi supportées et seront détaillées en fin de chapitre.

### La clause *from*

La requête la plus simple est de la forme :

```
StringBuffer queryString = new StringBuffer();
queryString.append("from java.lang.Object o")
// ou queryString.append("from java.lang.Object as o")
```

Rappelons que la clause `select` n'est pas obligatoire.

Pour retourner les instances d'une classe particulière, il suffit de remplacer `Object` par le nom de la classe souhaitée :

```
StringBuffer queryString = new StringBuffer();
queryString.append("from Team team");
```

Tous les alias utilisés dans la clause `from` peuvent être utilisés dans la clause `where` pour former des restrictions.

### Polymorphisme nativement supporté par les requêtes

Si nous essayons d'exécuter la requête sur `java.lang.Object`, celle-ci retourne l'intégralité des instances persistantes de la classe `Object` et des classes qui en héritent. En d'autres termes, toutes les classes mappées sont prises en compte, les requêtes étant nativement polymorphes.

Vous pouvez donc interroger des classes abstraites, concrètes et même des interfaces dans la clause `from` : toutes les instances de classes héritées ou implémentant une interface donnée sont retournées.

En relation avec la figure 5.5, la requête :

```
from Person p
```

retourne les instances de `Coach`, `Player`, `Rookie` et `SuperStar` (`Person` étant une classe abstraite).

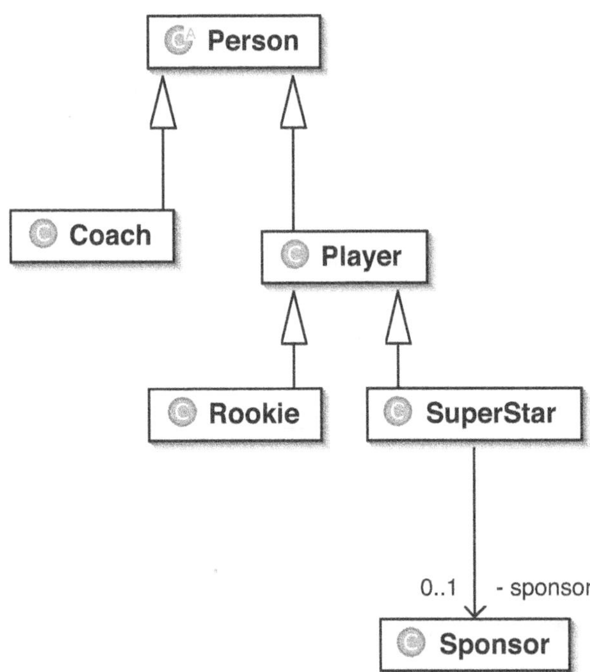


**Figure 5-5**
*Arbre d'héritage*

### Types de jointures explicites

Il est possible d'effectuer des jointures de diverses manières, la moins élégante étant de style *thêta,* qui consiste à reprendre la relation entre les classes et leurs id dans la clause `where` :

```
select team
from Team team, Player player
where team.name = :teamName
```

```
and player.name = :playerName
and player.team.id = team.id
```

La requête SQL générée donne :

```
select team0_.TEAM_ID as TEAM_ID, team0_.TEAM_NAME as TEAM_NAME2_,
  team0_.COACH_ID as COACH_ID2_
from TEAM team0_, PLAYER player1_
where (team0_.TEAM_NAME=? )
  and(player1_.PLAYER_NAME=? )
  and(player1_.TEAM_ID=team0_.TEAM_ID )
```

Dans cet exemple, l'association doit être bidirectionnelle pour que l'expression `player.team.id` puisse être interprétée. Il est important de préciser que cette notation ne supporte pas les jointures ouvertes (externes ou `outer join`). Cela signifie que seules les instances de `Team` référant au moins une instance de `Player` sont retournées. Néanmoins, cette écriture reste utile lorsque les relations entre tables ne sont pas reprises explicitement dans votre modèle de classes.

Une manière plus élégante d'effectuer la jointure est d'utiliser le mot-clé `join` :

```
select team
from Team team join team.coach
```

Cette requête exécute un `inner join` SQL, comme le montre la trace de sortie suivante :

```
select team0_.TEAM_ID as TEAM_ID, team0_.TEAM_NAME as TEAM_NAME2_,
  team0_.COACH_ID as COACH_ID2_
from TEAM team0_
  inner join COACH coach1_ on team0_.COACH_ID=coach1_.COACH_ID
```

En travaillant avec les instances illustrées à la figure 5.6, seule l'instance `teamA` est retournée, puisque l'instance `teamB` ne référence pas une instance de `Coach`.

Pour remédier à cela, SQL propose l'écriture `left outer join`, qui, en HQL, donne simplement `left join` :

```
select team
from Team team left join team.coach
```

Cette requête exécute un `left outer join` SQL, comme le montre la trace de sortie suivante :

```
select team0_.TEAM_ID as TEAM_ID, team0_.TEAM_NAME as TEAM_NAME2_,
  team0_.COACH_ID as COACH_ID2_
from TEAM team0_
  left outer join COACH coach1_ on team0_.COACH_ID=coach1_.COACH_ID
```

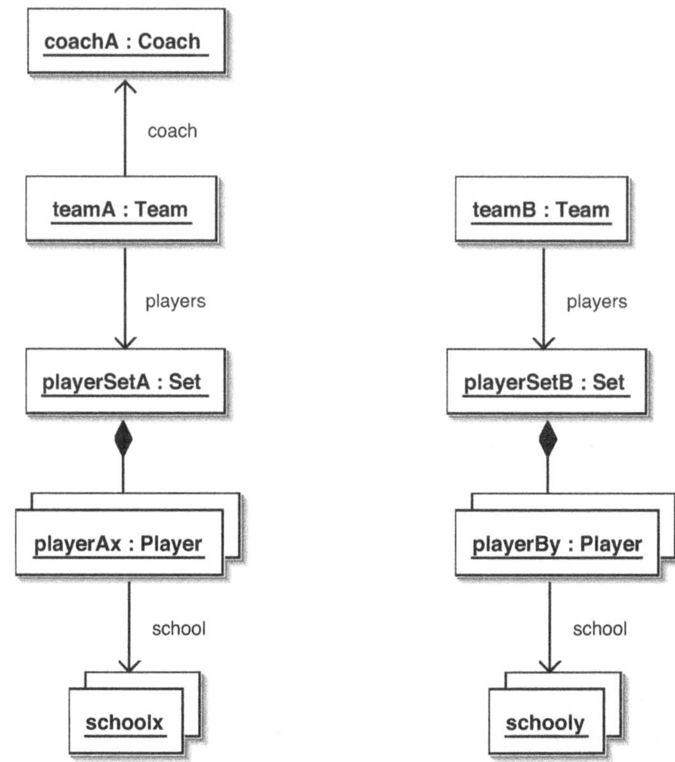


**Figure 5-6**
*Utilisation des jointures*

La requête précédente retourne les instances de `Team` qui référencent ou non une instance de `Coach`, ce qui est le plus souvent utile.

> **Suppression des doublons**
>
> Les requêtes peuvent retourner plusieurs fois les mêmes instances si les jointures sont utilisées. Pour récupérer une collection de résultats uniques, il suffit d'utiliser soit le mot-clé `DISTINCT` qui effectuera le déboulonnement en mémoire, soit le traitement suivant (`results` étant la liste des résultats retournés par l'API Query) :
>
> ```
> Set distinctResults = new HashSet(results) ;
> ```

### La clause *where*

La clause `where` permet d'appliquer une restriction sur les résultats retournés, mais constitue aussi un moyen d'effectuer des jointures implicites, du fait de l'orientation objet de EJB-QL.

Comme en SQL, chacun des alias définis dans la clause `from` peut être utilisé à des fins de restriction dans la clause `where`.

Notez que les collections chargées (que nous verrons un peu plus loin) dans les requêtes ne peuvent prendre part à une restriction.

### Jointure implicite

Il est un type de jointure que nous avons à peine évoqué précédemment, à savoir la possibilité d'effectuer une jointure en naviguant simplement dans le graphe d'objets au niveau de la requête elle-même.

Une requête comme celle-ci implique une jointure implicite :

```
select team
from Team team
where team.coach.name = :name
```

La jointure SQL générée est du style *thêta* :

```
select team0_.TEAM_ID as TEAM_ID, team0_.TEAM_NAME as TEAM_NAME2_,
  team0_.COACH_ID as COACH_ID2_
from TEAM team0_, COACH coach1_
where (coach1_.COACH_NAME='Coach A'
  and team0_.COACH_ID=coach1_.COACH_ID)
```

Non seulement cela apporte une économie de code mais surtout constitue le cœur de l'aspect objet de EJB-QL.

Si votre objectif est de récupérer les instances de `Player` liées à l'instance de `Team` référençant l'instance de `Coach` dont la propriété `name` est `xxx`, les moyens à votre disposition ne manquent pas. Les requêtes suivantes y répondent toutes, pour peu que la navigabilité de votre modèle le permette (cette liste n'est pas exhaustive) :

```
select player
from Player player, Team team, Coach coach
where coach.name = :name
and coach.id = team.coach.id
and player.team.id = team.id
```

```
select elements(team.players)
from Team team
where team.coach.name = :name
```

```
select player
from Player player
where player.team.coach.name = :name
```

Comme vous pouvez le voir, les deuxième et troisième requêtes sont orientées objet et sont plus lisibles.

### Les opérateurs de restriction

Pour construire vos restrictions, vous pouvez utiliser les opérateurs `=`, `<>`, `<`, `>`, `>=`, `<=`, `between`, `not between`, `in` et `not in`.

Voici un exemple de requête utilisant l'opérateur `between` :

```
StringBuffer queryString = new StringBuffer();
queryString.append("Select player from Player player ")
  .append("where player.height between 1.80 and 1.90 ");
Query query = em.createQuery(queryString.toString());
List result = query.getResultList();
```

et son équivalent en utilisant Criteria (nous abordons un peu plus en détail l'API Criteria, spécifique d'Hibernate, plus loin dans ce chapitre) :

```
// Criteria étant spécifique à Hibernate, il faut passer
// par la session Hibernate et non par le gestionnaire
// d'entité
Session session = (Session)em.getDelegate();
Criteria criteria = session.createCriteria(Player.class)
  .add( Expression.between("height",new Long("1,80"),new Long("1,90")));
List Expression = criteria.list();
```

Cette requête est un moyen efficace de tester une propriété sur une plage de valeurs.

La requête suivante teste un nombre fini de possibilités :

```
StringBuffer queryString = new StringBuffer();
queryString.append("Select player from Player player ")
  .append("where player.name in ('pa1','pa6')");
Query query = em.createQuery(queryString.toString());
List result = query.getResultList();
```

L'équivalent avec Criteria est le suivant :

```
Session session = (Session)em.getDelegate();
Criteria criteria = session.createCriteria(Player.class)
  .add( Expression.in("height",
    new Long[]{new Long("1,80"),
    new Long("1,90")}));
List Expression = criteria.list();
```

L'utilisation de null et not null se fait comme en SQL.

La requête suivante est incorrecte :

```
from Player player where player.name = null
```

Il faut utiliser la syntaxe is null :

```
from Player player where player.name is null
```

### Injection de critères restrictifs

L'injection de critères restrictifs peut se faire de deux manières, dont une est plus flexible et sécurisée que l'autre.

Les deux exemples suivants sont dangereux :

```
String param = "Team A";
String query = "from Team team where t.name ='" + param + "'";
```

et

```
StringBuffer queryString =
  new StringBuffer("select team from Team team where team.name ='");
  queryString.append(param).append("'");
```

Le premier utilise la concaténation de chaînes de caractères *via* la classe `String` et l'opérateur +, ce qui est dangereux pour les performances. De plus, tous deux utilisent l'injection directe du paramètre, ce qui constitue un trou de sécurité. Dans les applications Web, par exemple, ces valeurs viennent directement de l'interface avec l'utilisateur, qui peut entrer des ordres SQL directs, ou d'autres appels de procédures.

JDBC propose une fonctionnalité d'injection de paramètres qui présente le double avantage d'éviter le trou de sécurité précédent et de tirer parti du cache des *prepared statements,* ce qui permet d'accroître les performances.

Une première façon d'utiliser cette fonctionnalité au travers de Java Persistence consiste à utiliser le caractère `?` ; il s'agit des paramètres positionnés :

```
String param = "Team A";
StringBuffer queryString = new StringBuffer();
queryString
   .append("select team from Team team where team.name = ?");
Query query = em.createQuery(queryString.toString());
query.setParameter(1,param);
```

L'index des paramètres commence à 1.

L'important à retenir est la place du paramètre à injecter, ce qui présente néanmoins un inconvénient si des modifications de requêtes surviennent. Si vous ajoutez un élément à la clause `where` avant `team.name`, vous devez modifier les injections de paramètres, les indices ayant changé. Le grand avantage de cette méthode reste néanmoins que vous n'avez pas besoin de vous soucier des caractères d'échappement (ici `"'"`) .

Une seconde méthode pour injecter des critères restrictifs consiste à nommer les paramètres *(named parameters)* de la manière suivante :

```
String param = "Team A";
StringBuffer queryString = new StringBuffer();
queryString
  .append("select team from Team team where team.name = :name");
Query query = em.createQuery(queryString.toString());
query.setParameter("name",param);
```

La gestion des ordres ou index des paramètres n'est plus nécessaire, cette méthode fonctionnant avec des alias. L'avantage est que `:name` peut être utilisé plusieurs fois dans la requête tout en n'injectant sa valeur qu'une seule fois.

Si vous travaillez avec des formulaires et que vous fassiez attention au nommage de vos propriétés, vous pourriez avoir un Data Object (un simple bean) provenant de la vue et contenant les propriétés suivantes :

```
private String playerName
private String teamName
…
```

Hibernate propose une fonctionnalité spécifique qui permet d'utiliser l'instance de bean pour l'injection des paramètres. La query effectuera la comparaison des noms de propriétés avec la liste des paramètres nommés présents dans la requête. Elle puisera les valeurs dont elle a besoin, ignorant celles qui n'apparaissent pas dans la requête :

```
Session session = (Session)em.getDelegate();
StringBuffer queryString = new StringBuffer();
queryString.append("select team ")
  .append("from Team team ")
  .append("join team.players player ")
  .append("where team.name = :teamName ")
  .append("and player.name = :playerName ");
Query query = session.createQuery(queryString.toString());
query.setProperties(dto);
List results = query.list();
```

Cette méthode économe en lignes de code exige du développeur de connaître parfaitement le contenu des *Data Objects* qu'il manipule et de fournir un léger effort sur les noms des propriétés.

Avec l'utilisation de la clause `in`, il peut être utile d'injecter une liste de valeurs.

Ainsi la requête suivante :

```
StringBuffer queryString = new StringBuffer();
queryString.append("Select player from Player player ")
.append("where player.name in(:name1,:name2) ");
Query query = session.createQuery(queryString.toString());
query.setParameter("name1","toto");
query.setParameter("name2","titi");
List result = query.getResultList();
```

pourrait s'écrire :

```
StringBuffer queryString = new StringBuffer();
queryString.append("select player from Player player ")
  .append("where player.name in(:name1) ");
Query query = em.createQuery(queryString.toString());
List parameterList = new ArrayList();
parameterList.add("toto");
parameterList.add("titi");
```

```
query.setParameter("name1",parameterList);
List result = query.getResultList();
```

setParameter peut aussi prendre en argument le nom du paramètre nommé puis une collection.

> **Tracer les valeurs injectées**
>
> Pour déboguer les valeurs injectées dans les paramètres positionnés ou nommés, paramétrez Log4J avec la catégorie suivante :
>
> ```
> <category name="org.hibernate.type">
>      <priority value="trace"/>
> </category>
> ```

### Externalisation des requêtes

Une bonne façon de faciliter la maintenance des requêtes consiste à les externaliser ou plutôt à les centraliser dans vos entités sous forme d'annotations.

L'annotation est @NamedQuery ; elle prend deux membres :

- name : alias de la requête ;
- query : requête EJB-QL.

```
@Entity
@NamedQuery(name="myNamedQuery",
  query="Select player from Player player
    where player.name in(:name1)")
public class Player {…}
```

Si vous devez définir plusieurs @NamedQuery dans une même entité, vous devez utiliser l'annotation @NamedQueries, qui prend comme membre unique un tableau de @NamedQuery.

Pour exploiter un requête nommée, utilisez la méthode createNamedQuery() depuis le gestionnaire d'entité :

```
Query query = em.createNamedQuery("myNamedQuery");
List parameterList = new ArrayList();
parameterList.add("toto");
parameterList.add("titi");
query.setParameter("name1",parameterList);
List result = query.getResultList();
```

L'annotation @NamedQuery prend un troisième membre, optionnel, nommé hints, qui accepte un tableau de @QueryHint.

@QueryHint est une annotation non typée qui comporte deux membres de type String, name et value. Cette annotation est un moyen de passer à l'implémentation des paramètres spécifiques non spécifiés par Java Persistence.

Hibernate propose les paramètres suivants :

- `flushMode` : définit le flushmode de la requête (Always, Auto, Commit ou Never) ; ce flushmode porte sur les entités retournées (la notion de flush est abordée en détail au chapitre 7).
- `cacheable` : est-ce que la requête peut être mise en cache ?
- `cacheRegion` : quelle région de cache utiliser si la requête peut être mise en cache ?
- `cacheMode` : mode d'interaction avec le cache (get, ignore, normal, put ou refresh).
- `fetchSize` : *jdbc statement fetch size* pour cette requête.
- `timeout` : délai d'expiration de la requête.
- `callable` : pour les requêtes natives uniquement ; true pour les procédures stockées.
- `comment` : si activé, le commentaire est visible lors de l'exécution de la requête.
- `readOnly` : les éléments retournés sont-ils en lecture seule ou non ?

Si vous souhaitez utiliser une annotation fortement typée (avec de vrais membres typés), utilisez les annotations spécifiques d'Hibernate en remplacement des annotations Java Persistence.

Ces annotations sont :

@org.hibernate.annotations.NamedQuery

@org.hibernate.annotations.NamedQueries.

L'autre avantage de ces annotations est qu'elles peuvent porter sur un package.

## Chargement des associations

Il est temps de s'intéresser aux manières de forcer le chargement d'associations paramétrées *via* les annotations. Nous supposerons que les exemples suivants répondent aux cas d'utilisation qui demandent un chargement plus large du graphe d'objets que le reste de l'application.

Reprenons notre diagramme de classes exemple *(voir figure 5.7),* en précisant que l'ensemble des associations est paramétré comme étant *lazy*, ce qui est un choix généralement sécurisant pour les performances puisque nous restreignons la taille des graphes d'objets retournés.

Malgré cette sécurité prise par défaut pour l'ensemble de l'application, les cas d'utilisation devront travailler avec un réseau d'objets plus ou moins important.

Pour chaque cas d'utilisation, vous disposez de l'alternative suivante pour le chargement du graphe d'objets :

- Conserver le chargement à la demande.
- Précharger manuellement le réseau qui vous intéresse afin d'accroître les performances, notamment en termes d'accès à la base de données.

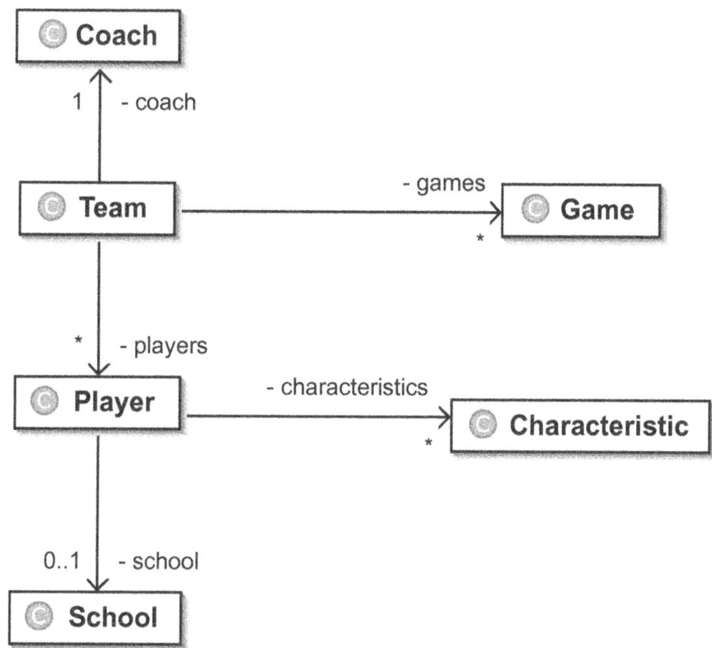


**Figure 5-7**
*Diagramme de classes exemple*

Lorsque vous devez forcer le chargement d'associations de votre graphe d'objets, respectez la règle suivante : en une seule requête, préchargez autant d'entités (associations ToOne) que désiré, mais une seule collection (association ToMany). Techniquement, il se peut que vous arriviez à forcer le chargement de plusieurs collections, mais c'est à éviter.

Cette règle peut paraître restrictive, mais elle est pleinement justifiée. Les utilisateurs expérimentés, qui savent analyser les impacts des requêtes, en comprennent facilement tout l'intérêt, qui est de limiter le produit cartésien résultant des jointures.

En d'autres termes, cette règle évite que la taille du resultset JDBC sous-jacent n'explose à cause du produit cartésien, ce qui aurait des conséquences néfastes sur les performances. Pour charger deux collections, il est plus sûr d'exécuter deux requêtes à la suite.

D'après notre paramétrage par défaut, la requête suivante :

```
List results = em.createQuery("select team from Team team")
  .getResultList();
```

renvoie les instances de `Team` avec l'ensemble des associations non initialisées, comme le montre la requête générée *(voir figure 5.8) :*

```
select team0_.TEAM_ID as TEAM_ID, team0_.TEAM_NAME as TEAM_NAME2_,
  team0_.COACH_ID as COACH_ID2_
from TEAM team0_
```

**Figure 5-8**
*Diagramme des instances chargées par défaut*



Notez que l'id de l'instance de `Coach` associée est récupérée afin de permettre le déclenchement de son chargement à la demande.

Pour forcer le chargement d'une association dans une requête, il faut utiliser le mot-clé `fetch` en association avec `join`. Les sections qui suivent en donnent différents exemples.

> **Règle importante**
>
> Il est impossible d'utiliser une collection chargée par requête dans une restriction !

### Chargement d'une collection et d'une association à une entité

D'après la règle, nous pouvons charger le `coach` et la collection `games`.

La requête est simple :

```
StringBuffer queryString = new StringBuffer();
queryString.append("select team from Team team ")
  .append("left join fetch team.coach c ")
  .append("left join fetch team.games g ");
List results = em.createQuery(queryString.toString())
  .getResultList();
```

Les éléments à ne pas oublier sont les suivants :

- Jointure ouverte (`left`) sur `coach`, afin de récupérer les instances de `Team` qui ne sont pas associées à une instance de `Coach`.
- Jointure ouverte (`left`) sur `game`, afin de récupérer les instances de `Team` dont la collection `games` est vide.
- Traitement pour éviter les doublons des instances de `Team` du fait des jointures.

La requête SQL générée est plus complexe :

```
select team0_.TEAM_ID as TEAM_ID0_, coach1_.COACH_ID as COACH_ID1_,
  games2_.GAME_ID as GAME_ID2_, team0_.TEAM_NAME as TEAM_NAME2_0_,
  team0_.COACH_ID as COACH_ID2_0_, coach1_.COACH_NAME as COACH_NAME3_1_,
  coach1_.BIRTHDAY as BIRTHDAY3_1_, coach1_.HEIGHT as HEIGHT3_1_,
  coach1_.WEIGHT as WEIGHT3_1_, games2_.AWAY_TEAM_SCORE as
  AWAY_TEA2_1_2_, games2_.HOME_TEAM_SCORE as HOME_TEA3_1_2_,
  games2_.PLAYER_ID as PLAYER_ID1_2_, games2_.TEAM_ID as TEAM_ID__,
  games2_.GAME_ID as GAME_ID__
```

```
from TEAM team0_
left outer join COACH coach1_ on team0_.COACH_ID=coach1_.COACH_ID
left outer join GAME games2_ on team0_.TEAM_ID=games2_.TEAM_ID
```

Imaginons maintenant que notre application gère 15 sports pour 10 pays, que chaque championnat d'un sport particulier contienne 40 matchs par équipe et par an, que l'application archive 5 ans de statistiques et qu'une équipe contienne en moyenne 10 joueurs.

Si le chargement n'était pas limité à une collection, notre couche de persistance devrait traiter un resultset JDBC de $15 \times 10 \times 40 \times 5 \times 10 = 300\,000$ lignes de résultats !

Cet exemple permet d'évaluer le foisonnement du nombre de lignes de résultats provoqué par les jointures. Si cette protection n'existait pas, il est facile d'imaginer la chute de performances d'applications de commerce traitant des catalogues de plusieurs milliers de références, et non de 10 joueurs.

La figure 5.9 illustre les instances chargées par notre requête.

**Figure 5-9**

*Diagramme des instances mises en application(1/2)*

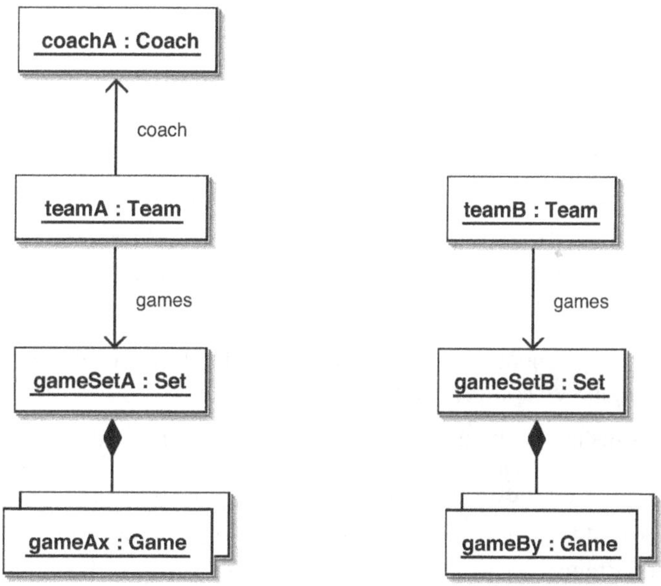


### Chargement d'une collection et de deux associations vers une entité

L'application de la règle de chargement nous permet aussi de précharger l'instance de `Coach`, ainsi que la collection `players` et l'instance de `School` associée à chaque élément de la collection `players` puisqu'il ne s'agit pas d'une entité et que nous ne sommes pas limité pour leur chargement.

La requête est toujours aussi simple :

```
StringBuffer queryString = new StringBuffer();
queryString.append("select team from Team team ")
  .append("left join fetch team.coach c ")
  .append("left join fetch team.players p ")
  .append("left join fetch p.school s");
List results = em.createQuery(queryString.toString())
  .getResultList();
```

La requête SQL générée contient une jointure de plus que dans l'exemple précédent :

```
select team0_.TEAM_ID as TEAM_ID0_, school3_.SCHOOL_ID as SCHOOL_ID1_,
  players2_.PLAYER_ID as PLAYER_ID2_, coach1_.COACH_ID as COACH_ID3_,
  team0_.TEAM_NAME as TEAM_NAME2_0_, team0_.COACH_ID as COACH_ID2_0_,
  school3_.SCHOOL_NAME as SCHOOL_N2_5_1_, players2_.PLAYER_NAME as
  PLAYER_N2_0_2_, players2_.PLAYER_NUMBER as PLAYER_N3_0_2_,
  players2_.BIRTHDAY as BIRTHDAY0_2_, players2_.HEIGHT as HEIGHT0_2_,
  players2_.WEIGHT as WEIGHT0_2_, players2_.SCHOOL_ID as SCHOOL_ID0_2_,
  coach1_.COACH_NAME as COACH_NAME3_3_, coach1_.BIRTHDAY as BIRTHDAY3_3_,
  coach1_.HEIGHT as HEIGHT3_3_, coach1_.WEIGHT as WEIGHT3_3_,
  players2_.TEAM_ID as TEAM_ID__, players2_.PLAYER_ID as PLAYER_ID__
from TEAM team0_
left outer join COACH coach1_ on team0_.COACH_ID=coach1_.COACH_ID
left outer join PLAYER players2_ on team0_.TEAM_ID=players2_.TEAM_ID
left outer join SCHOOL school3_ on players2_.SCHOOL_ID=school3_.SCHOOL_ID
```

Notez comment l'aspect objet de EJB-QL permet de réduire considérablement le nombre de lignes en comparaison du SQL.

Les instances chargées sont illustrées à la figure 5.10.

### Le problème du $n + 1$ déporté

Le problème dit du $n + 1$ est bien connu des utilisateurs des anciennes solutions de persistance, dont les EJB entité premières versions. Il se présente dans différentes situations, notamment la suivante : si un objet est associé à une collection contenant $n$ éléments, le moteur de persistance déclenche une première requête pour charger l'entité principale puis une requête par élément de la collection associée, ce qui résulte en $n + 1$ requêtes.

Dans l'exemple de la figure 5.9, avec d'anciens systèmes de mapping objet-relationnel, nous aurions eu un nombre important de requêtes :

- Une requête pour retourner `teamA` et `teamB`.

- Une requête pour construire `coachA`.
- Une requête pour nous rendre compte que `teamB` n'est pas associée à une instance de `Coach`.
- Une requête par élément de la collection `games` de teamA.
- Une requête par élément de la collection `games` de `teamB`.
- Etc.

**Figure 5-10**
*Diagramme des instances mises en application (2/2)*

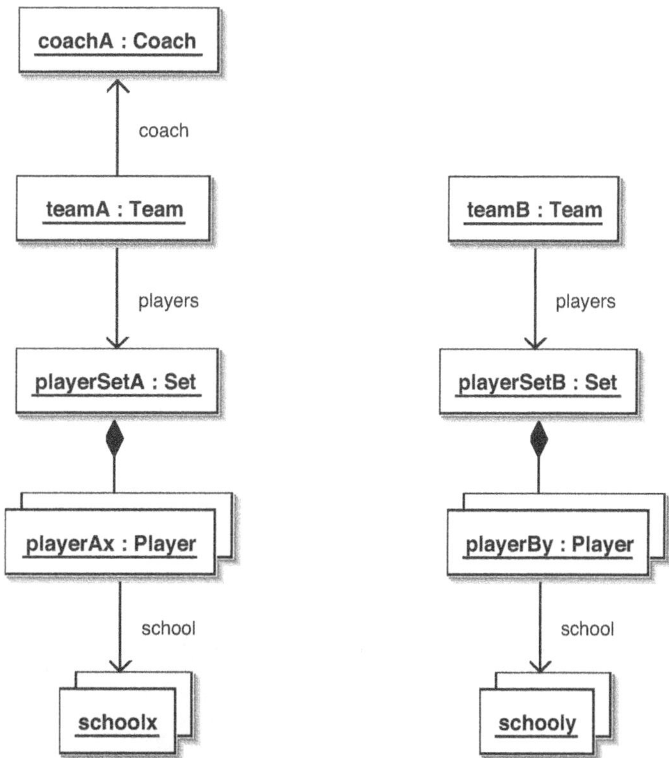


Nous voyons donc que le chargement à la demande comme le chargement forcé *via* fetch limitent le risque $n + 1$ et que nous arrivons à limiter la génération SQL à une seule requête.

Dans certains cas, la règle de chargement forcée des associations peut aboutir à l'apparition du problème $n + 1$. C'est ce que nous nous proposons de démontrer par l'exemple illustré à la figure 5.11. Notre objectif est de charger le plus efficacement un réseau d'instances des classes apparaissant sur le diagramme de classes.

La règle de base nous empêchant de charger les deux collections en une seule requête, nous choisissons arbitrairement d'utiliser la requête de la première mise en application.

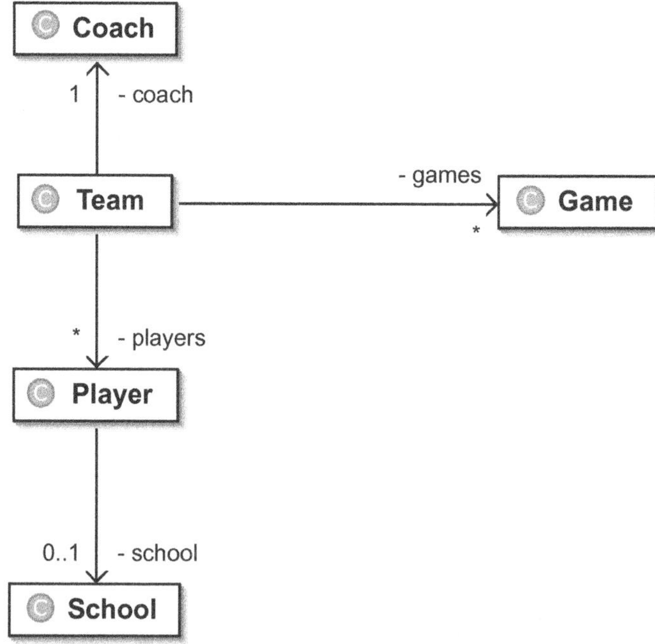


**Figure 5-11**
*Cas typique de deux collections dont le chargement est délicat à gérer*

Le code suivant nous permet d'analyser les traces produites par notre cas d'utilisation :

```
StringBuffer queryString = new StringBuffer();
queryString.append("select team from Team team ")
  .append("left join fetch team.coach c ")
  .append("left join fetch team.games g ");
List results = em.createQuery(queryString.toString())
  .getResultList();
Team team = (Team)results.get(0);
Iterator it = team.getPlayers().iterator();
while (it.hasNext()){
  Player player = (Player)it.next();
  String test= player.getSchool().getName();
}
```

La sortie suivante montre ce qui se produit à la fin du traitement de la boucle `while` (le numéro de la requête a été ajouté) :

```
1: select players0_.TEAM_ID as TEAM_ID__, players0_.PLAYER_ID as PLAYER_ID__,
players0_.PLAYER_ID as PLAYER_ID0_, players0_.PLAYER_NAME as PLAYER_N2_0_0_,
players0_.PLAYER_NUMBER as PLAYER_N3_0_0_, players0_.BIRTHDAY as BIRTHDAY0_0_,
players0_.HEIGHT as HEIGHT0_0_, players0_.WEIGHT as WEIGHT0_0_,
players0_.SCHOOL_ID as SCHOOL_ID0_0_

from PLAYER players0_

where players0_.TEAM_ID=?
```

```
2: select school0_.SCHOOL_ID as SCHOOL_ID0_, school0_.SCHOOL_NAME as
SCHOOL_N2_5_0_ from SCHOOL school0_ where school0_.SCHOOL_ID=?
3: select school0_.SCHOOL_ID as SCHOOL_ID0_, school0_.SCHOOL_NAME as
SCHOOL_N2_5_0_ from SCHOOL school0_ where school0_.SCHOOL_ID=?
4: select school0_.SCHOOL_ID as SCHOOL_ID0_, school0_.SCHOOL_NAME as
SCHOOL_N2_5_0_ from SCHOOL school0_ where school0_.SCHOOL_ID=?
5: select school0_.SCHOOL_ID as SCHOOL_ID0_, school0_.SCHOOL_NAME as
SCHOOL_N2_5_0_ from SCHOOL school0_ where school0_.SCHOOL_ID=?
6: select school0_.SCHOOL_ID as SCHOOL_ID0_, school0_.SCHOOL_NAME as
SCHOOL_N2_5_0_ from SCHOOL school0_ where school0_.SCHOOL_ID=?
7: select school0_.SCHOOL_ID as SCHOOL_ID0_, school0_.SCHOOL_NAME as
SCHOOL_N2_5_0_ from SCHOOL school0_ where school0_.SCHOOL_ID=?
8: select school0_.SCHOOL_ID as SCHOOL_ID0_, school0_.SCHOOL_NAME as
SCHOOL_N2_5_0_ from SCHOOL school0_ where school0_.SCHOOL_ID=?
9: select school0_.SCHOOL_ID as SCHOOL_ID0_, school0_.SCHOOL_NAME as
SCHOOL_N2_5_0_ from SCHOOL school0_ where school0_.SCHOOL_ID=?
10: select school0_.SCHOOL_ID as SCHOOL_ID0_, school0_.SCHOOL_NAME as
SCHOOL_N2_5_0_ from SCHOOL school0_ where school0_.SCHOOL_ID=?
11: select school0_.SCHOOL_ID as SCHOOL_ID0_, school0_.SCHOOL_NAME as
SCHOOL_N2_5_0_ from SCHOOL school0_ where school0_.SCHOOL_ID=?
```

L'instance de `Team` possède une collection `players` contenant dix éléments. Le chargement à la demande n'a exécuté qu'une requête pour charger tous les éléments de la collection.

Comme l'association vers `School` est elle aussi chargée à la demande, nous avons une requête par instance de `Player` pour récupérer les informations relatives à l'instance de `School` associée.

Le résultat est de $n + 1$ requêtes, $n$ étant le nombre d'éléments de la collection. Il apparaît lorsque les éléments d'une collection possèdent eux-mêmes une association vers une tierce entité, ici `School`. Ce résultat devient problématique lorsque les collections manipulées contiennent beaucoup d'éléments.

Les sections qui suivent décrivent deux moyens de résoudre ce problème.

### Charger plusieurs collections

Vouloir charger la totalité des instances requises par un cas d'utilisation en une requête unique est tentant. Pour les raisons évoquées précédemment, cela ne résout cependant pas toujours les problèmes de performance, étant donné le volume des données retournées par la base de données, c'est-à-dire le produit cartésien engendré par les jointures.

Le monde informatique est souvent qualifié de binaire, les utilisateurs ayant tendance à raisonner en tout ou rien. Plutôt que de se résoudre à l'alternative « une et une seule requête » ou « $n + 1$ requêtes », $n$ étant relativement élevé, pourquoi ne pas exécuter deux, trois voire quatre requêtes, chacune respectant un volume de données à traiter raisonnable ?

Cette logique est favorisée par le gestionnaire d'entités, cache de premier niveau, puisque tout ce qui est chargé dans le gestionnaire *via* une requête n'a plus besoin d'être chargé par la suite.

Analysons ce qui se produit lorsque nous enchaînons les deux mises en application précédentes.

Commençons par charger les instances de `Coach` associées aux instances de `Team` que la requête retourne mais aussi les éléments des collections `games` :

```
StringBuffer queryString = new StringBuffer();
queryString.append("select team from Team team ")
  .append("left join fetch team.coach c ")
  .append("left join fetch team.games g ");
List results = em.createQuery(queryString.toString())
  .getResultList();
```

Exécutons ensuite une seconde requête pour charger les collections `players` et les instances de `School` associées à leurs éléments :

```
StringBuffer queryString2 = new StringBuffer();
queryString2.append("select team from Team team ")
  .append("left join fetch team.players p ")
  .append("left join fetch p.school s");
```

Voici l'ensemble du test :

```
StringBuffer queryString = new StringBuffer();
queryString.append("select team from Team team ")
  .append("left join fetch team.coach c ")
  .append("left join fetch team.games g ");
List results = em.createQuery(queryString.toString())
  .getResultList();

StringBuffer queryString2 = new StringBuffer();
queryString2.append("select team from Team team ")
  .append("left join fetch team.players p ")
  .append("left join fetch p.school s");
List results2 = em.createQuery(queryString2.toString())
  .getResultList();
// TEST
Team team = (Team)results.get(0);
Iterator it = team.getPlayers().iterator();
while (it.hasNext()){
  Player player = (Player)it.next();
  String test= player.getSchool().getName();
}
```

Ce code peut certes être amélioré du point de vue Java, mais laissons-le en l'état pour une meilleure lecture.

Voici la sortie correspondante :

```
1:
select team0_.TEAM_ID as TEAM_ID0_, coach1_.COACH_ID as COACH_ID1_,
  games2_.GAME_ID as GAME_ID2_, team0_.TEAM_NAME as TEAM_NAME2_0_,
  team0_.COACH_ID as COACH_ID2_0_, coach1_.COACH_NAME as COACH_NAME3_1_,
  coach1_.BIRTHDAY as BIRTHDAY3_1_, coach1_.HEIGHT as HEIGHT3_1_,
  coach1_.WEIGHT as WEIGHT3_1_, games2_.AWAY_TEAM_SCORE as
  AWAY_TEA2_1_2_, games2_.HOME_TEAM_SCORE as HOME_TEA3_1_2_,
  games2_.PLAYER_ID as PLAYER_ID1_2_, games2_.TEAM_ID as TEAM_ID__,
  games2_.GAME_ID as GAME_ID__
from TEAM team0_
left outer join COACH coach1_ on team0_.COACH_ID=coach1_.COACH_ID
left outer join GAME games2_ on team0_.TEAM_ID=games2_.TEAM_ID
2:
select team0_.TEAM_ID as TEAM_ID0_, players1_.PLAYER_ID as PLAYER_ID1_,
  school2_.SCHOOL_ID as SCHOOL_ID2_, team0_.TEAM_NAME as TEAM_NAME2_0_,
  team0_.COACH_ID as COACH_ID2_0_, players1_.PLAYER_NAME as
  PLAYER_N2_0_1_, players1_.PLAYER_NUMBER as PLAYER_N3_0_1_,
  players1_.BIRTHDAY as BIRTHDAY0_1_, players1_.HEIGHT as HEIGHT0_1_,
  players1_.WEIGHT as WEIGHT0_1_, players1_.SCHOOL_ID as SCHOOL_ID0_1_,
  school2_.SCHOOL_NAME as SCHOOL_N2_5_2_, players1_.TEAM_ID as TEAM_ID__,
  players1_.PLAYER_ID as PLAYER_ID__
from TEAM team0_
left outer join PLAYER players1_ on team0_.TEAM_ID=players1_.TEAM_ID
left outer join SCHOOL school2_ on players1_.SCHOOL_ID=school2_.SCHOOL_ID
```

Les deux requêtes viennent alimenter le gestionnaire d'entités. La seconde permet d'initialiser les proxy et de compléter ainsi le réseau d'objets dont a besoin notre cas d'utilisation.

Ce dernier dispose désormais des instances illustrées à la figure 5.12, le tout avec seulement deux accès en base de données et des resultsets sous-jacents de volume raisonnable.

Cette première méthode convient parfaitement aux cas d'utilisation qui demandent le chargement des collections directement associées à l'entité que nous interrogeons, comme le montre la figure 5.13.

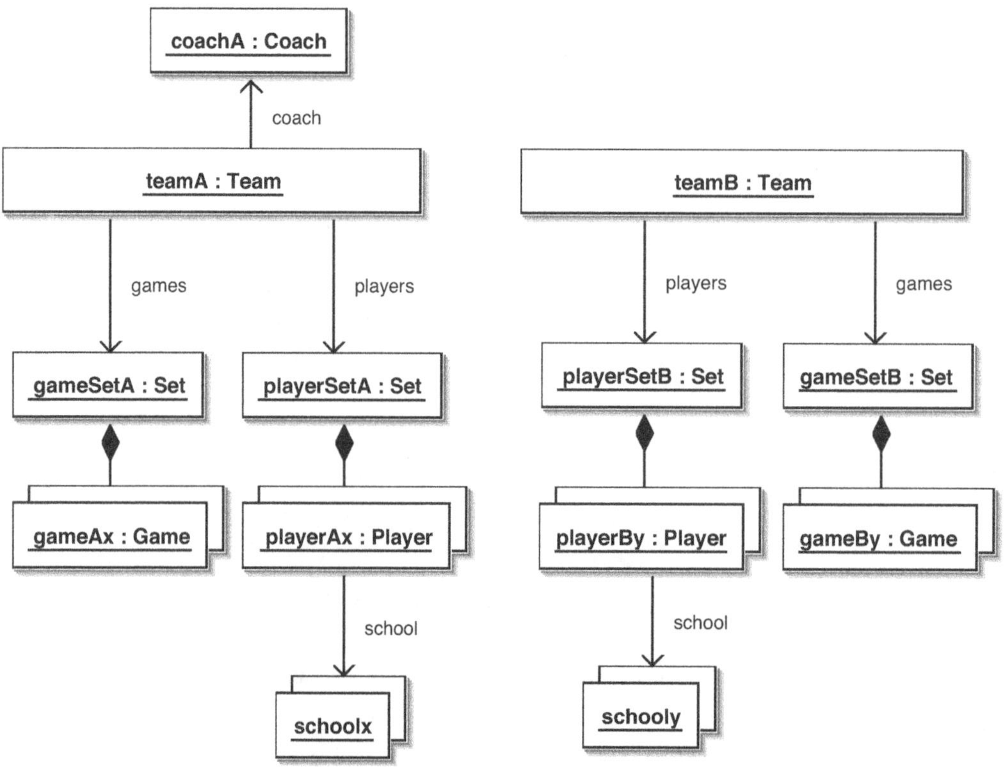


**Figure 5-12**

*Diagramme des instances chargées en deux requêtes*

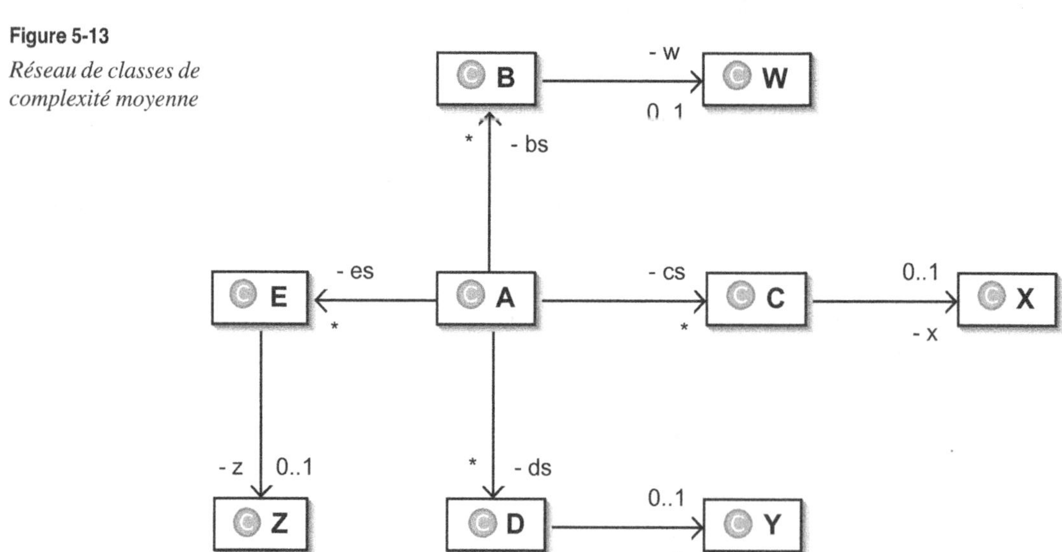


**Figure 5-13**

*Réseau de classes de complexité moyenne*

L'ensemble des instances des classes illustrées sur la figure peut être chargé en quatre requêtes.

L'inconvénient de cette technique est qu'elle ne permet pas de charger entièrement le réseau des instances des classes illustré à la figure 5.14. Au mieux, nous pourrions charger les instances de `Player` contenues dans la collection `players`.

**Figure 5-14**

*Enchaînement de deux collections*

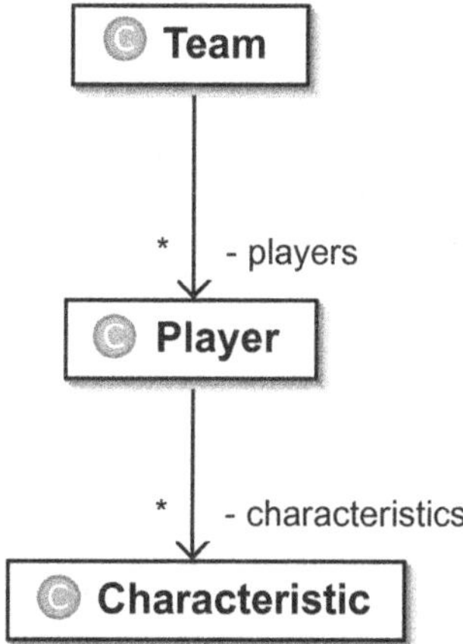


Pour cet exemple, notre datastore contient les données récapitulées au tableau 5.3 (seules les clés primaires y figurent).

**Tableau 5.3 Données du datastore**

| TEAM_ID | PLAYER_ID | CHARACTERISTIC_ID |
|---|---|---|
| 1 | 1 | 1 |
| 1 | 1 | 2 |
| 1 | 2 | 3 |
| 1 | 2 | 4 |
| 1 | 2 | 5 |
| 1 | 3 | 6 |
| 1 | 3 | 7 |
| 1 | 4 | 8 |
| 1 | 4 | 9 |
| 1 | 4 | 10 |
| 1 | 4 | 11 |
| 1 | 4 | 12 |
| 2 | 5 | 13 |
| 2 | 5 | 14 |
| 2 | 5 | 15 |

Voici le code de test :

```
StringBuffer queryString = new StringBuffer();
queryString.append("select team from Team team ")
  .append("left join fetch team.players p ");
Set results =
  new HashSet(em.createQuery(queryString.toString()).getResultList());
Iterator itTeam = results.iterator();
while (itTeam.hasNext()){
  Team team = (Team)itTeam.next();
  Iterator itPlayer = team.getPlayers().iterator();
  while (itPlayer.hasNext()){
    Player player = (Player)itPlayer.next();
    Iterator itCharacteristic = player.getCharacteristics().iterator();
    while (itCharacteristic.hasNext()){
      Characteristic characteristic =
        (Characteristic)itCharacteristic.next();
    String test = characteristic.getName();
    }
  }
}
```

Nous commençons par exécuter une requête pour charger la collection `players`. Nous effectuons ensuite le traitement des doublons en utilisant le HashSet puis itérons sur chacun des niveaux d'association afin de tracer ce qui se passe. En sortie, nous obtenons sans grande surprise :

```
1: select team0_.TEAM_ID as TEAM_ID0_, players1_.PLAYER_ID as PLAYER_ID1_,
team0_.TEAM_NAME as TEAM_NAME2_0_,…

from TEAM team0_

left outer join PLAYER players1_ on team0_.TEAM_ID=players1_.TEAM_ID

2: select characteri0_.PLAYER_ID as PLAYER_ID__,…

3: select characteri0_.PLAYER_ID as PLAYER_ID__,…

4: select characteri0_.PLAYER_ID as PLAYER_ID__,…

5: select characteri0_.PLAYER_ID as PLAYER_ID__,…

6: select characteri0_.PLAYER_ID as PLAYER_ID__,…
```

Nous avons de nouveau $n + 1$ requêtes, $n$ étant le nombre d'éléments de la collection `players`.

Pour ce genre de cas d'utilisation, le chargement par lot améliore les performances. Cette fonctionnalité est généralement appelée *batch fetching*.

Pour l'activer, il suffit d'annoter la collection avec @org.hibernate.annotations.BatchSize (spécifique d'Hibernate), qui prend comme unique membre `size`, un entier.

Appliquons-le à notre classe `Player` :

```
@Entity
public class Player {
  @Id
  @GeneratedValue(
    strategy=GenerationType.AUTO)
  private int id;

  private String name;

  @OneToMany(cascade = CascadeType.PERSIST)
  @org.hibernate.annotations.BatchSize(size=3)
  private Set<Characteristic> characteristics =
    new HashSet<Characteristic>();
  …
}
```

Grâce à cette annotation, les collections `characteristics` non initialisées seront chargées par paquets de trois à la demande, engendrant sur notre exemple de code une réduction sensible du nombre de requêtes générées :

```
1: select team0_.TEAM_ID as TEAM_ID0_, players1_.PLAYER_ID as PLAYER_ID1_,
team0_.TEAM_NAME as TEAM_NAME2_0_, …
from TEAM team0_
left outer join PLAYER players1_ on team0_.TEAM_ID=players1_.TEAM_ID
2: select characteri0_.PLAYER_ID as PLAYER_ID__,…
from CHARACTERISTIC characteri0_
where characteri0_.PLAYER_ID in (?, ?, ?)
3: select characteri0_.PLAYER_ID as PLAYER_ID__,…
from CHARACTERISTIC characteri0_
where characteri0_.PLAYER_ID in (?, ?)
```

Peu importe l'instance de `Player` à laquelle appartiennent les collections non initialisées, car celles-ci sont initialisées au fur et à mesure. Le système ne s'arrête pas à l'unique collection demandée, il optimise l'utilisation du BatchSize.

Si nous passons le *batch size* à 5, seules deux requêtes sont exécutées. Pour notre exemple, la valeur de ce paramètre n'est pas bien compliquée à déterminer. Selon l'application considérée et la disparité des données qu'elle contient, il peut être cependant difficile de décider d'une valeur.

En effet, si une collection peut contenir entre 5 et 100 éléments, il devient délicat de décider d'une valeur optimale. Il convient en ce cas de considérer des estimations, ou statistiques, ou d'utiliser l'annotation @org.hibernate.annotations.Fetch avec comme valeur `org.hibernate.annotations.FetchMode.SUBSELECT`.

L'annotation @org.hibernate.annotations.BatchSize est aussi applicable sur une classe. Elle permet le chargement par lot au niveau entité et non collection, ce qui offre le même type d'optimisation pour les associations ToOne chargées à la demande.

Le mapping suivant :

```
@Entity
@org.hibernate.annotations.BatchSize(size=5)
public class Coach {
    …
}
```

permet, par exemple, de charger les instances de `Coach` associées aux instances de `Team` (ManyToOne) par groupe de 5 si nous n'avons pas forcé ce chargement par une requête.

## L'API Criteria (spécifique d'Hibernate)

Avec l'API Criteria, Hibernate fournit un moyen élégant d'écrire les requêtes de manière programmatique.

Pour utiliser pleinement Hibernate, vous devez obtenir la session Hibernate, grâce à :

```
Session session = (Session)em.getDelegate();
```

Nous avons déjà traité des opérateurs en abordant l'EJB-QL et avons même fourni quelques exemples à base de Criteria. Une instance de Criteria s'obtient en invoquant `createCriteria()` sur la session Hibernate, l'argument étant la classe que nous souhaitons interroger :

```
Session session = (Session)em.getDelegate();
Criteria criteria = session.createCriteria(Team.class);
List results = criteria.list();
```

L'exécution de la requête se fait par l'invocation de `list()`. La requête ci dessus retourne toutes les instances persistantes de la classe `Team`.

### Instances de Criterion

Pour composer la requête *via* Criteria, nous ajoutons des instances de Criterion :

```
Criteria criteria = session.createCriteria(Team.class);
Criterion nameEq = Expression.eq("name", "Team A");
criteria.add(nameEq);
criteria.list();
```

La classe `Expression` propose des méthodes statiques mettant à votre disposition un large éventail de Criterion. Sa javadoc est notre guide, comme le montre le tableau 54.

**Tableau 5.4 javadoc de Criterion *(source javadoc Hibernate)***

| Méthode | Description |
|---|---|
| allEq(Map propertyNameValues) | Applique une contrainte d'égalité sur chaque propriété figurant comme clé de la Map. |
| and(Criterion lhs, Criterion rhs) | Retourne la conjonction de deux expressions. |
| between(String propertyName, Object lo, Object hi) | Applique une contrainte d'intervalle (between) à la propriété nommée. |
| static Conjunction conjunction() | Regroupe les expressions pour qu'elles n'en fassent qu'une de type conjonction (A and B and C...). |
| static Disjunction disjunction() | Regroupe les expressions pour qu'elles n'en fassent qu'une de type disjonction (A and B and C...). |
| static SimpleExpression eq(String propertyName, Object value) | Applique une contrainte d'égalité sur la propriété nommée. |
| eqProperty(String propertyName, String otherPropertyName) | Applique une contrainte d'égalité entre deux propriétés. |
| static SimpleExpression ge(String propertyName, Object value) | Applique une contrainte « plus grand que ou égal à » à la propriété nommée. |
| static SimpleExpression gt(String propertyName, Object value) | Applique une contrainte « plus grand que » à la propriété nommée. |
| ilike(String propertyName, Object value) | Clause like non sensible à la casse, similaire à l'opération ilike de Postgres |
| ilike(String propertyName, String value, MatchMode matchMode) | Clause like non sensible à la casse, similaire à l'opération ilike de Postgres. |
| in(String propertyName, Collection values) | Applique une contrainte in à la propriété nommée. |
| in(String propertyName, Object[] values) | Applique une contrainte in à la propriété nommée. |
| isEmpty(String propertyName) | Contraint une collection à être vide. |
| isNotEmpty(String propertyName) | Contraint une collection à ne pas être vide. |
| isNotNull(String propertyName) | Applique une contrainte is not null à la propriété nommée. |
| isNull(String propertyName) | Applique une contrainte is null à la propriété nommée. |
| static SimpleExpression le(String propertyName, Object value) | Applique une contrainte « plus petit que ou égal à » à une propriété nommée. |
| leProperty(String propertyName, String otherPropertyName) | Applique une contrainte « plus petit que ou égal à » à deux propriétés. |
| static SimpleExpression like(String propertyName, Object value) | Applique une contrainte like à une propriété nommée. |
| static SimpleExpression like(String propertyName, String value, MatchMode matchMode) | Applique une contrainte like à une propriété nommée. |
| static SimpleExpression lt(String propertyName, Object value) | Applique une contrainte « plus petit que » à une propriété nommée. |
| ltProperty(String propertyName, String otherPropertyName) | Applique une contrainte « plus petit que » à deux propriétés. |
| not(Criterion expression) | Retourne la négation d'une expression. |

**Tableau 5.4 javadoc de Criterion *(source javadoc Hibernate)* suite**

| Méthode | Description |
|---|---|
| or(Criterion lhs, Criterion rhs) | Retourne la disjonction de deux expressions. |
| sizeEq(String propertyName, int size) | Applique une contrainte de taille sur une collection. |
| sql(String sql) | Applique une contrainte SQL. |
| sql(String sql, Object[] values, Type[] types) | Applique une contrainte SQL, avec les paramètres JDBC donnés. |
| sql(String sql, Object value, Type type) | Applique une contrainte SQL, avec les paramètres JDBC donnés. |

### Les associations avec Criteria

Pour traverser le graphe d'objets depuis une instance de Criteria, il faut utiliser la méthode `fetchMode()`(mode de chargement).

Cette méthode prend comme argument l'association et l'une ou l'autre des constantes suivantes :

- `fetchMode.DEFAULT` : ce mode respecte les définitions du fichier de mapping.
- `fetchMode.JOIN` : chargement *via* un `outer join`.
- `fetchMode.SELECT` : chargement de l'association *via* un `select` supplémentaire.

Par exemple, l'instance de Criteria suivante :

```
Criteria criteria = session.createCriteria(Team.class);
criteria.setFetchMode("players",FetchMode.JOIN)
  .setFetchMode("coach",FetchMode.JOIN)
  .createCriteria("players","player")
    .add(Expression.like("name", "PlayerA", MatchMode.START))
    .createCriteria("school")
      .add(Expression.like("name", "SchoolA",MatchMode.ANYWHERE));
criteria.list();
```

force le chargement de l'instance de `Coach` associée, charge la collection `players` et, pour chaque élément de cette collection, charge l'instance de `School` associée.

Nous constatons que nous pouvons invoquer la méthode `createCriteria()`sur une instance de Criteria. Cette méthode permet de construire les restrictions sur les associations.

Dans l'exemple précédent, nous effectuons une correspondance de chaînes de caractères sur la propriété `name` des instances de `Coach` associées et une autre sur la propriété `name` des instances de `Player` composant la collection `players` de la classe `Team` :

```
select this_.TEAM_ID as TEAM_ID3_, …
  coach1_.COACH_ID as COACH_ID0_, …
  player_.PLAYER_ID as PLAYER_ID1_, …
  x0__.SCHOOL_ID as SCHOOL_ID2_, x0__.SCHOOL_NAME as SCHOOL_N2_5_2_
```

```
from TEAM this_
  left outer join COACH coach1_ on this_.COACH_ID=coach1_.COACH_ID
  inner join PLAYER player_ on this_.TEAM_ID=player_.TEAM_ID
  inner join SCHOOL x0__ on player_.SCHOOL_ID=x0__.SCHOOL_ID
where player_.PLAYER_NAME like ?
  and x0__.SCHOOL_NAME like ?
```

### QBE (Query By Example)

Si vous souhaitez récupérer les instances d'une classe qui « ressemblent » à une instance exemple, vous pouvez utiliser l'API QBE (Query By Example).

```
Criteria criteria = session.createCriteria(Team.class);
criteria.add( Example.create(teamExample) );
List result = criteria.list();
```

Pour la comparaison de chaînes de caractères, vous pouvez agir sur la sensibilité à la casse ou utiliser la fonctionnalité `like` :

```
Criteria criteria = session.createCriteria(Team.class);
criteria.add(
  Example.create(teamExample)
    .enableLike(MatchMode.ANYWHERE)
    .ignoreCase());
List result = criteria.list();
```

La requête SQL générée par l'exemple précédent est insensible à la casse et comprend une clause `where` avec restriction, du type `like ' %XXX %'` sur toutes les chaînes de caractères.

Les possibilités de comparaison de chaînes de caractères sont les suivantes :

- `MatchMode.ANYWHERE` : la chaîne de caractères doit être présente quelque part dans la valeur de la propriété.
- `MatchMode.END` : la chaîne de caractères doit se trouver à la fin de la valeur de la propriété.
- `MatchMode.START` : la chaîne de caractères doit se trouver au début de la valeur de la propriété.
- `MatchMode.EXACT` : la valeur de la propriété doit être égale à la chaîne de caractères.

D'autres méthodes sont disponibles, notamment les suivantes *(voir l'API javadoc* Example*) :*

- `Example.excludeNone()` : ne pas exclure les valeurs nulles ou égales à zéro.
- `Example.excludeProperty(string name)` : exclure la propriété dont le nom est passé en paramètre.
- `Example.excludeZeroes()` : exclure les propriétés évaluées à zéro.

La simulation des jointures avec QBE se fait entité par entité. Si nous disposons d'instances exemples de `Team`, `Coach` et `Player`, nous devons donc construire la requête comme suit :

```
Criteria criteria = session.createCriteria(Team.class);
  criteria.add(Example.create(teamExample)
    .enableLike(MatchMode.ANYWHERE)
    .ignoreCase())
  .createCriteria("players","player")
    .add(Example.create(playerExample))
    .createCriteria("school")
      .add(Example.create(schoolExample));
List result = criteria.list();
```

Nous créons une Criteria par entité exemple puis ajoutons le Criterion exemple.

Regardons de plus près la requête générée :

```
select this_.TEAM_ID as TEAM_ID2_, …
  player_.PLAYER_ID as PLAYER_ID0_, …
  x0__.SCHOOL_ID as SCHOOL_ID1_, …
from TEAM this_
  inner join PLAYER player_ on this_.TEAM_ID=player_.TEAM_ID
  inner join SCHOOL x0__ on player_.SCHOOL_ID=x0__.SCHOOL_ID
where (lower(this_.TEAM_NAME) like ?)
  and (player_.PLAYER_NAME=?
    and player_.PLAYER_NUMBER=?
    and player_.HEIGHT=?
    and player_.WEIGHT=?)
  and (x0__.SCHOOL_NAME=?)
```

Nous constatons une restriction sur les colonnes `HEIGHT` et `WEIGHT` de notre modèle de classes. Ces colonnes sont mappées à des propriétés de type int, qui ont donc 0 comme valeur par défaut.

Pour éviter de prendre en considération les propriétés de l'instance exemple qui n'auraient pas ces valeurs renseignées à zéro, nous devons modifier la requête en utilisant la méthode `excludeZeroes()` comme suit :

```
Criteria criteria = session.createCriteria(Team.class);
criteria.add(Example.create(teamExample)
  .enableLike(MatchMode.ANYWHERE).ignoreCase())
  .createCriteria("players","player")
    .add(Example.create(playerExample).excludeZeroes())
    .createCriteria("school")
      .add(Example.create(schoolExample));
List result = criteria.list();
```

Avec une instance de `Player` dont les propriétés `height` et `weight` sont égales à `0`, la requête SQL générée est la suivante :

```
select this_.TEAM_ID as TEAM_ID2_, …
  player_.PLAYER_ID as PLAYER_ID0_, …
  x0__.SCHOOL_ID as SCHOOL_ID1_, …
from TEAM this_
  inner join PLAYER player_ on this_.TEAM_ID=player_.TEAM_ID
  inner join SCHOOL x0__ on player_.SCHOOL_ID=x0__.SCHOOL_ID
where (lower(this_.TEAM_NAME) like ?)
  and (player_.PLAYER_NAME=?)
  and (x0__.SCHOOL_NAME=?)
```

Les restrictions sur les colonnes `WEIGHT` et `HEIGHT` n'apparaissent que si les propriétés `weight` et `height` de l'instance de `Player` prise en exemple sont différentes de zéro.

## Requêtes SQL natives

L'utilisation de requêtes SQL en natif est utile lorsque vous avez besoin d'une requête optimisée au maximum et tirant parti des spécificités de votre base de données non prises en compte par la génération d'ordres SQL des implémentation de Java Persistence.

En cas de portage d'une application existante en JDBC pur vers Java Persistence, vous pouvez utiliser cette fonctionnalité pour limiter les charges de réécriture.

### Syntaxe d'utilisation du SQL natif

L'exécution d'une requête en SQL natif se fait *via* `em.createNativeQuery()`, dont l'utilisation est relativement simple. Il existe deux obligations lorsque vous écrivez de telles requêtes :

- Vous devez lister l'ensemble des colonnes nécessaire à la définition de l'entité. Cela inclut les propriétés simples et les clés étrangères pour résoudre les associations ToOne. Une fois la requête native exécutée, le comportement traditionnel est adopté, et les associations ToOne et ToMany seront chargées de manière transparentes selon le comportement lazy spécifié.
- Le nom des colonnes présentes dans la requête doit correspondre au nom spécifié dans les annotations. Si le nom est identique, il n'y a pas de problème. S'il n'est pas identique, vous pouvez soit utiliser des alias SQL pour le faire correspondre, soit utiliser des métadonnées sur le résultat de la requête, ce que nous verrons un peu plus loin.

Considérons un premier exemple :

```
StringBuffer queryString = new StringBuffer();
queryString.append("select player.id, player.name, player.height, player.school_id ")
```

```
    .append("from Player player, School school ")
    .append("where player.school_id = school.id ")
    .append("and school.name = :param");
  Query query = em.createNativeQuery(queryString.toString(),Player.class);
    query.setParameter("param","scl");
  List result = query.getResultList();
```

Le point important de cette mise en application est l'utilisation de la méthode `createNativeQuery()`, qui prend en second paramètre la classe ciblée par la requête.

Dans cet exemple, toutes les colonnes sont listées, et leur nom est le même que celui défini dans les annotations. Nous aurions même pu écrire :

```
   StringBuffer queryString = new StringBuffer();
  queryString.append("select player.* ")
    .append("from Player player, School school ")
    .append("where player.school_id = school.id ")
    .append("and school.name = :param");
  Query query = em.createNativeQuery(queryString.toString(),Player.class);
    query.setParameter("param","scl");
  List result = query.getResultList();
```

L'utilisation d'une requête native est généralement synonyme de cas bien plus complexes où le mapping entre le resultset SQL et les entités à récupérer est compliqué. Pour avoir un contrôle fin sur un tel mapping, il faut utiliser l'annotation @SqlResultSetMapping.

### Mapping de resultset

Avec @SqlResultSetMapping, nous indiquons à notre requête SQL le « moteur » de transformation des résultats de la requête.

@SqlResultSetMapping se place généralement sur l'entité qui est la cible principale de la requête :

```
@Entity
@SqlResultSetMapping(name="PlayerResults",
   entities=@EntityResult(entityClass=Player.class))
public class Player {…}
```

Le premier membre, `name`, de l'annotation est la définition d'un alias qui sera passé en second argument à la méthode `createNativeQuery()` :

```
Query query = em.createNativeQuery(queryString.toString(),"PlayerResults");
```

Le second membre, `entities`, est optionnel et déclare le mapping colonne/propriété pour chacune des entités retournées par la requête. Nous verrons plus loin un troisième membre optionnel, `columns`, qui permet de définir des valeurs retournées sans les mapper à une propriété d'une entité.

Voyons pour l'instant une requête un peu plus complexe, puisqu'elle récupère deux entités, liées entre elles de surcroît :

```
select player.*, school.*
```

```
from Player player, School school
where player.school_id = school.id
and school.name = :param
```

Nous sommes face à un problème. En effet, les tables SCHOOL et PLAYER ont toutes deux des colonnes avec les mêmes noms : ID et NAME. Impossible dans cette situation de différencier les valeurs retournées par player.* de celles retournées par school.*. De ce fait, cette requête risque d'injecter dans les propriétés name et id des instances de School récupérées les valeurs retournées par player.*. Pour y parer, il faut un moyen de différencier les valeurs ; cela passe par l'utilisation d'alias :

```
select player.*, school.id as school_id, school.name as school_name
from Player player, School school
where player.school_id = school.id
and school.name = :param
```

Or school_name et school_id ne sont pas définis par les annotations de l'entité School :

```
@Entity
public class School implements Serializable{
  @Id
  @GeneratedValue
  private Long id;
  private String name;
  // en l'absence de @Column, nom de colonne  = nom de propriété
  …
}
```

L'annotation @SqlResultSetMapping va nous permettre de paramétrer finement cette correspondance :

```
@Entity
@SqlResultSetMappings({
  @SqlResultSetMapping(name="PlayerResults",
    entities=@EntityResult(entityClass=Player.class)
  ),
  @SqlResultSetMapping(name="PlayerWithSchoolResults",
    entities={
      @EntityResult(entityClass=Player.class),
      @EntityResult(entityClass=School.class,
        fields={
          @FieldResult(name="id", column="school_id"),
          @FieldResult(name="name", column="school_name")
        })
    })
})
public class Player {…}
```

Cela peut sembler effrayant, mais si votre code est indenté, la lecture est des plus simples. Nous avons une première annotation @SqlResultSetMappings, qui prend en argument un tableau de @SqlResultSetMapping. Dans notre cas, nous devons paramétrer le résultat de deux requêtes natives : PlayerResults et PlayerWithSchoolResults.

Chacune de ses @SqlResultSetMapping définit son alias comme nous l'avons déjà vu mais surtout le mapping de ses entités *via* le membre `entities`. Ce dernier prend comme valeur un tableau de @EntityResult. Chaque indice du tableau est dédié à une des entités retournées.

Pour notre première entité, `Player`, rien de spécial à signaler : nous nous contentons d'écrire @EntityResult(entityClass=Player.class). Le moteur d'exécution des requêtes natives peut se fier au nom des colonnes pour l'instanciation des objets de type `Player` retournés.

Pour `School`, nous devons définir la correspondance entre les alias présents dans la requête et les propriétés réelles des instances. C'est pourquoi nous renseignons le membre `fields`, qui prend, quant à lui, un tableau de @FieldResult. Enfin, chaque @FieldResult associe une alias de colonne (défini par le membre `column`) à une propriété de l'entité (*via* le membre `name`).

Dès le moment où votre requête native renvoie plus d'un @ResultSetMapping, les éléments de la liste de résultat retournée sont des tableaux d'objets, un objet par @ResultSetMapping. Dans notre exemple, nous aurions une liste de Object[] avec l'instance de `Player` en indice 0 et l'instance de `School` en indice 1.

Comme nous venons de le voir, une requête native peut retourner des entités. Elle peut aussi retourner des valeurs dissociées de votre modèle de classes. Par exemple, la requête suivante, très simple, retourne l'identifiant `max` de la table `SCHOOL`.

```
select max(school.id) as maxid from School school
```

Cette fois-ci, nous n'allons pas renseigner le membre `entities` de @ResultSetMapping mais `columns`, qui prend comme valeur un tableau de @ColumnResult :

```
@Entity
@SqlResultSetMapping(name="MaxSchoolId",columns={
   @ColumnResult(name="maxid")}
)
public class School implements Serializable{…}
```

Vous pouvez, selon votre requête, retourner des entités et des valeurs, uniquement des entités ou uniquement des valeurs. Il suffit pour ce faire de mixer les deux exemples précédents.

### Externalisation des requêtes

Comme les requêtes standards, les requêtes SQL peuvent être externalisées.

L'annotation est @NativeNamedQuery. Elle prend deux membres de plus que @NamedQuery, que nous avons abordée précédemment :

- `resultClass` : de type Class ; type de l'entité retournée par la requête ;
- `resultSetMapping` : de type String ; alias d'un @ResultSetMapping.

Elle s'utilise comme @NamedQuery.

Comme pour @NamedQuery, vous pouvez appliquer des @QueryHint (voir le détail donné pour @NamedQuery). Si vous souhaitez utiliser une annotation fortement typée (avec de vrais membres typés), utilisez les annotations spécifiques d'Hibernate en remplacement des annotations Java Persistence. Ces annotations sont @org.hibernate.annotations.NamedNativeQuery et @org.hibernate.annotations.NamedNativeQueries. L'autre avantage de ces annotations est qu'elles peuvent porter sur un package.

## Options avancées d'interrogation

Nous allons achever cette section par la description d'options d'interrogation à utiliser dans des cas particuliers.

### Instanciation dynamique

Le gestionnaire d'entités scrute en permanence les objets qui lui sont attachés. Cela provoque un overhead estimé entre 5 et 10 %. Plus le nombre d'instances est important, plus cet overhead se fait ressentir.

Certaines requêtes n'ont pour but que de restituer de l'information qui ne sera pas modifiée. Pour ces requêtes, il est possible d'instancier dynamiquement des objets grâce à la syntaxe SELECT NEW suivie du nom de classe entièrement qualifié (avec le nom de package) ; la classe n'est pas forcément une entité :

```
StringBuffer queryString = new StringBuffer();
queryString.append("Select new myPackage.PlayerDTO(player.name, player.height) from
Player player ");
Query query = em.createQuery(queryString.toString());
List result = query.getResultList();
```

La classe `PlayerDTO` ne sert qu'à instancier des objets de transfert de données et n'est pas persistante. Nous pouvons invoquer ses constructeurs à partir d'une requête EJB-QL, ici `new PlayerDTO(String name, int height)`.

### Trier les résultats

Il est possible de trier les résultats retournés par une requête.

En EJB-QL, cela donne :

```
from Player player order by player.name desc
```

et avec Criteria :

```
session.createCriteria(Player.class)
  .addOrder( Order.desc("name") )
```

### Fonctions d'agrégation et groupe

Java Persistence supporte les fonctions d'agrégation count(), min(), max(), sum() et avg().

La requête suivante retourne la valeur moyenne de la propriété height pour les instances de Player :

```
StringBuffer queryString = new StringBuffer();
queryString.append("Select avg(player.height) from Player player ");
Query query = em.createQuery(queryString.toString());
List result = query.getResultList();
```

Les fonctions d'agrégation sont généralement appelées sur un groupe d'enregistrements.

Si vous souhaitez obtenir la valeur moyenne de la propriété height des instances de Player groupées par équipe, vous devez modifier la requête de la façon suivante :

```
StringBuffer queryString = new StringBuffer();
queryString.append("Select avg(player.height) ")
  .append("from Team team join team.players player ")
  .append("group by team");
Query query = em.createQuery(queryString.toString());
List result = query.getResultList();
```

Vous pouvez aussi définir une restriction sur un groupe avec l'expression having :

```
queryString.append("Select avg(player.height) ")
  .append("from Team team join team.players player ")
  .append("group by team ")
  .append("having count(player) >5");
Query query = em.createQuery(queryString.toString());
```

Cette fois, la requête ne s'effectue que sur les instances de Team possédant au moins 5 éléments dans leur collection *players*.

Pour information, voici la requête SQL générée :

```
select avg(players1_.HEIGHT) as col_0_0_
from TEAM team0_
  inner join PLAYER players1_ on team0_.TEAM_ID=players1_.TEAM_ID
group by  team0_.TEAM_ID
  having (count(players1_.PLAYER_ID))>5 )
```

### Les requêtes imbriquées

Java Persistence supporte l'écriture de sous-requêtes dans la clause where. Cette écriture n'est toutefois possible que pour les bases de données supportant les sous-requêtes, ce qui n'est pas toujours le cas.

Une telle sous-requête s'écrirait en EJB-QL :

```
StringBuffer queryString = new StringBuffer();
queryString.append("select team from Team team ")
  .append("where :height = ")
  .append(" (select max(player.height) from team.players player)");
Query query = em.createQuery(queryString.toString());
```

Cette requête renvoie les instances de `Team` qui possèdent un élément dans la collection `players` dont la propriété `height` de plus haute valeur est égale au paramètre nommé `:height`.

Lorsque la sous-requête retourne plusieurs résultats, vous pouvez utiliser les écritures suivantes :

- `all` : l'ensemble des résultats doit vérifier la condition.
- `any` : au moins un des résultats doit vérifier la condition ; `some` et `in` sont des synonymes d'`any`.

### La pagination (Criteria et Query)

Lorsqu'une recherche peut retourner des centaines de résultats et que ces résultats sont voués à être restitués à l'utilisateur sur une vue, il peut être utile de disposer d'un système de pagination.

Il existe des composants de pagination au niveau des vues. La bibliothèque displayTag, par exemple, contient un ensemble de fonctionnalités intéressantes, dont la pagination *(http://www.displaytag.org)*.

La figure 5.15 illustre un exemple d'utilisation de displayTag.

**Figure 5-15**
*Exemple de pagination d'une vue* (source *www.displaytag.org)*

120 items found, displaying 1 to 10.
[First/Prev] **1**, 2, 3, 4, 5, 6, 7, 8 [Next/Last]

| ID | Name | Email | Status |
|---|---|---|---|
| 87397 | Invidunt Voluptua | invidunt-voluptua@et.com | DOLORES |
| 5229 | Nonumy Et | nonumy-et@tempor.com | ET |
| 68703 | Erat Ipsum | erat-ipsum@At.com | ET |
| 98988 | No Dolore | no-dolore@et.com | JUSTO |
| 61200 | Kasd Et | kasd-et@Stet.com | TAKIMATA |
| 36042 | Ipsum At | ipsum-At@At.com | EA |
| 64441 | Diam At | diam-At@diam.com | TAKIMATA |
| 63190 | Sanctus Et | sanctus-et@diam.com | JUSTO |
| 12543 | Voluptua Et | voluptua-et@dolore.com | LABORE |
| 32762 | Erat Diam | erat-diam@gubergren.com | TAKIMATA |

La pagination au niveau de la couche de persistance peut s'effectuer *via* les interfaces Query (Java Persistence) ou Criteria (spécifique d'Hibernate) :

```
Criteria criteria = session.createCriteria(Team.class);
criteria.setFirstResult(10)
  .setMaxResults(20);
List result = criteria.list();

Query query = em.createQuery("from Team team");
query.setFirstResult(10)
  .setMaxResults(20);
List result = query.getResultList();
```

Pour assurer cette fonctionnalité, Java Persistence tire parti de principes spécifiques de la base de données utilisée. Par exemple, sous HSQLDB, il utilise `limit` comme ci-dessous :

```
select limit ? ? this_.TEAM_ID as TEAM_ID0_,
  this_.TEAM_NAME as TEAM_NAME2_0_, this_.COACH_ID as COACH_ID2_0_
from TEAM this_
```

### En résumé

Avec Java Persistence, les moyens de récupérer les objets sont variés. EJB-QL est un langage complet, qui permet au développeur de raisonner entièrement selon une logique objet. Pour ne pas empêcher la concurrence entre implémentations, Java Persistence autorise aux implémentations d'exploiter leurs spécificités. Ainsi, vous pouvez enrichir vos requêtes avec des portions de requête HQL. Notez que HQL et EJB-QL sont extrêmement proches, HQL autorisant quelques spécificités bien utiles. L'exemple typique est que EJB-QL ne permet pas d'exploiter les fonctions spécifiques des bases de données (par exemple la fonction DECODE d'Oracle) mais HQL oui.

Certains préféreront l'aspect programmatique de l'API Criteria. Cette dernière ayant bénéficié d'un enrichissement considérable, n'hésitez pas à consulter le guide de référence pour profiter de ces nouveautés. Sachez cependant que Criteria ne fait pour le moment pas partie de la spécification et est à la fois moins robuste et moins souple que EJB-QL, et ce malgré son apparente élégance.

Gardez à l'idée que la maîtrise du chargement des graphes d'objets que vous manipulerez vous permettra d'optimiser les performances de vos applications.

## Conclusion

Vous avez vu dans ce chapitre que la définition de la stratégie de chargement par défaut s'effectuait au niveau des annotations et que cette stratégie par défaut pouvait être surchargée à l'exécution.

Vous avez à votre disposition plusieurs fonctionnalités pour récupérer les entités. Les développeurs qui apprécient l'écriture programmatique choisiront Criteria, tandis que ceux qui assimilent facilement les pseudo-langages adopteront et apprécieront toute la souplesse et la puissance du langage EJB-QL.

Il est désormais temps de s'intéresser aux opérations d'écriture des entités, que ce soit en création, modification ou suppression. C'est l'objet du chapitre 6.

# 6

# Création, modification et suppression d'entités

Le chapitre 5 a décrit en détail les méthodes de récupération d'instances persistantes. Une fois une instance récupérée et présente dans un gestionnaire d'entités, cette dernière peut être modifiée, retirée ou détachée. Il est même possible de créer de nouvelles instances de vos classes persistantes.

Ces différentes opérations nécessitent une maîtrise des annotations, ainsi que des services rendus par le gestionnaire d'entités. Dans un contexte plus global d'application, il est en outre nécessaire de maîtriser le principe de transaction et d'être conscient des problématiques d'accès concourants.

Vous verrez dans le présent chapitre comment agir sur la propagation de votre modèle d'instances vers la base de données et traiter le problème plus global des accès concourants.

## Persistance d'un réseau d'instances

La création, la modification et la suppression d'entités engendrent une écriture en base de données, respectivement sous la forme d'INSERT, d'UPDATE et de DELETE SQL. Nous avons vu que Java Persistence permettait de modéliser un modèle de classes riche *via* l'héritage et les associations.

Un réseau d'instances d'entités, ou graphe d'objets, est défini par un modèle de classes et est configuré *via* les annotations. Les associations reprennent les liens qui existent entre les tables, liens qui sont exploités lors de la récupération des objets. Nous allons analyser l'impact des annotations sur la persistance même des entités constituant un réseau d'objets.

Nous allons travailler avec le diagramme de classes de la figure 6.1, en respectant ses cardinalités et navigabilités.

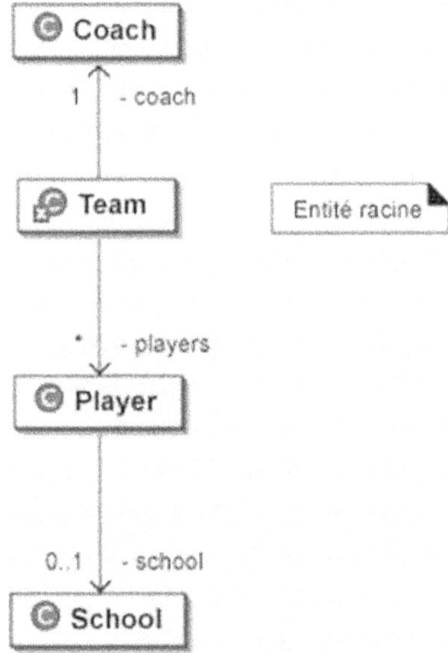


**Figure 6-1**
*Diagramme de classes test*

La classe `Team` se démarque nettement sur le diagramme puisque les navigabilités la désignent naturellement comme classe racine de notre réseau d'objets.

Dans vos applications, il n'y aura pas forcément une seule classe racine. Selon vos cas d'utilisation, un même graphe d'objets pourra être manipulé depuis telle ou telle instance d'une classe du modèle. Comment les références entre les instances sont-elles gérées et comment se répercutent-elles en base de données ? Nous verrons que la notion de *cascade* fournit la réponse à ces questions, dites de *persistance transitive*.

Commençons par rappeler le cycle de vie des instances dans le cadre d'une solution de persistance *(voir figure 6.2)*.

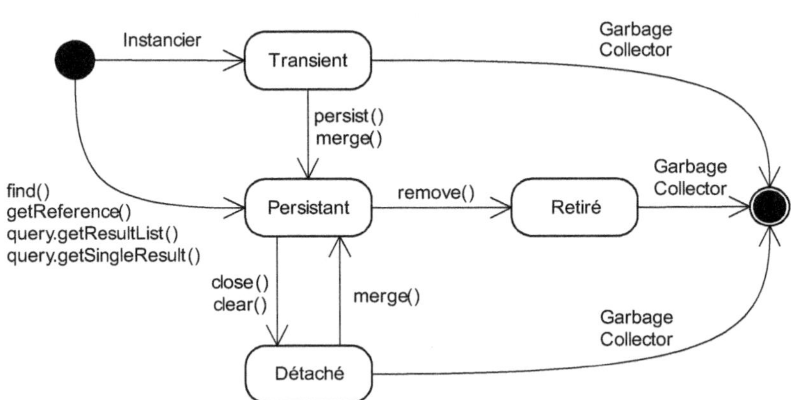


**Figure 6-2**
*Cycle de vie d'une instance de classe persistante*

Une instance persistante est une instance de classe persistante (entité). Elle est surveillée par le gestionnaire d'entités, qui a en charge de synchroniser l'état des instances persistantes avec la base de données. Si une instance sort du scope du gestionnaire d'entités, elle est dite *détachée*. Une instance de classe persistante nouvellement instanciée est dite *transiente*.

## Persistance explicite et manuelle d'entités nouvellement instanciées

Jusqu'à présent, nous n'avons vu aucune information relative à la gestion de nouvelles instances de classe persistante. Par défaut, nos classes annotées sont les suivantes :

- La classe `Team` :

```
@Entity
public class Team {
@Id
@GeneratedValue(
   strategy=GenerationType.AUTO)
   private int id;

   @OneToMany
   // nous utilisons @JoinColumn car nous n'avons pas de
   // table d'association mais juste une clé étrangère
   // de la table PLAYER vers la table TEAM
   @JoinColumn(name="Team_ID")
   private Collection<Player> players = new ArrayList<Player>();

   @OneToOne
   private Coach coach;
   ...
}
```

- La classe `Coach` : du fait de la navigabilité de notre diagramme de classes, aucune association particulière n'est définie dans cette classe.
- La classe `Player` :

```
@Entity
public class Player {
@Id
@GeneratedValue(
   strategy=GenerationType.AUTO)
   private int id;
   private float height;
   private String name;

   @ManyToOne
   private School school;
   ...
}
```

- La classe `School` : comme pour `Coach`, du fait de la navigabilité de notre diagramme de classes, aucune association particulière n'est définie dans cette classe.

*A priori,* aucune indication n'est déclarée sur la propagation éventuelle des modifications d'une instance racine vers le reste d'un réseau d'objets. Voyons comment rendre persistantes ces nouvelles instances.

### Persistance d'entités nouvellement instanciées

Le membre `cascade` peut être défini sur chaque association, et donc sur chaque type de collection. Il prend comme valeur un tableau de CascadeType qui, par défaut, est vide. Les différents `CascadeTypes` sont : ALL, PERSIST, MERGE, REMOVE, REFRESH. Il s'agit bien des actions que l'on peut mener sur le gestionnaire d'entités.

Les métadonnées décrites ci-dessus ont l'attribut `cascade` paramétré à vide. De ce fait, la persistance de nouvelles instances se fait entité par entité, comme le montre l'exemple de code suivant :

```
…
tm.begin();

Team team = new Team("cascade test team");
Player player = new Player ("cascade player test");
School school = new School ("cascade school test");
Coach coach= new Coach ("cascade test coach");
player.setSchool(school);
team.getPlayers().add(player);
team.setCoach(coach);
em.persist(team);
em.persist(coach);
em.persist(school);
em.persist(player);

tm.commit();
…
```

L'invocation de la méthode `persist()` du gestionnaire d'entités est réalisée en passant successivement en paramètre chacune des entités composant le graphe d'objets.

Les traces en sortie sont intéressantes :

```
insert into Team (id, coach_id, name) values (null, ?, ?)
call identity()
insert into Coach (id, name) values (null, ?)
call identity()
insert into School (id, name) values (null, ?)
call identity()
```

```
insert into Player (id, height, name, school_id) values (null, ?, ?, ?)
call identity()
update Team set coach_id=?, name=? where id=?
update Player set Team_ID=? where id=?
```

Remarquons l'appel à la procédure `identity()` de HSQLDB. Sous Oracle, nous aurions la récupération du numéro suivant d'une séquence donnée puis les insertions dans les tables respectives.

À première vue, la mise à jour sur la table `TEAM` peut paraître étonnante, puisqu'elle s'opère sur la totalité des colonnes, alors que seule la colonne `COACH_ID` a besoin d'être mise à jour afin de rendre persistante la référence de l'instance `coach` par l'instance `team` (`team.setCoach(coach)`). En effet, la colonne `NAME` a déjà été renseignée lors de la première insertion.

Une mise à jour sur toutes les colonnes d'un enregistrement n'est pas moins performante que celle d'une seule colonne. Il est cependant un cas où ce comportement peut poser problème : lorsque la mise à jour d'une colonne particulière déclenche un trigger en base de données. Dans ce cas, il est possible de paramétrer une mise à jour dynamique grâce à une spécificité d'Hibernate.

Hibernate fournit l'annotation @org.hibernate.annotations.Entity, qui vient en complément de l'annotation normalisée @Entity. Cette annotation est décrite au chapitre 3. Nous allons mettre en application les membres `dynamicUpdate` et `dynamicInsert` :

```
@Entity
@org.hibernate.annotations.Entity(
   dynamicUpdate=true,
   dynamicInsert=true
)
public class Team {…}
```

En rejouant le test précédent, les traces de sortie ne sont plus les mêmes :

```
insert into Team (name, id) values (?, null)
call identity()
insert into Coach (id, name) values (null, ?)
call identity()
insert into School (id, name) values (null, ?)
call identity()
insert into Player (id, height, name, school_id) values (null, ?, ?, ?)
call identity()
update Team set coach_id=? where id=?
update Player set Team_ID=? where id=?
```

La mise à jour sur la table TEAM ne comprend cette fois que la colonne COACH_ID.

### Exemple de code maladroit

La persistance manuelle de chaque entité peut paraître laborieuse, surtout si vous manipulez un large réseau d'entités. Que se passe-t-il si un objet référencé par une instance qui sera rendue persistante n'est pas lui-même rendu explicitement persistant ?

Pour répondre à cette question, il est intéressant de tester le code suivant :

```
…
tm.begin();

Team team = new Team("cascade test team");
Player player = new Player ("cascade player test");
School school = new School ("cascade school test");
Coach coach= new Coach ("cascade test coach");
player.setSchool(school);
team.getPlayers().add(player);
team.setCoach(coach);
em.persist(team);
//em.persist(coach);
em.persist(school);
em.persist(player);

tm.commit();…
```

Ce code est identique à celui du test précédent, à l'exception de la mise en commentaire de session.persist(coach). En demandant au gestionnaire d'entités de rendre persistante l'instance team, nous lui demandons aussi de veiller à la cohérence de la référence entre l'instance team et l'instance coach. Or l'instance coach n'est pas rendue persistante volontairement.

Ce code soulève une TransientObjectException, comme le montrent les traces suivantes :

```
Caused by: org.hibernate.TransientObjectException: object references an
unsaved transient instance - save the transient instance before flushing:
ch6.Team.coach -> ch6.Coach
at org.hibernate.engine.CascadingAction$9.noCascade(CascadingAction.java:353)
at org.hibernate.engine.Cascade.cascade(Cascade.java:139)
```

La trace est on ne peut plus claire : compte tenu de notre configuration de mapping, le gestionnaire d'entités exige que toutes les entités mappées référencées par l'entité racine soient rendues explicitement persistantes.

Nous allons montrer comment rendre persistant un réseau d'instances depuis une entité racine et éviter ainsi de traiter les instances une à une.

## Persistance par référence d'objets nouvellement instanciés

La configuration du membre `cascade` permet de simplifier le code tout en poussant davantage la logique objet. Lorsque vous travaillez avec une entité racine et que vous faites référence à d'autres nouvelles instances *via* les différents types d'associations, vous pouvez propager l'ordre de persistance à toutes les associations.

Nous allons enrichir notre diagramme de classes *(voir figure 6.3)* afin de documenter les comportements que nous souhaitons voir propager en cascade.

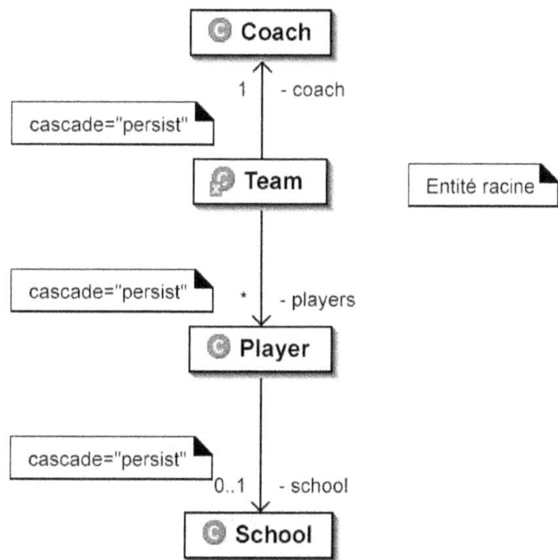


**Figure 6-3**
*Documentation des comportements en cascade*

Au niveau des fichiers de mapping, seules les classes `Team` et `Player` régissent les associations. Nous allons les modifier afin de leur apporter la définition de cascade :

- Classe `Team` :

```
@Entity
@org.hibernate.annotations.Entity(
   dynamicUpdate=true,
   dynamicInsert=true)
public class Team {
   @Id
   @GeneratedValue(
      strategy=GenerationType.AUTO)
   private int id;

   @OneToMany(cascade=CascadeType.PERSIST)
   // nous utilisons @JoinColumn car nous n'avons pas de
   // table d'association mais juste une clé étrangère
   // de la table PLAYER vers la table TEAM
   @JoinColumn(name="Team_ID")
```

```
    private Collection<Player> players = new ArrayList<Player>();

    @OneToOne(cascade=CascadeType.PERSIST)
    …
}
```

- Classe `Coach` : du fait de la navigabilité de notre diagramme de classes, aucune association particulière n'est définie dans cette classe.
- Classe `Player` :

```
@Entity
public class Player {
@Id
@GeneratedValue(
    strategy=GenerationType.AUTO)
    private int id;
    private float height;
    private String name;

    @ManyToOne(cascade=CascadeType.PERSIST)
    private School school;
    …
}
```

- Classe `School` : même chose que pour `Coach`.

Avec une telle configuration, la demande de persistance *via* `em.persist(rootInstance)` va se propager à l'ensemble du réseau d'objets.

Nous pouvons donc simplifier l'écriture comme suit :

```
…
tm.begin();

Team team = new Team("cascade test team");
Player player = new Player ("cascade player test");
School school = new School ("cascade school test");
Coach coach= new Coach ("cascade test coach");
player.setSchool(school);
team.getPlayers().add(player);
team.setCoach(coach);
em.persist(team);
// si cascade activé, les 3 lignes suivantes sont inutiles
//em.persist(coach);
//em.persist(school);
//em.persist(player);

tm.commit();…
```

L'invocation de `em.persist()` avec en arguments les entités associées (instances de `Player`, `School` et `Coach`) n'est plus utile.

Le paramétrage de cascade se faisant association par association, il est probable que, selon les cas d'utilisation, des demandes manuelles de persistance des entités seront mêlées au traitement en cascade.

Le gestionnaire d'entités propose la méthode `persist()`, alors que, historiquement, la session Hibernate propose la méthode `save()`. Notez aussi que vous pouvez utiliser la méthode `em.merge(object)`, que nous détaillerons un peu plus loin.

## Modification d'instances persistantes

Contrairement aux objets nouvellement instanciés, les instances persistantes possèdent déjà leur image dans la source de données.

Il est cependant important de distinguer deux cas :

- L'instance persistante est présente dans le gestionnaire d'entités : l'instance est dite *attachée.*
- L'instance persistante n'est pas dans le gestionnaire d'entité : elle est dite *détachée.*

Selon le cas considéré, les opérations à effectuer sont différentes.

### Cas des instances persistantes attachées

Nous avons vu que, pour un réseau d'objets nouvellement instanciés, la persistance dépendait de la configuration de l'attribut `cascade` sur les associations.

Les utilisateurs qui se sentent plus à l'aise avec le monde relationnel qu'avec la logique objet ont tendance à recourir aux appels SQL avant d'associer ces appels à des opérations sur le gestionnaire d'entités. Par exemple, certains associent automatiquement la notion de persistance de nouvelles instances *via* `em.persist(obj)` ou `session.save(obj)` à un INSERT SQL. En toute logique, l'appel de `em.merge(obj)` ou `session.update(obj)` équivaut en ce cas à un UPDATE SQL. Par voie de conséquence, lorsque ces utilisateurs souhaitent un UPDATE SQL en base de données, ils invoquent `em.merge(obj)` ou `session.update(obj)`.

Il s'agit là malheureusement d'une erreur, qui complexifie l'utilisation de Java Persistence pour les instances attachées. Tant qu'une instance est attachée à un gestionnaire d'entités, elle est surveillée. La moindre modification d'une propriété persistante est donc remarquée par le gestionnaire d'entités, lequel fait le nécessaire pour synchroniser en toute transparence la base de données avec l'état des objets qu'elle contient.

La synchronisation s'effectue par le biais d'une opération nommée *flush*. La surveillance des objets par le gestionnaire d'entités est appelée *dirty checking,* et une instance modifiée est dite *dirty,* autrement dit « sale ». La synchronisation entre le gestionnaire d'entités et la base de données est définitive une fois la transaction sous-jacente validée.

### Cas des instances persistantes détachées

Tant que les entités sont attachées à un gestionnaire d'entités, la propagation des modifications en base de données est totalement transparente. Selon votre application, vous pouvez avoir besoin de détacher ces instances pour les envoyer, par exemple, vers un autre tiers. Dans ce cas, l'instance n'est plus surveillée, et il faut un mécanisme pour « réassocier » l'état d'une entité détachée à un autre gestionnaire d'entités, qui aura la charge de propager les modifications *potentielles* vers la base de données. Le mot potentiel a ici un impact important sur la suite du processus.

Dès que vous travaillez avec un réseau d'instances détachées, les opérations que vous effectuez suivent la même logique que la gestion d'objets nouvellement instanciés : il vous faut paramétrer le comportement souhaité *via* l'attribut `cascade` dans les annotations ; le type de cascade à prendre en compte ici est `CascadeType.MERGE`.

**Figure 6-4**
*Processus de détachement d'instances*

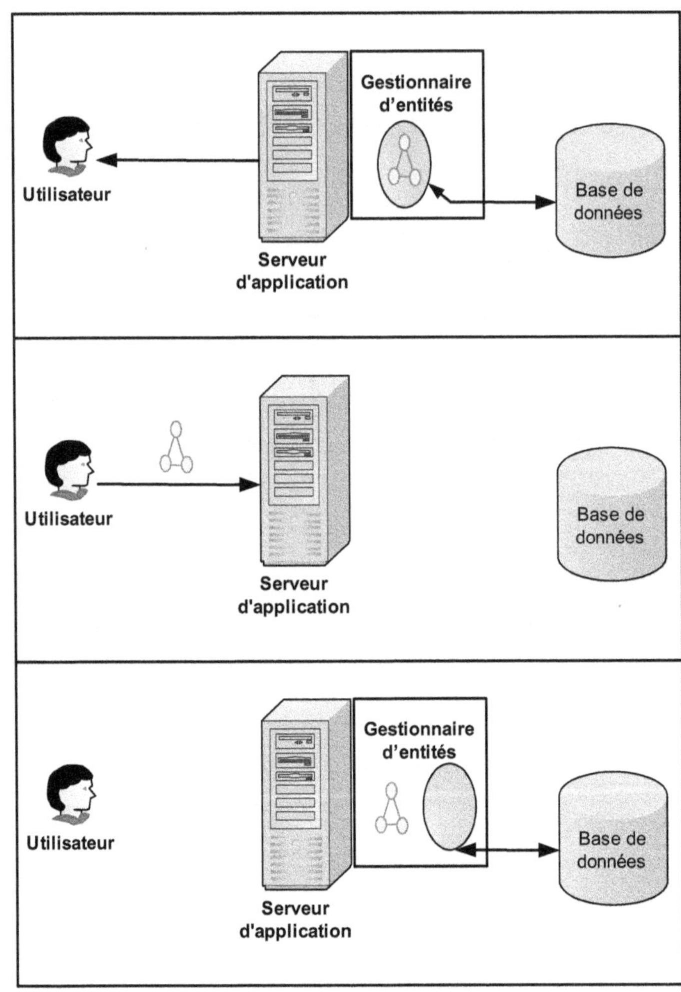

La première étape consiste en l'alimentation dynamique d'une vue (page Web par exemple) par les objets récupérés *via* un gestionnaire d'entités. Selon les patterns de développement, les objets sont détachés au plus tard une fois la vue rendue. Il est important de noter que si votre réseau d'objets contient des proxy non initialisés, ceux-ci restent proxy et ne sont en aucun cas remplacés par null. Si vous accédez à un proxy alors qu'il est détaché du gestionnaire d'entités, une exception est soulevée.

L'utilisateur peut ensuite interagir avec les objets et, surtout, modifier les valeurs de certaines de leurs propriétés, par exemple, en remplissant un formulaire. L'envoi du formulaire schématise le parcours, depuis la couche vue jusqu'à la couche contrôleur, des objets à détacher.

La dernière étape consiste à rendre persistantes les modifications éventuelles. Cela implique le réattachement du réseau d'objets à un gestionnaire d'entités.

Les sections qui suivent détaillent les différents moyens d'associer des objets détachés à un nouveau gestionnaire d'entités.

### Merger une instance avec Java Persistence

Java Persistence ne définit qu'une méthode pour le réattachement des instances. Que vous les ayez modifiées ou non durant la phase de détachement, cette méthode est `em.merge(entiteDetachee)`.

Invocation de `em.merge(object)` :

```
tm.begin();
Coach coach= new Coach ("test coach");
em.persist(coach);
tm.commit();
// instance détachée

coach.setName("new name");

tm.begin();
Coach attachedCoach = em.merge(coach);
assertTrue(em.contains(attachedCoach));
assertFalse(em.contains(coach));
tm.commit();
```

L'instance détachée passée en paramètre n'est pas liée au gestionnaire d'entités suite à l'invocation de la méthode. `em.merge(object)` propage les modifications en base de données et retourne une instance persistante. Par contre, l'instance passée en paramètre reste détachée.

Les traces de sortie montrent que la méthode `em.merge(object)` effectue un select sur l'entité passée en paramètre afin de s'assurer qu'un update SQL est réellement nécessaire. Cela présente l'avantage d'éviter un update SQL non nécessaire et évite notamment le déclenchement de probables triggers en base de données. L'inconvénient de ce select est qu'il génère un aller-retour supplémentaire avec la base de données, ce qui peut pénaliser les performances selon les cas d'utilisation.

Du fait de ce select automatique, la méthode `em.merge(object)` est assez intelligence pour différencier une instance détachée d'une instance transiente. Elle est donc capable de déclencher soit un insert soit un update.

### Réattacher une instance modifiée avec Hibernate

Nous venons de voir que l'inconvénient majeur de `em.merge(object)` était le select SQL automatiquement généré. Si vous savez pertinemment que votre objet a été modifié, ce select est inutile et mauvais pour les performances. Dans ce cas, vous pouvez utiliser la méthode `session.update(object)` de la session Hibernate :

```
tm.begin();
Coach coach= new Coach ("test coach");
em.persist(coach);
tm.commit();
// instance détachée

coach.setName("new name");

tm.begin();
Session session = (Session)em.getDelegate();
session.update(coach);
assertTrue(session.contains(coach));
tm.commit();
```

L'invocation de la méthode `update(object)` produit une mise à jour instantanée en base de données. L'update SQL étant global, l'instance est liée à la session. L'inconvénient est que l'update SQL est réalisé même si l'instance n'a pas été modifiée lorsqu'elle a été détachée. L'autre différence de taille avec `em.merge(object)` est que l'instance passée en paramètre est réellement réattachée ; ce n'est pas une copie attachée qui est renvoyée.

### Réattacher une instance non modifiée avec Hibernate

Que se passe-t-il si, lors du détachement, aucune modification n'est apportée à l'instance détachée ?

Dans le cas de `session.update(object)`, un update est quand même déclenché ; dans le cas de `em.merge(object)`, le select est déclenché et permet au gestionnaire d'entités de savoir qu'aucun update n'est nécessaire.

Si vous êtes certain qu'une instance n'a pas été modifiée mais que vous souhaitiez travailler avec elle, potentiellement pour la modifier ou charger des proxy, utilisez `session.lock(object)`.

Le code suivant simule un détachement puis un réattachement :

```
tm.begin();
Coach coach= new Coach ("test coach");
em.persist(coach);
tm.commit();
// instance détachée
```

```
coach.setName("new name");

tm.begin();
Session session = (Session)em.getDelegate();
session.lock(coach, LockMode.NONE);
assertTrue(session.contains(coach));
tm.commit();
```

Une fois l'entité attachée, vous pouvez travailler avec les fonctionnalités offertes par la session, comme le chargement à la demande des proxy ou la surveillance et la propagation en base de données des modifications apportées à l'instance.

`lock(object)` attache non seulement l'instance mais permet d'obtenir un verrou sur l'objet. Il prend en second paramètre un LockMode. Les différents types de LockMode sont récapitulés au tableau 6.1.

**Tableau 6.1 Les différents LockMode**

| LockMode | Select pour vérification de version | Verrou (si supporté par la bdd) |
|---|---|---|
| NONE | Non | Aucun |
| READ | Select... | Aucun, mais permet une vérification de version. |
| UPGRADE | Select... for update | Si un accès concourant est effectué avant la fin de la transaction, il y a gestion d'une file d'attente. |
| UPGRADE_NOWAIT | Select... for update nowait | Si un accès concourant est effectué avant la fin de la transaction, une exception est soulevée. |

### Éviter un update inutile avec *session.update(object)* d'Hibernate

Pour éviter un UPDATE non nécessaire *via* la méthode `session.update(object)`, il est possible de modifier l'annotation et paramétrer le membre `selectBeforeUpdate` de l'annotation spécifique Hibernate @org.hibernate.annotations.Entity à true :

```
@Entity
@org.hibernate.annotations.Entity(selectBeforeUpdate=true)
public class Coach {…}
```

L'invocation de la méthode provoque un select, qui permet de vérifier si des modifications ont été effectuées, évitant ainsi un update SQL inutile. Ce comportement se rapproche donc de la méthode `merge()` proposée par le gestionnaire d'entités.

La portée du membre `selectBeforeUpdate` étant la classe, prenez garde aux associations.

## Retrait d'instances persistantes

Le retrait d'une instance persistante se réalise grâce à la méthode `em.remove(object)`. Historiquement, la méthode équivalente au niveau de la session Hibernate est `session.delete(object)`.

La suppression d'une seule instance ne soulevant pas de difficulté, nous n'en donnons pas d'exemple. Attardons-nous en revanche sur la suppression d'un réseau d'objets, comme celui illustré à la figure 6.3.

### Suppression d'une instance ciblée

Sans paramètre de cascade relatif à la suppression d'une instance, le code suivant :

```
tm.begin();
Team t = em.find(Team.class, new Integer(1));
em.remove(t);
tm.commit();
```

engendre les ordres SQL suivants :

```
…
update Player set Team_ID=null where Team_ID=?
delete from Team where id=?
```

Il s'agit du cas de figure le plus simple, qui respecte une contrainte d'indépendance entre les objets formant un réseau. L'enregistrement correspondant à l'entité est supprimé, et ses références dans d'autres tables (clés étrangères) sont mises à null.

### Suppression en cascade

Nous pourrions imaginer un cas d'utilisation dans lequel la disparition d'une instance de `Team` engendrerait obligatoirement la suppression de l'instance de `Coach` associée ainsi que des instances de `Player` contenues dans la collection `team.players`.

Dans un tel cas, il faut paramétrer les annotations avec le membre `cascade` contenant le type de cascade `CascadeType.REMOVE` :

```
@Entity
@org.hibernate.annotations.Entity(
   dynamicUpdate=true,dynamicInsert=true)
public class Team {
   @Id
   @GeneratedValue(
      strategy=GenerationType.AUTO)
   private int id;

   @OneToMany(cascade={
      CascadeType.PERSIST,
```

```
        CascadeType.REMOVE
    })

    // nous utilisons @JoinColumn car nous n'avons pas de
    // table d'association mais juste une clé étrangère
    // de la table PLAYER vers la table TEAM
    @JoinColumn(name="Team_ID")
    private Collection<Player> players = new ArrayList<Player>();

    @OneToOne(cascade={
        CascadeType.PERSIST,
        CascadeType.REMOVE
    })
    private Coach coach;
    …
}
```

Avec un tel paramétrage, le code précédent engendre la suppression des instances de `Player` présentes dans la collection `team.players` ainsi que l'instance de `Coach` associée.

### Suppression des orphelins et *@org.hibernate.annotations.Cascade* (spécifique d'Hibernate)

Une instance est dite *orpheline* lorsqu'elle n'est plus référencée par son entité parente. Cette définition se vérifie lorsque le lien d'association entre deux entités est fort. Par exemple, dans un système de commerce, si vous enlevez une ligne de commande à sa commande, elle n'a plus de raison d'exister.

Prenez garde toutefois qu'il existe une différence importante entre les deux actions suivantes :

- Si vous supprimez la commande, vous supprimez les lignes de commande (`CascadeType.REMOVE` classique).
- Si une ligne de commande n'est plus associée à une commande, la ligne ne doit plus exister. Dans ce cas, la commande continue sa vie, mais la ligne est orpheline. Ce cas, relativement courant, n'est aucunement spécifié dans Java Persistence, ce qui signifie que vous devez le gérer manuellement. Par contre, Hibernate propose une fonctionnalité spécifique pour le gérer automatiquement.

Hibernate fournit l'annotation @org.hibernate.annotations.Cascade, qui accepte un tableau de `org.hibernate.annotations.CascadeType`. Les différentes valeurs sont :

- `org.hibernate.annotations.CascadeType.PERSIST` : identique au `CascadeType` spécifié par Java Persistence (aucun intérêt).
- `org.hibernate.annotations.CascadeType.MERGE` : identique au `CascadeType` spécifié par Java Persistence (aucun intérêt).
- `org.hibernate.annotations.CascadeType.REMOVE` : identique au `CascadeType` spécifié par Java Persistence (aucun intérêt).

- `org.hibernate.annotations.CascadeType.DELETE` : identique au `CascadeType.REMOVE` spécifié par Java Persistence (aucun intérêt).
- `org.hibernate.annotations.CascadeType.REFRESH` : identique au `CascadeType` spécifié par Java Persistence (aucun intérêt). Si vous soupçonnez que les valeurs en base de données ont été mises à jour par un autre processus, utilisez les méthodes `em.refresh()` et `session.refresh()` pour mettre l'instance en mémoire à jour.
- `org.hibernate.annotations.CascadeType.SAVE_UPDATE` : permet d'appliquer un effet cascade sur les méthodes spécifiques `save()` et `update()` de la session Hibernate que nous avons déjà abordées.
- `org.hibernate.annotations.CascadeType.REPLICATE` : permet d'appliquer un effet cascade sur la méthode spécifique `replicate()` de la session Hibernate. Cette méthode permet de répliquer des entités d'une base de données à une autre.
- `org.hibernate.annotations.CascadeType.LOCK` : permet d'appliquer un effet cascade sur la méthode spécifique `lock()` de la session Hibernate que nous avons déjà abordée.
- `org.hibernate.annotations.CascadeType.EVICT` : permet d'appliquer un effet cascade sur la méthode spécifique `evict()` de la session Hibernate qui permet de forcer le détachement d'une entité.
- `org.hibernate.annotations.CascadeType.DELETE_ORPHAN` : permet la gestion des orphelins telle que nous l'avons décrite précédemment. Le retrait d'un élément de la collection engendre la suppression définitive de cet élément.

Cette annotation vient en complément des membres `cascade` des annotations spécifiées par Java Persistence.

Reprenons notre modèle de classes. Nous allons spécifier que si une instance de `Player` est extraite de la collection `team.players`, cette instance doit être supprimée.

Pour implémenter ce comportement, nous utilisons le paramétrage `org.hibernate.annotations.CascadeType.DELETE_ORPHAN` :

```
@Entity
public class Team {
   @Id
   @GeneratedValue(
      strategy=GenerationType.AUTO)
   private int id;

   @OneToMany(cascade={
      CascadeType.PERSIST,
      CascadeType.REMOVE
   })
   // nous utilisons @JoinColumn car nous n'avons pas de
   // table d'association mais juste une clé étrangère
   // de la table PLAYER vers la table TEAM
   @JoinColumn(name="Team_ID")
   @org.hibernate.annotations.Cascade(
```

```
        org.hibernate.annotations.CascadeType.DELETE_ORPHAN)
    private Collection<Player> players = new ArrayList<Player>();
    …
}
```

Cette configuration nous permet de propager en base de données les actions menées directement sur les collections.

Le code suivant engendre la suppression de l'enregistrement dans la table PLAYER :

```
tm.begin();
Team t = em.find(Team.class, new Integer(1));
t.getPlayers().remove(t.getPlayers().iterator().next());
tm.commit();
```

Il existe un cas particulier pour lequel la notion d'orphelin est inadaptée. Il s'agit du cas où un élément de collection pourrait être supprimé et injecté dans la collection d'un autre parent. Ce cas est illustré à la figure 6.5.

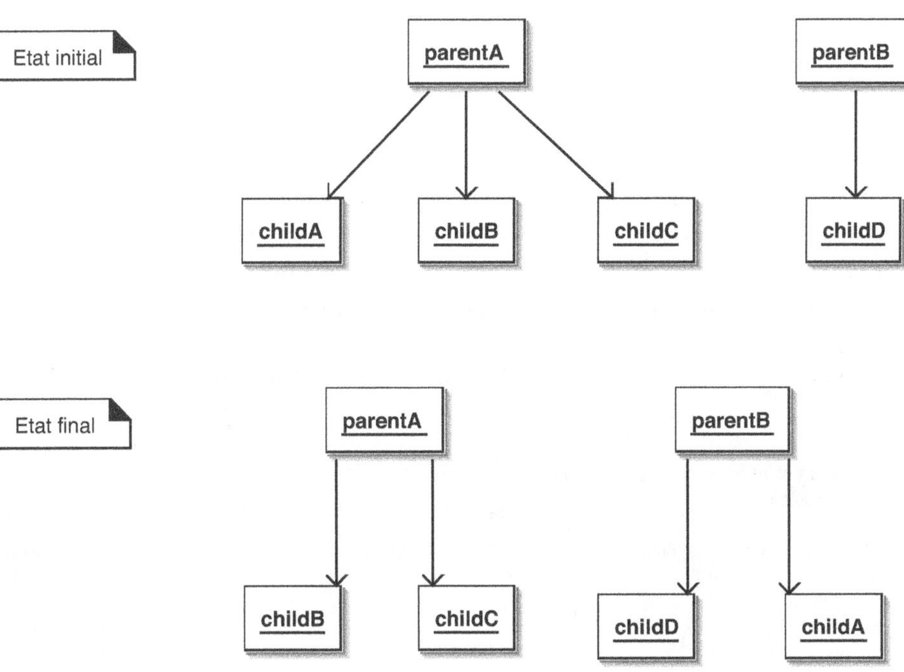


**Figure 6-5**

*Mouvement d'un élément d'une collection*

En utilisant notre modèle de classes, nous pouvons reproduire ce principe avec le code suivant :

```
tm.begin();
Team team1 = (Team)em.find(Team.class,new Integer(1));
Team team2 = (Team)em.find(Team.class,new Integer(2));
```

```
Player p = (Player)team1.getPlayers().iterator().next();
team1.getPlayers().remove(player);
team2.getPlayers().add(player);
tm.commit();
```

L'utilisation du mode DELETE_ORPHAN n'est pas adaptée à ce genre de situation, car il soulève l'exception suivante :

```
javax.persistence.EntityNotFoundException: deleted entity passed to persist:
[ch6.Player#<null>]
at
org.hibernate.ejb.AbstractEntityManagerImpl.throwPersistenceException(Abstrac
tEntityManagerImpl.java:614)
at
org.hibernate.ejb.AbstractEntityManagerImpl$1.beforeCompletion(AbstractEntity
ManagerImpl.java:525)
```

Il convient d'opérer manuellement l'action de suppression lorsque votre application propose ce genre de cas d'utilisation.

## En résumé

Le tableau 6.2 récapitule les traitements susceptibles d'être appliqués à une instance ainsi que les paramétrages possibles de cascade. Rappelons que le terme Java *transient* est simplement l'inverse de persistant.

**Tableau 6.2 Traitements applicables à une instance (h = spécifique d'Hibernate)**

| Traitement | Méthode sur le gestionnaire d'entité | Méthode sur la session | Paramètre de cascade | Remarque |
|---|---|---|---|---|
| Rendre un objet transient persistant | em.persist(obj) | session.persist(obj) | PERSIST | |
| | | session.save(obj) | SAVE_UPDATE(h) | |
| Si l'objet est transient, retourner une copie persistante. S'il n'est que détaché, propager les modifications (si nécessaire) en bdd et retourner l'instance persistante. | em.merge(obj) | session.merge(obj) | MERGE | Pour restreindre les colonnes mises à jour en base de données, utiliser selectBeforeUpdate=true(h) |
| Attacher une instance détachée non modifiée | | session.lock(obj, LockMode) | LOCK(h) | Se référer aux différents LockMode possibles |
| Poser un verrou sur l'instance persistante | | session.lock(obj, LockMode) | LOCK(h) | |

**Tableau 6.2 Traitements applicables à une instance (h = spécifique d'Hibernate) (suite)**

| Traitement | Méthode sur le gestionnaire d'entité | Méthode sur la session | Paramètre de cascade | Remarque |
|---|---|---|---|---|
| Attacher une instance persistante détachée modifiée et propager les modifications | | session.update(obj) | SAVE_UPDATE(h) | Voir merge ci-dessus |
| Si l'objet est transient, le rendre persistant ; s'il est détaché, l'attacher à la session et propager les modifications. | | session.saveOrUpdate(obj) | SAVE_UPDATE(h) | Voir merge ci-dessus |
| Rafraîchir l'instance persistante | em.refresh(obj) | session.refresh(obj) | REFRESH | Ne devrait être utilisé que pour prendre en compte l'effet d'un trigger en base de données. |
| Détacher une instance | | session.evict(obj) | EVICT(h) | |
| Reproduire une instance | | session.replicate(obj) | REPLICATE(h) | Se référer aux différents ReplicationMode possibles |
| Mettre à jour les modifications d'une instance attachée | Transparent | Transparent | | Il s'agit du cas de figure le plus courant. Il est totalement transitif et transparent. |

Le paramétrage de cascade est la fonctionnalité offerte par Java Persistence et de manière plus poussée par Hibernate pour implémenter la persistance transitive. Vous pouvez grâce à cela définir les actions qui se propageront sur les associations depuis l'entité racine.

Il est possible de spécifier plusieurs actions dans l'attribut `cascade` au niveau des annotations, comme le montre l'exemple suivant :

```
@Entity
public class Team {
   @Id
   @GeneratedValue(
      strategy=GenerationType.AUTO)
   private int id;

   @OneToMany(cascade={
      CascadeType.PERSIST,
      CascadeType.REMOVE
   })
   @org.hibernate.annotations.Cascade({
  org.hibernate.annotations.CascadeType.DELETE_ORPHAN,
```

```
    org.hibernate.annotations.CascadeType.REPLICATE
    })
    private Collection<Player> players = new ArrayList<Player>();
    …
}
```

Dans cet exemple, nous définissons un comportement en cascade pour les actions REMOVE et PERSIST spécifiées par Java Persistence et nous étendons le cascading aux actions spécifiques fournies par Hibernate que sont DELETE_ORPHAN et REPLICATE. C'est un total de quatre actions qui seront propagées depuis les instances de `Team` vers les instances qui composent les éléments de la collection `Team.players`.

La figure 6.6 illustre en conclusion un paramétrage entité par entité, chacune définissant les comportements à propager vers les associations du niveau suivant. Vous pouvez de la sorte paramétrer de manière très fine le comportement de propagation que vous souhaitez.

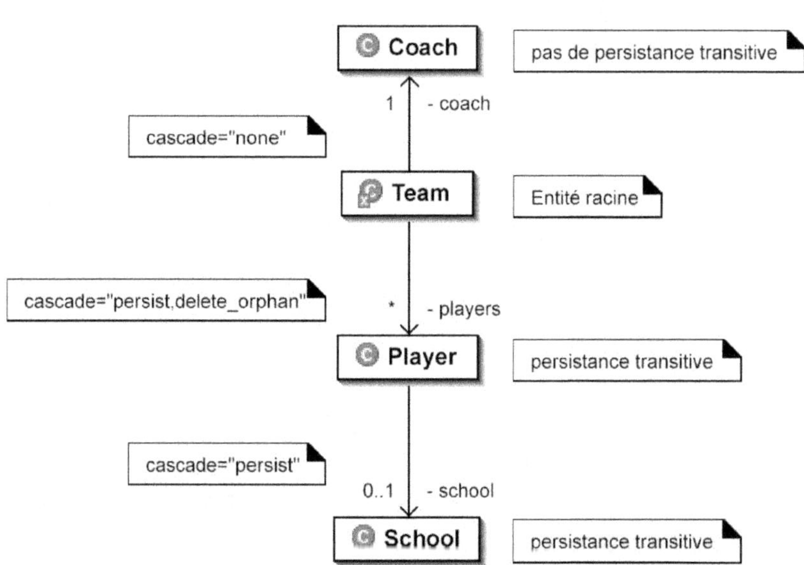


**Figure 6-6**
*Persistance transitive*

> **Tests unitaires**
>
> La définition du cascading a un impact direct sur le code de votre application. Pensez à rejouer les tests unitaires lorsque vous modifiez ces paramètres.

Comme vous l'avez remarqué, la gestion d'instances détachées est délicate. Pour l'éviter, un contexte de persistance étendu peut être mis en place. Il est abordé au chapitre 7.

# Les transactions

Une transaction est un ensemble indivisible d'opérations dans lequel tout aboutit ou rien n'aboutit (voir figure 6.7).

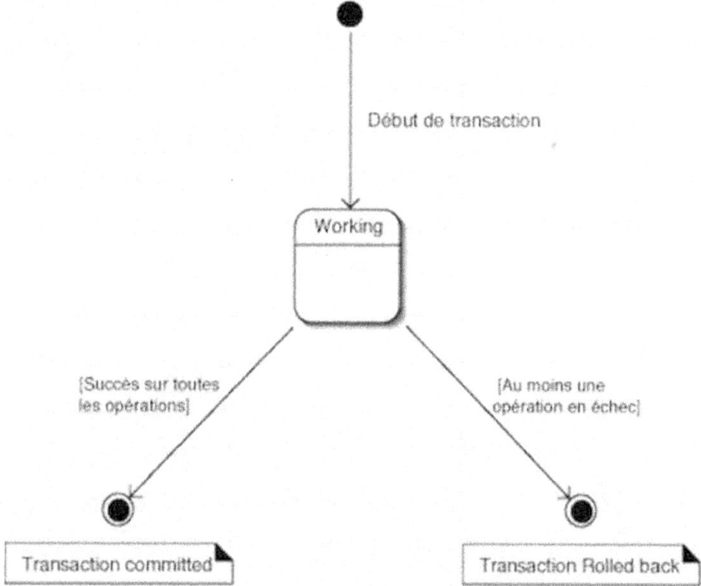


**Figure 6-7**
*Principe d'une transaction*

Une transaction doit respecter les propriétés ACID :

- Atomicité : l'ensemble des opérations réussit ou l'ensemble échoue.
- Cohérence : la transaction laisse toujours les données dans un état cohérent.
- Isolation : la transaction est indépendante des transactions concourantes, dont elle ne connaît rien.
- Durabilité : chacun des résultats des opérations constituant une transaction est durable dans le temps.

Ces règles sont primordiales pour la compréhension des problèmes de concourance et leur résolution.

## *Problèmes liés aux accès concourants*

Une transaction peut se faire en un délai plus ou moins rapide. Dans un environnement à accès concourants, c'est-à-dire un environnement où les mêmes éléments peuvent être lus ou modifiés en même temps, cette notion de durée devient trop relative, et il est possible que des incidents surviennent, tels que lecture sale, lecture non répétable et lecture fantôme.

### Lecture sale *(dirty read)*

Le premier type de collision, la lecture sale, est illustré à la figure 6.8.

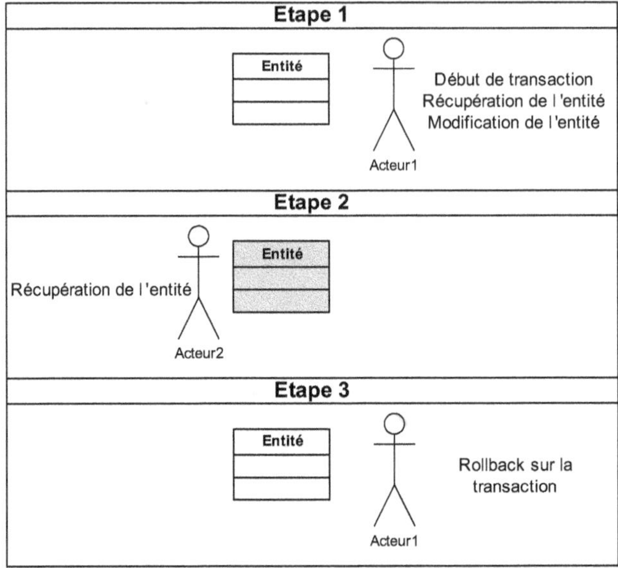


**Figure 6-8**
*Lecture sale*

L'acteur 2 travaille avec des entités fausses (*dirty*, ou sales), car il voit les modifications non validées par l'acteur 1.

### Lecture non répétable

Vient ensuite la lecture non répétable, illustrée à la figure 6.9.

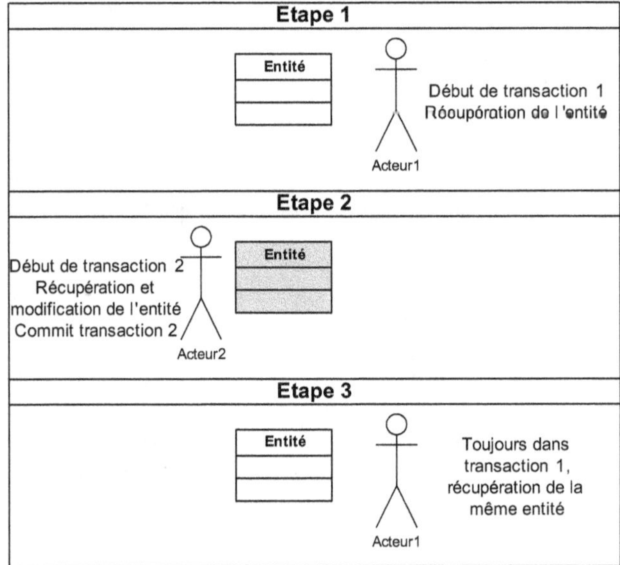


**Figure 6-9**
*Lecture non répétable*

Au sein d'une même transaction, la lecture successive d'une même entité donne deux résultats différents.

### Lecture fantôme

Le dernier type d'incident est la lecture fantôme, illustrée à la figure 6.10.

**Figure 6-10**

*Lecture fantôme*

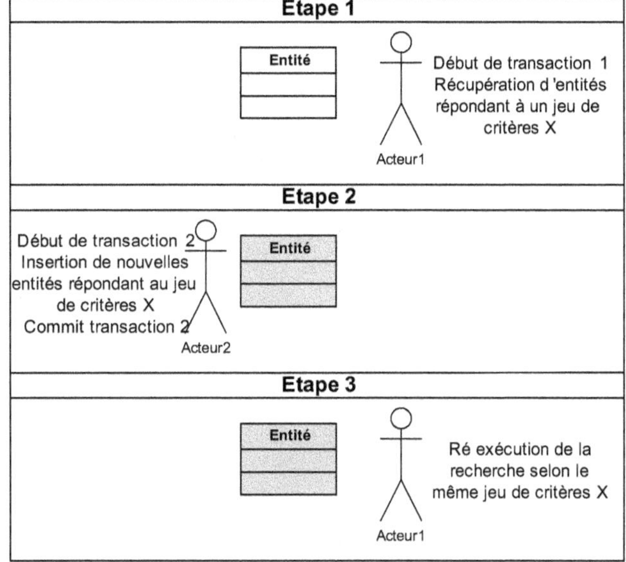


Dans ce cas, une même recherche fait apparaître ou disparaître des entités.

## Gestion des collisions

En fonction du type de l'application, il existe plusieurs façons de gérer les collisions. Au niveau de la connexion JDBC, le niveau d'isolation transactionnelle permet de spécifier le comportement de la transaction selon la base de données utilisée.

En dehors de cette isolation, il faut recourir à la notion de verrou et en mesurer les impacts.

### Niveau d'isolation transactionnelle

Il existe quatre niveaux d'isolation transactionnelle, mais toutes les bases de données ne les supportent pas :

- TRANSACTION_READ_UNCOMMITTED. Ce niveau permet de voir les modifications apportées par les transactions concourantes sans que celles-ci aient été validées. Tous les types de collisions peuvent apparaître. Il convient donc de n'utiliser ce niveau que pour des applications dans lesquelles les données ne sont pas critiques ou dans celles où l'accès concourant est impossible. Ce niveau est le plus performant puisqu'il n'implémente aucun mécanisme pour contrer les collisions.

- TRANSACTION_READ_COMMITTED. Les modifications apportées par des transactions concourantes non validées ne sont pas visibles. Plus robuste que le précédent, ce niveau garantit des données saines.
- TRANSACTION_REPEATABLE_READ. Par rapport au précédent, ce niveau garantit qu'une donnée lue deux fois de suite reste inchangée, et ce, même si une transaction concourante validée l'a modifiée. Il n'est intéressant que pour les transactions qui récupèrent plusieurs fois de suite les mêmes données.
- TRANSACTION_SERIALIZABLE. Dans ce niveau, qui est le seul à éviter les lectures fantômes, chaque donnée consultée par une transaction est indisponible pour de potentielles transactions concourantes. Ce niveau engendre une sérialisation des transactions, l'aspect concourant des transactions étant purement et simplement supprimé. L'ensemble des données pouvant mener à une lecture fantôme est verrouillé en lecture comme en écriture. Ce mode extrêmement contraignant est dangereux pour les performances de votre application.

Le tableau 6.3 récapitule les possibilités de collisions susceptibles de survenir selon le niveau d'isolation considéré.

**Tableau 6.3 Risque de collision par niveau d'isolation**

| Niveau d'isolation | Lecture sale | Lecture non répétable | Lecture fantôme |
|---|---|---|---|
| TRANSACTION_READ_UNCOMMITTED | Oui | Oui | Oui |
| TRANSACTION_READ_COMMITTED | Non | Oui | Oui |
| TRANSACTION_REPEATABLE_READ | Non | Non | Oui |
| TRANSACTION_SERIALIZABLE | Non | Non | Non |

## La notion de verrou

La notion de verrou est implémentée pour fournir des solutions aux différents types de collisions. Il existe deux possibilités, le verrouillage pessimiste et le verrouillage optimiste.

### Verrouillage pessimiste

Le verrouillage pessimiste consiste à poser un verrou sur l'enregistrement obtenu en base de données pendant toute la durée de son utilisation. L'objectif est de limiter, voire d'empêcher d'autres accès concourants à l'enregistrement.

Un verrou en écriture indique aux accès concourants que le possesseur du verrou peut modifier l'enregistrement et a pour conséquence l'impossibilité d'accéder en lecture, écriture ou effacement à l'enregistrement.

Un verrou en lecture signale que le possesseur du verrou ne souhaite que consulter l'enregistrement. Un tel verrou autorise les accès concourants mais uniquement en lecture.

Les verrous pessimistes sont simples à implémenter et offrent un très haut niveau de fiabilité. Ils sont cependant rarement utilisés, du fait de leur impact sur les performances dans un environnement à accès concourants. Dans de tels environnements, la probabilité de tomber sur un enregistrement verrouillé n'est pas négligeable.

#### Verrouillage optimiste

Ce type de verrouillage adopte la logique de détection de collision. Son principe est qu'il peut être acceptable qu'une collision survienne, à condition de pouvoir la détecter et la résoudre.

La récupération des données se fait *via* la pose d'un verrou en lecture, lequel est relâché immédiatement. Les données peuvent alors être modifiées en mémoire et être mises à jour en base de données, un verrou en écriture étant alors posé.

La condition pour que la modification soit effective est que les données n'aient pas changé entre le moment de la récupération et celui où l'on souhaite valider ces modifications. Si cette comparaison révèle qu'un process concourant a eu lieu, il faut résoudre la collision.

> **Particularité des applications Web**
>
> Toutes les notions que nous venons de décrire sont liées aux transactions. Celles-ci sont couplées à la connexion à une base de données. Dans les applications Web, une fois la vue rendue (JSP, JSF ou autre), le client est déconnecté du back-office. Il n'est pas raisonnable de conserver une connexion JDBC ouverte pendant le délai de déconnexion du client.
>
> En effet, il n'existe pas de moyen facile et sûr d'anticiper les actions de l'utilisateur, celui-ci pouvant, par exemple, fermer son navigateur Internet. Dans ce cas, la connexion à la base de données et la transaction entamée, et donc potentiellement les verrous posés, resteraient en l'état jusqu'à l'expiration de la session HTTP. À cette expiration, il faudrait définir le comportement des connexions ouvertes et spécifier si les transactions entamées doivent être validées ou annulées.
>
> Dans ces conditions, il est logique de coupler la durée de vie de la connexion JDBC au cycle d'une requête HTTP. La gestion de transactions applicatives qui demandent plus d'un cycle de requête HTTP exige des patterns de développement particuliers, que nous détaillons au chapitre 7.

### Gestion optimiste des modifications concourantes

Si les modifications concourantes sur une entité particulière sont impossibles dans votre application ou que vous considériez que les utilisateurs peuvent écraser les modifications concourantes, aucun paramétrage n'est nécessaire.

Par défaut, aucun verrou n'est posé lorsque vous travaillez avec des entités persistantes. Le scénario illustré à la figure 6.11 est celui qui se produit si deux utilisateurs concourants viennent à modifier une même entité.

Dans ce scénario, deux utilisateurs récupèrent la même entité. Le premier prend plus de temps à la modifier. Au moment où celui-ci décide de rendre persistantes les modifications apportées à l'entité, le second utilisateur a déjà propagé ses propres modifications. L'utilisateur 1 n'a pas conscience qu'un autre utilisateur a modifié l'entité sur laquelle il travaille. Il écrase donc les modifications de l'utilisateur 2.

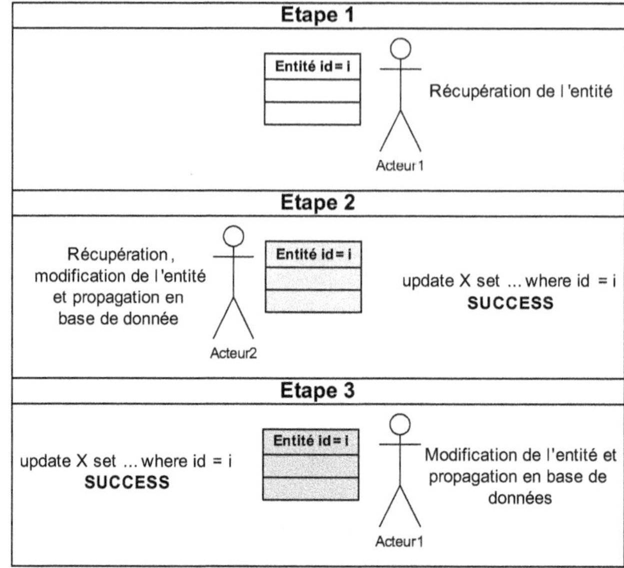


**Figure 6-11**
*Comportement optimiste par défaut*

Selon la criticité des entités manipulées par votre application, c'est-à-dire des informations stockées dans la base de données, ce comportement peut être acceptable. En revanche, si vous travaillez sur des données sensibles, cela peut être dangereux.

### Gestion optimiste avec versionnement

Dans un environnement où les accès concourants en modification sont fréquents et où la moindre modification doit être notifiée aux utilisateurs concourants, la solution qui offre le meilleur rapport fiabilité/impact sur les performances est sans aucun doute la gestion optimiste avec versionnement.

Le principe de fonctionnement de ce type de gestion est illustré à la figure 6.12. La table cible contient une colonne technique qui est mise systématiquement à jour par tous les acteurs ayant accès en écriture à la table. Généralement, il s'agit d'un entier qui s'incrémente à chaque modification de l'enregistrement. Que la source de la modification soit une application Web, un batch ou encore un trigger, tous les acteurs doivent tenir compte de cette colonne technique.

Les ordres de mise à jour au niveau de la base de données contiennent la restriction `where TECHNICAL_COLUMN = J`, où `J` est la valeur de la colonne lors de la récupération des données.

Chaque modification incrémente le numéro de version et effectue un test sur le numéro de version de l'enregistrement. Cela permet de savoir si l'enregistrement a été modifié par un autre utilisateur. En effet, si le nombre d'enregistrement est nul, c'est qu'une mise à jour a eu lieu, sinon c'est que l'opération s'est bien déroulée.

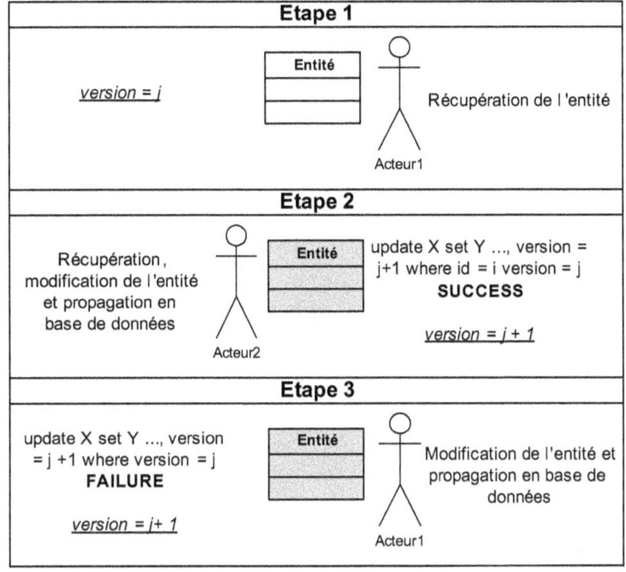


**Figure 6-12**
*Gestion optimiste avec versionnement*

### Mise en place du versionnement

Vous pouvez mettre en place une représentation du numéro de version dans votre classe persistante sous la forme d'une propriété annotée avec @Version, comme ci-dessous :

```
@Entity
public class Team {
   @Id
   @GeneratedValue(
      strategy=GenerationType.AUTO)
   private int id;

   @Version
   private int version;
   ...
}
```

Cette propriété doit être de type int, Integer, short, Short, long, Long ou Timestamp. Cette propriété est gérée de façon transparente et ne doit pas être modifiée de manière manuelle.

La trace suivante montre la double utilité de l'ordre SQL : mettre à jour la version mais aussi comparer sa valeur à celle récupérée lors de l'acquisition de l'entité.

```
update TEAM set VERSION=?, TEAM_NAME=?, COACH_ID=? where TEAM_ID=? and
VERSION=?
```

### Exemple de conflit de version

Le code suivant n'a de sens que dans un environnement autonome (*standalone*, environnement Java SE), vous retrouverez donc ce test dans le projet java-persistance-se. En effet, dans un serveur d'applications, il est beaucoup plus difficile d'obtenir deux gestionnaires d'entités de la même unité de persistance au sein d'une même méthode. Le gestionnaire d'entités est lié à la transaction courante, le point de départ sous-jacent étant donné par le TransactionManager lorsqu'il démarre une transaction ; il est impossible d'obtenir un gestionnaire d'entités si cette condition n'est pas remplie.

En environnement autonome, il faut exploiter l'EntityManagerFactory et gérer soi-même les transactions. On peut demander à l'EntityManagerFactory deux gestionnaires d'entités différents qui travailleront avec deux EntityTransaction différentes. Nous reviendrons sur comment exploiter Java Persistence en environnement autonome au chapitre suivant.

Dans le code suivant, chaque gestionnaire d'entités représente un client, avec deux accès concourants sur la même entité :

```
EntityManagerFactory emf =
Persistence.createEntityManagerFactory("eyrollesEntityManager");
EntityManager em1 = emf.createEntityManager();
EntityManager em2 = emf.createEntityManager();

EntityTransaction tx1 = em1.getTransaction();
EntityTransaction tx2 = em2.getTransaction();

tx1.begin();
tx2.begin();
Team t1 = em1.find(Team.class, new Integer(1));
t1.setName("new name1");
Team t2 = em2.find(Team.class, new Integer(1));
t2.setName("new name2");
tx2.commit();
tx1.commit();
```

Dans ce scénario, le premier gestionnaire d'entités soulève l'exception suivante :

```
org.hibernate.StaleObjectStateException: Row was updated or deleted by another
transaction (or unsaved-value mapping was incorrect): [ch6.Team#1]

at
org.hibernate.persister.entity.AbstractEntityPersister.check(AbstractEntityPe
rsister.java:1765)

at
org.hibernate.persister.entity.AbstractEntityPersister.update(AbstractEntityP
ersister.java:2407)

at
org.hibernate.persister.entity.AbstractEntityPersister.updateOrInsert(Abstrac
tEntityPersister.java:2307)
```

```
at
org.hibernate.persister.entity.AbstractEntityPersister.update(AbstractEntityP
ersister.java:2607)
```

L'exception est la même que dans le scénario où l'entité a été effacée par un accès précédent avant la propagation de vos modifications. Cette situation peut être simulée par le code suivant :

```
…
tx1.begin();
tx2.begin();
Team t1 = em1.find(Team.class, new Integer(1));
Team t2 = em2.find(Team.class, new Integer(1));
em1.remove(t1);
t2.setName("new name2");
tx1.commit();
tx2.commit();
```

Au moment de valider ses modifications, l'entité n'est plus persistante. La trace qui en résulte est équivalente à celle du conflit de version.

Si vous avez un doute sur une probable modification d'une entité détachée ou non, invoquez `session.lock(objet,LockMode.READ)`.

### Versionnement sans colonne technique (spécifique d'Hibernate)

Il arrive que l'ajout d'une colonne technique ne soit possible ou que l'on préfère se baser sur les valeurs de colonnes critiques. Hibernate propose, *via* l'annotation @org.hibernate.annotations.Entity et de son membre `optimisticLock`, quatre stratégies :

- `org.hibernate.annotations.OptimisticLockType.NONE` : équivaut à désactiver la gestion optimiste.
- `org.hibernate.annotation.OptimisticLockType.VERSION` : exploite la propriété annotée `@Version`.
- `org.hibernate.annotationss.OptimisticLockType.DIRTY` : exploite les valeurs de propriétés sales (requiert le membre `dynamicUpdate`=true).
- `org.hibernate.annotations.OptimisticLockType.ALL` : exploite les valeurs de toutes les propriétés (requiert le membre `dynamicUpdate`=true).

Attardons-nous sur les deux derniers types, en commençant par `org.hibernate.annotation.OptimisticLockType.DIRTY` en prenant l'exemple de la classe `BankAccount` :

```
@Entity
@org.hibernate.annotations.Entity(
dynamicUpdate=true,
optimisticLock=org.hibernate.annotations.OptimisticLockType.DIRTY)
public class BankAccount {
   @Id
```

```
    @GeneratedValue
    private Long id;
    private String data1;
    private String data2;
    private String data3;
    …
}
```

Le code suivant :

```
tx.begin();
BankAccount bankAccount = em.find(BankAccount.class, new Long(1));
bankAccount.setData2("data2B");
tx.commit();
```

engendre la requête SQL suivante :

```
update BankAccount set data2=__new data__ where id=? and data2=__oldData__
```

En d'autres termes, on considère que toutes les propriétés mises à jour par le traitement en cours sont importantes. Il est crucial, avec cette stratégie, de comprendre qu'un traitement concourant a très bien pu mettre à jour les valeurs des colonnes `DATA1` et `DATA3`.

L'autre possibilité est d'exploiter `org.hibernate.annotation.OptimisticLockType.ALL`.

Le même code produira la requête suivante :

```
update BankAccount set data2=? where id=? and data1=? and data2=? and data3=?
```

Ici, nous considérons que toutes les colonnes sans exception sont cruciales. Nous nous assurons qu'aucun traitement concourant ne les a modifiées, auquel cas, une exception serait soulevée.

Cependant, si certaines propriétés ne sont pas importantes à vos yeux et devraient être ignorées, vous pouvez les exclure de l'algorithme en les annotant @org.hibernate.annotations.OptimisticLock(excluded=true) :

```
@Entity
@org.hibernate.annotations.Entity(
    dynamicUpdate=true,
optimisticLock=org.hibernate.annotations.OptimisticLockType.ALL)
public class BankAccount {
    @Id
    @GeneratedValue
    private Long id;

    private String data1;
    private String data2;
    @org.hibernate.annotations.OptimisticLock(excluded=true)
```

```
    private String data3;
    ...
}
```

Le spectre de cette annotation est plus vaste. Elle permet de spécifier que la mise à jour de la valeur de cette propriété ne nécessite pas l'obtention d'un verrou optimiste. Généralement, nous estimons que la modification d'une collection (ajout/retrait d'un élément) ne doit engendrer d'incrément de version ou entrer en jeu dans la gestion optimiste de le concourance. Dans ce cas, il est recommandé d'annoter la collection avec @org.hibernate.annotations.OptimisticLock(excluded=true).

### En résumé

La mise en place du versionnement permet de parer à la grande majorité des accès concourants. Gardez à l'esprit, qu'en mode Web/autonome (webapp à base de Servlet et Tomcat typiquement), il n'est pas concevable de laisser une connexion JDBC ouverte entre deux actions de l'utilisateur sur deux pages Web différentes.

## Conclusion

La transparence et la persistance transitive offertes par Java Persistence et Hibernate simplifient grandement les phases de développement d'une application. Il vous suffit de maîtriser l'objectif de chacune des actions menées sur vos instances depuis ou vers le gestionnaire d'entités ou la session Hibernate. Vous pouvez dès lors oublier définitivement le raisonnement par ordre SQL et vous concentrer sur le cycle de vie de vos objets.

Le chapitre suivant se propose de décrire les différents patterns de développement pour utiliser correctement le gestionnaire d'entités.

# 7

# Obtenir et manipuler le gestionnaire d'entités

La maîtrise des métadonnées est une chose, l'utilisation correcte d'une API en est une autre. Dès que vous sortez des exemples simples et que vous essayez d'utiliser Java Persistence dans une application quelque peu complexe, la gestion des instances de EntityManager, EntityTransaction dans un environnement SE et même parfois EntityManagerFactory et Ejb3Configuration devient cruciale.

Les questions qui viennent assez vite à l'esprit sont les suivantes :

- Où puis-je obtenir mon gestionnaire d'entité ?
- Quelle est sa durée de vie ?
- Y a-t-il des différences selon que mon application est exécutée dans un conteneur EJB ou dans un environnement Java SE ?

Ce chapitre se penche sur les concepts d'architecture autour de Java Persistence selon le type d'environnement. Nous aborderons un exemple d'utilisation de Java Persistence dans un batch qui nécessite un raisonnement légèrement différent. Enfin, nous énoncerons la liste des exceptions que vous pouvez rencontrer en utilisant Java Persistence.

## Définitions et contextes de persistance

Utilisé tout au long des chapitres précédents, le gestionnaire d'entités est le point de jonction transparent entre votre application et la base de données.

## Définitions

Un gestionnaire d'entités a une durée de vie relativement courte, en accord avec un traitement métier, et, surtout, est threadsafe. Cet ensemble de notions (gestionnaire d'entités + traitement métier ou cas d'utilisation) définit le contexte de persistance. Le gestionnaire d'entités représente un cache de premier niveau. Il contient un ensemble restreint d'entités et n'est accessible que par un thread.

Il ne faut pas considérer le gestionnaire d'entités comme un cache global. Si deux traitements, ou threads, parallèles venaient à utiliser un même gestionnaire d'entités, Java Persistence ne pourrait garantir les données qu'il contient et cela pourrait engendrer des corruptions de données.

L'EntityManagerFactory dispense les gestionnaires d'entités. Celle-ci est construite *via* une instance d'Ejb3Configuration qui est l'analyseur des métadonnées et qui restera transparent pour l'utilisateur. Une EntityManagerFactory est couplée à une base de données particulière et à un ensemble d'entités. Cela représente l'unité de persistance (*persistence unit*). Rappelez-vous que tant que le gestionnaire d'entités est valide et que vos entités y sont attachées, celles-ci sont surveillées et gérées par le gestionnaire d'entités. Par conséquent, une fois le contexte de persistance terminé, le gestionnaire d'entités n'est plus valide, et les entités sont donc automatiquement détachées. Les entités détachées peuvent être exploitées par un autre tiers, modifiées, puis revenir pour être mergées dans un nouveau contexte de persistance (souvenez-vous de la méthode `em.merge(detachedEntity)`).

Revenons au cycle de vie du gestionnaire d'entités. Nous avons dit que celui-ci était lié à un traitement métier finement défini (court), communément appelé unité de travail.

## Contextes de persistance

Au niveau de votre conception, c'est la notion de contexte de persistance qui va être importante.

Il existe deux types de contextes de persistance : le contexte de persistance porté par la transaction et le contexte de persistance étendu.

### Contexte de persistance porté par la transaction

Il s'agit de la première possibilité conceptuelle concernant le cycle de vie du contexte de persistance. Il peut vivre aussi longtemps qu'une transaction et se terminer lorsque la transaction s'achève.

Seuls les contextes de persistance gérés par un serveur d'applications peuvent être portés par la transaction. La transaction peut être démarrée par le conteneur si vous utilisez la démarcation déclarative (annotations), ou manuellement dans le cas d'une démarcation programmatique. Dans les deux cas, le conteneur EJB se charge d'associer le contexte de persistance, et donc le gestionnaire d'entités, à la transaction en cours.

#### Contexte de persistance étendu

Les contextes de persistance étendus peuvent être utilisés si vous devez les conserver sur plusieurs transactions. Pensez, par exemple, à une saisie sur plusieurs formulaires Web que vous souhaiteriez valider en toute dernière page. Cette notion est principalement utilisée pour implémenter une conversation. Nous effectuons une démonstration complète de ce type de contexte de persistance plus loin dans ce chapitre.

Ce type de contexte est aussi le seul type de contexte de persistance disponible pour les environnements autonomes.

## Mise en œuvre des différentes possibilités

Nous allons décrire l'utilisation du gestionnaire d'entités selon divers environnements possibles.

### *Environnement autonome SE*

L'environnement autonome est celui qui est le plus indépendant et surtout indépendant de la plate-forme entreprise. Ce qui signifie que vous n'avez accès à aucun service, ni JNDI, ni datasource, il vous faut gérer plus de choses.

Le premier point concerne la configuration. Jusque-là, grâce à JBoss intégré, nous disposions notamment d'une datasource. Il va nous falloir dans un premier temps reconfigurer notre application.

#### Packaging

Souvenez-vous qu'au chapitre 2 nous avons détaillé scrupuleusement l'arborescence à employer pour utiliser Java Persistence. Dans un environnement autonome, le packaging est sensiblement le même, sauf que vous n'avez besoin que des bibliothèques relatives à l'implémentation de Java Persistence (Hibernate, hibernate-annotations, etc.). Celles dédiées à JBoss intégré peuvent donc être supprimées.

Le point clé reste la présence de META-INF/persistence.xml dans votre classpath.

Il va vous falloir configurer le pool de connexions manuellement, étant donné que vous n'avez plus de datasource à disposition. Pour cela, référez-vous aux tableaux présentés au chapitre 2, ainsi qu'au descriptif relatif aux pools de connexions abordé au chapitre 10.

L'exemple suivant est l'écriture la plus simple possible :

```
<persistence>
  <persistence-unit name="eyrollesEntityManager">
    <properties>
      <property name="hibernate.hbm2ddl.auto" value="create-drop"/>
      <property name="hibernate.dialect"
        value="org.hibernate.dialect.HSQLDialect"/>
```

```
        <property name="hibernate.show_sql" value="true"/>
        <property name="hibernate.connection.driver_class"
          value="org.hsqldb.jdbcDriver"/>
        <property name="hibernate.connection.url"
          value="jdbc:hsqldb:."/>
        <property name="hibernate.connection.user" value="sa"/>
      </properties>
    </persistence-unit>
  </persistence>
```

**Exploiter un fichier *Hibernate.cfg.xml***

Il est possible d'exploiter un fichier de configuration globale Hibernate en paramétrant :

```
<property name="hibernate.ejb.cfgfile" value="/hibernate.cfg.xml"/>
```

### EntityManagerFactory

Par définition, dans un environnement autonome, aucun conteneur ne peut nous aider. Il nous faut donc initialiser Java Persistence manuellement. Cela passe par la création de l'EntityManagerFactory, sans laquelle nous ne pouvons obtenir de gestionnaire d'entités.

L'EntityManagerFactory est lourd à créer, demande beaucoup de ressources et peut être accédé par plusieurs threads. Une variable *static* dans une classe utilitaire est un bon moyen de gérer cet aspect :

```
public class JavaPersistenceUtil {
private static EntityManagerFactory emf;
  static {
    emf =
Persistence.createEntityManagerFactory("eyrollesEntityManager");
  }

  public static EntityManagerFactory getEmf() {
    return emf;
  }

}
```

La méthode `createEntityManagerFactory(«name»)` de la classe `javax.persistence.Persistence` prend en argument de nom de l'unité de persistance que vous souhaitez initialiser. Nous l'invoquons ici dans un bloc statique, qui ne sera exécuté qu'une fois.

En début de projet, posez-vous la question de savoir si vous aurez besoin de plusieurs unités de persistance, auquel cas modifiez votre classe utilitaire pour qu'elle puisse gérer un pool de connexions à *n* base de données.

Vous avez désormais un accès aisé à l'EntityManagerFactory et pouvez obtenir un gestionnaire d'entités à tout moment grâce à :

```
EntityManager em = JavaPersistenceUtil
  .getEmf().createEntityManager();
```

### Transaction

Dans un environnement autonome, la gestion des transactions est effectuée par l'application. L'interface EntityTransaction vous permet de démarrer et achever la transaction à laquelle le gestionnaire d'entités prend part. Dans un environnement avec conteneur, l'EntityTransaction est directement liée à la UserTransaction de JTA.

Complétons notre exemple de code avec la gestion des transactions :

```
public void test() throws Exception
{
  EntityManager em =
    JavaPersistenceUtil.getEmf().createEntityManager();

  EntityTransaction tx = em.getTransaction();

  tx.begin();
  Team team = new Team("cascade test team");
  Player player = new Player ("cascade player test");
  em.persist(team);
  tx.commit();
  em.close();
}
```

Notez la présence de l'appel à `em.close()`. Nous n'avons jamais vu cette ligne dans les chapitres précédents, car JBoss Intégré se chargeait seul de fermer le gestionnaire d'entités.

Un dernier aspect, des plus contraignants dans un environnement autonome, est la gestion des exceptions.

### Gestion des exceptions

Dans un environnement avec conteneur, la gestion des ressources est optimisée, comme nous le verrons plus tard avec les exemples dédiés au beans session. Ce n'est pas le cas dans un environnement autonome ou lorsque vous gérez Java Persistence manuellement. En cas d'exceptions, il est indispensable de vous assurer que le code relâche les ressources.

Notre code se complexifie donc substantiellement :

```
public void test() throws Exception
{
  EntityManager em = null;

  EntityTransaction tx = null;
  try{
    em =  JavaPersistenceUtil.getEmf().createEntityManager();
    tx =  em.getTransaction();
    tx.begin();
    Team team = new Team("cascade test team");
    Player player = new Player ("cascade player test");
    School school = new School ("cascade school test");
```

```
      Coach coach= new Coach ("cascade test coach");
      player.setSchool(school);
      team.getPlayers().add(player);
      team.setCoach(coach);
      em.persist(team);
      tx.commit();
    } catch (RuntimeException ex) {
      try {
        tx.rollback();
      } catch (RuntimeException rbEx) {
      }
        throw ex;
      } finally {
        em.close();
      }
}
```

La différence de taille, par rapport aux exemples que nous avons abordés jusque-là avec JBoss intégré, est que le code a en charge l'initialisation de Java Persistence (de l'Entity-ManagerFactory). Pour ce qui est des exceptions, nous y reviendrons très rapidement.

## Environnement entreprise EE

Que ce soit *via* le conteneur léger JBoss intégré ou l'utilisation d'un serveur d'applications complet, comme JBoss Application Server, les services offerts par la plate-forme Java EE apportent énormément en termes de fonctionnalités, de robustesse et de simplification de code.

JBoss intégré permet d'aborder les services qui impactent directement et favorablement l'utilisation de Java Persistence, à savoir JNDI, JTA et ce que nous pouvons appeler de manière générique les initialiseurs de services.

Au-delà de ces services, la gestion déclarative des transactions et des contextes de persistance simplifie encore d'un niveau votre code.

### Packaging

Le packaging est celui normalisé développé au chapitre 2. Le point important est la déclaration de la datasource JTA :

```
<persistence>
  <persistence-unit name="eyrollesEntityManager">
    <jta-data-source>java:/myDS</jta-data-source>
      <properties>
         <property name="hibernate.hbm2ddl.auto"
            value="create-drop"/>
         <property name="hibernate.dialect"
            value="org.hibernate.dialect.HSQLDialect"/>
         <property name="hibernate.show_sql" value="true"/>
         <property name="jboss.entity.manager.jndi.name"
```

```
            value="java:/EntityManagers/eyrollesEntityManager"/>
        </properties>
    </persistence-unit>
</persistence>
```

Grâce à cette configuration, le conteneur exploite son gestionnaire de ressources et y inclut la datasource exploitée par Java Persistence.

### Exploitation minimale de l'environnement

Cette exploitation consiste à ne tirer profit que de l'initialisation transparente de l'EntityManagerFactory et à l'exploitation de JNDI et JTA. C'est ce que nous avons fait dans les chapitres précédents en utilisant JBoss intégré et JUnit :

```
EntityManager em = (EntityManager) new InitialContext()
  .lookup("java:/EntityManagers/eyrollesEntityManager");

TransactionManager tm = (TransactionManager) new InitialContext()
  .lookup("java:/TransactionManager");

  tm.begin();

  Team team = new Team("cascade test team");
  Player player = new Player ("cascade player test");
  …
  em.persist(team);
  tm.commit();
```

Ce code souffre d'un défaut de gestion d'exception. Nous devons appliquer la même attention que dans notre environnement SE :

```
EntityManager em = null;

TransactionManager tm = null;

try{
  em = (EntityManager) new InitialContext()
    .lookup("java:/EntityManagers/eyrollesEntityManager");

  tm = (TransactionManager) new InitialContext()
    .lookup("java:/TransactionManager");
  tm.begin();
  Team team = new Team("cascade test team");
  Player player = new Player ("cascade player test");
  …
  em.persist(team);
  tm.commit();
} catch (RuntimeException ex) {
  try {
    tm.rollback();
  } catch (RuntimeException rbEx) {
  }
```

```
    throw ex;
  }
```

Par rapport à l'environnement autonome, les différences principales sont les suivantes :

- Nous déléguons au conteneur la responsabilité de démarrer Java Persistence.
- Nous exploitons JTA et non plus les transactions JDBC (encapsulées dans EntityTransaction) *via* `em.getTransaction()`, le conteneur faisant le lien de manière transparente entre le gestionnaire d'entités, la datasource et JTA.
- Nous n'avons plus à nous soucier de fermer le gestionnaire d'entités dans un block *finally* : c'est fait automatiquement par le conteneur.

Ce sont des différences de taille pour l'architecture technique de votre application mais qui n'ont que peu d'impact sur le code.

### Tester un bean session depuis JUnit

Avant de vous pencher sur l'utilisation des beans session, voici le code intégré aux tests JUnit pour tester les beans session. Tout d'abord, dans le cas d'une utilisation de JBoss intégré, pensez à compléter la méthode `deploy()` pour déployer les classes et interfaces composant votre couche service à base de beans session (ici `TeamManager` et `TeamManagerBmt`) :

```
public static void deploy()
{
  jar = AssembledContextFactory
    .getInstance().create("Ch7TestCase.jar");

  jar.addClass(Team.class);
  jar.addClass(Coach.class);
  jar.addClass(Player.class);
  jar.addClass(School.class);
  jar.addClass(TeamManager.class);
  jar.addClass(TeamManagerBeanBmt.class);
  jar.addResource("myDS-ds.xml");
  jar.mkdir("META-INF")
    .addResource("eyrolles-persistence.xml", "persistence.xml");

  try{
    Bootstrap.getInstance().deploy(jar);
  }
  catch (DeploymentException e) {
    throw new RuntimeException("Unable to deploy", e);
  }
}
```

Les méthodes tests en elles-mêmes suivent le modèle suivant. On consulte le registre JNDI pour exploiter les beans session et on invoque les méthodes que l'on souhaite tester :

```
public void testSessionBeanBmt() throws Exception{
  InitialContext ctx = new InitialContext();
  TeamManager teamManager = (TeamManager) ctx
    .lookup("TeamManagerBeanBmt/local");

List<Team> teams = teamManager.getAllTeams();
}
```

### Beans Session et BMT

Nous allons désormais utiliser des beans session que nous testerons *via* JUnit grâce à la méthode évoquée précédemment.

Imaginons une interface de services centrés sur l'entité `Team`, avec une première méthode de recherche ainsi qu'une récupération par identifiant :

```
@Local
public interface TeamManager
{
  List<Team> getAllTeams() ;
  Team getTeam(Integer id);
}
```

L'objet de ce livre n'étant pas la spécification EJB3 dans son intégralité, nous ne détaillerons que le minimum concernant les beans session.

Dans notre exemple, l'interface métier qu'implémentera notre bean session est locale. Elle est annotée avec @Local.

Voyons désormais notre bean session à proprement parler :

```
@Stateless
@TransactionManagement(TransactionManagementType.BEAN)
public class TeamManagerBeanBmt implements TeamManager {

  @Resource
  UserTransaction ut;

  @PersistenceContext(unitName = "eyrollesEntityManager")
  private EntityManager em;

  public List<Team> getAllTeams() {
    List<Team> result = null;
    try{
      ut.begin();
      result = em
        .createQuery("select team from Team team")
        .getResultList();
      ut.commit();
    }
    catch (Exception ex) {
      try {
```

```
        ut.rollback();
      }
      catch (Exception rbEx) {
        rbEx.printStackTrace();
      }
      ex.printStackTrace();
    }
    return result;
  }

  public Team getTeam(Integer id) {
    ...
  }
}
```

Tout d'abord, notre bean session est sans état. Nous l'annotons donc avec @Stateless. Nous gérons les transactions manuellement au niveau du bean (Bean Managed Transaction, ou BMT), ce qui explique l'annotation @TransactionManagement(TransactionManagementType.BEAN). L'annotation @TransactionManagement accepte deux valeurs pour son membre :

- `TransactionManagementType.BEAN`, pour les BMT.
- `TransactionManagementType.CONTAINER`, pour les CMT, si l'on souhaite déléguer la gestion des transactions au conteneur après avoir opéré une gestion déclarative des transactions, que nous verrons plus tard.

Viennent ensuite deux déclarations cruciales, qui apportent énormément. Il s'agit de la déclaration de variable `UserTransaction ut` (transaction JTA) annotée avec @Resource et de la déclaration d'EntityManager em annotée avec @PersistenceContext(unitName="eyrollesEntityManager"). Ces deux déclarations permettent au conteneur d'injecter la UserTransaction et le gestionnaire d'entités. Elles remplacent l'interrogation manuelle du registre JNDI que nous faisions jusque-là dans nos méthodes JUnit.

L'implémentation de la méthode `getAllTeams()` suit le même schéma que l'exemple précédent. Nous y retrouvons la lourdeur de gestion des exceptions, nécessaire à la robustesse de votre application.

### Bean Session et CMT

Dans ce cas de figure, le conteneur gère les transactions. En cas de problème, il effectue un rollback automatique sur la transaction, ce qui simplifie grandement le code :

```
@Stateless
public class TeamManagerBeanCmt implements TeamManager {

  @PersistenceContext(unitName = "eyrollesEntityManager")
  private EntityManager em;

  public List<Team> getAllTeams() {
    List<Team> result = null;
```

```
      result = em
        .createQuery("select team from Team team")
        .getResultList();
      return result;
    }

    public Team getTeam(Integer id) {
      Team result = null;
      result = em.find(Team.class,id);
      return result;
    }

}
```

En l'absence d'annotation @TransactionManagement, le type de gestion par défaut est `TransactionManagementType.CONTAINER`. Ainsi :

```
@Stateless
public class TeamManagerBeanCmt implements TeamManager {…}
```

équivaut à :

```
@Stateless
@TransactionManagement(TransactionManagementType.CONTAINER)
public class TeamManagerBeanCmt implements TeamManager {…}
```

La déclaration de la UserTransaction a disparu. Les transactions étant gérées par le conteneur, nous n'en avons plus besoin ; elles deviennent totalement transparentes.

De même, en l'absence de déclaration de transaction, le comportement équivaut à :

```
@TransactionAttribute(TransactionAttributeType.REQUIRED)
public List<Team> getAllTeaOms() {…}
```

***@TransactionAttribute* et *TransactionAttributeType***

Les différents comportements transactionnels que vous pouvez déclarer sont les suivants :

- `TransactionAttributeType.REQUIRED` : il s'agit de la valeur par défaut. Une méthode doit être invoquée avec un contexte transactionnel. Si ce contexte n'existe pas, le conteneur entame une transaction et y inclut toutes les ressources nécessaires à l'exécution de la méthode. Si cette méthode invoque d'autres composants transactionnels, le contexte transactionnel est propagé. Le conteneur commit la transaction au retour de la méthode, avant que le résultat soit envoyé au client.
- `TransactionAttributeType.NOT_SUPPORTED` : si le client qui invoque la méthode possède un contexte transactionnel, le conteneur suspend ce contexte et le réactive au retour de la méthode. Si ce contexte n'existe pas, aucune transaction n'est entamée. Les ressources utilisées par la méthode ne sont donc pas incluses dans une transaction, et l'autocommit est utilisé.

**(Suite)**

- `TransactionAttributeType.SUPPORTS` : si le client qui invoque la méthode possède un contexte transactionnel, elle se joint à ce contexte et adopte le même comportement que required. Sinon, c'est le comportement de not_supported qui s'applique. Ce type est rarement utilisé.
- `TransactionAttributeType.REQUIRES_NEW` : la méthode est toujours exécutée au sein d'un nouveau contexte transactionnel, avec les mêmes conséquences et comportements que required. Si le client qui invoque la méthode possède un contexte transactionnel, le conteneur suspend ce contexte et le réactive au retour de la méthode.
- `TransactionAttributeType.MANDATORY` : une méthode doit s'inscrire dans le contexte transactionnel du client qui l'invoque. Elle joint alors ce contexte et peut le propager davantage au besoin. S'il n'y a pas de contexte transactionnel, une exception est soulevée.
- `TransactionAttributeType.NEVER` : c'est l'inverse de mandatory ; une exception est soulevée si le client qui invoque la méthode possède un contexte transactionnel.

Enfin, la gestion des exceptions et surtout leur impact sur la transaction en cours sont automatiquement gérés par le conteneur, celui-ci effectuant un rollback en cas d'exception non applicative (exception n'étant pas annotée avec @ApplicationException) ou en cas d'exception d'application marquée avec le membre rollback = true. Vous pouvez en savoir plus sur la définition d'une exception applicative dans la spécification EJB 3.0. Il s'agit d'un sujet complexe, qu'il est difficile de synthétiser.

### En résumé

La plate-forme EE montre ici toute sa puissance tant par rapport à la simplicité du code qu'à la robustesse de la gestion des ressources par le conteneur.

En très peu de lignes de code, vous montez une application qui exploite des sources de données, gère les exceptions, les contextes transactionnels, ce qui n'est pas le cas lorsque vous travaillez avec Java SE. La section suivante, axée sur les conversations, va illustrer un autre avantage qu'a la plate-forme EE sur la plate-forme SE.

## Conversation

Une conversation ou transaction applicative est un ensemble d'opérations courtes réalisées par l'interaction entre l'utilisateur et l'application, ce qui est différent de la transaction de base de données ou autre ressource transactionnelle dont nous sommes coutumiers. Dans les applications Web, par exemple, vous pouvez avoir besoin de plusieurs écrans pour couvrir un cas d'utilisation. Il s'agit là d'un cas typique de conversation.

Illustrons le concept de conversation avec notre application exemple de gestion d'équipes sportives, en reprenant les principales entités que nous avons détaillées au cours des chapitres précédents *(voir figure 7.1)* et en rendant l'association entre `Coach` et `Team` bidirectionnelle.

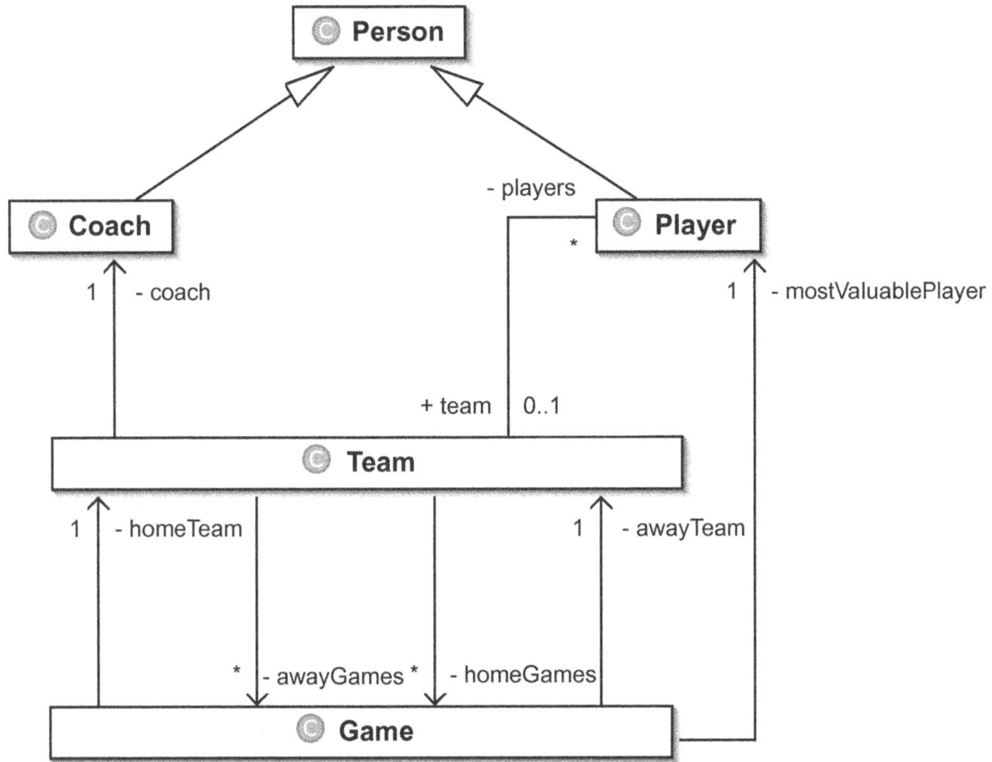


**Figure 7-1**
*Modèle métier*

La modification d'une équipe (instance de `Team`) pourrait s'effectuer comme illustré à la figure 7.2.

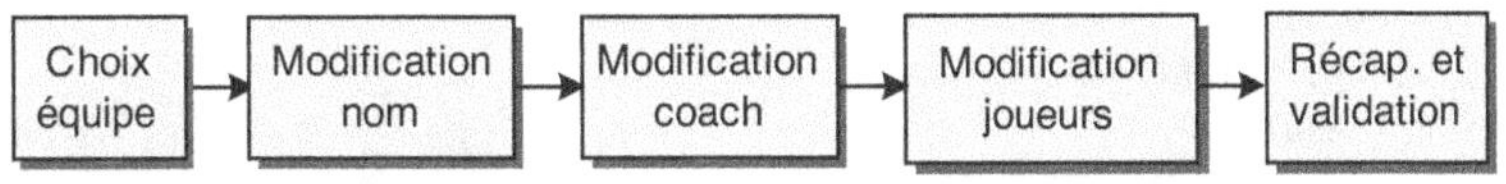


**Figure 7-2**
*Étapes de la conversation*

L'action qui marque le début de la conversation consiste en la sélection de l'équipe à modifier. Il n'y a rien de particulier à dire sur cette action, si ce n'est que la récupération de l'identifiant va nous permettre de faire un `em.find(Team.class,id)` :

```
public Team getTeam(Integer id) {
  Team result = em.find(Team.class,id);
  return result;
}
```

Un simple lien hypertexte permet d'envoyer l'information sur l'identifiant au serveur, comme le montre la figure 7.3.

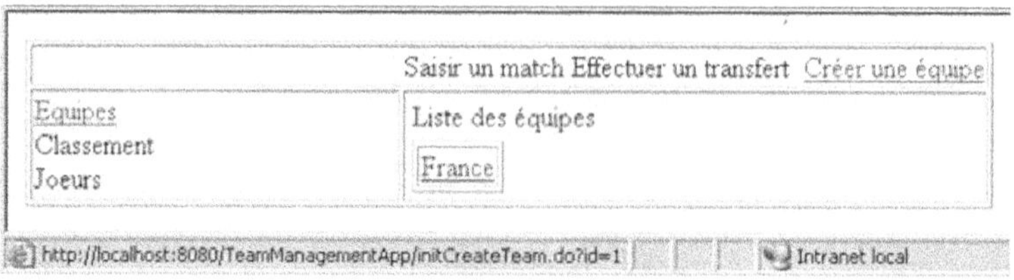

**Figure 7-3**
*Choix de l'équipe à modifier*

La première étape, dite de modification, porte sur le nom de l'équipe. Le nom courant est renseigné dans le champ dédié (voir figure 7.4), et l'utilisateur peut choisir de le modifier.

À partir de ce moment, il est intéressant de se poser la question de ce que « contient » la vue. Est-ce l'objet persistant, une copie (sous forme de Data Transfer Object) ou un objet détaché ?

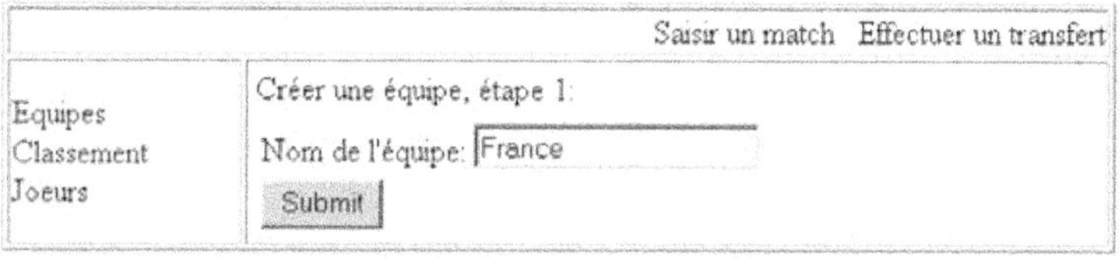

**Figure 7-4**
*Modification du nom de l'équipe*

Lors de la soumission du formulaire, l'objet soumis à la conversation possède ainsi un nom potentiellement modifié.

La deuxième étape propose la modification du coach *(voir figure 7.5)*. Il est nécessaire d'afficher la liste des coachs sans équipe, comme le montre la méthode suivante, ainsi que le coach courant :

```
public List<Coach> getFreeCoachs() {
  List<Coach> results = em
    .createQuery("from Coach c where c.team is null")
    .getResultList();
  return results;
}
```

Devons-nous recharger notre équipe et stocker les modifications déjà effectuées à un endroit précis ou réutiliser l'instance chargée lors de la première étape ? Qu'en est-il des associations non chargées ? Quel est l'état du gestionnaire d'entités à cet instant ? Comme nous le voyons, les questions s'accumulent.

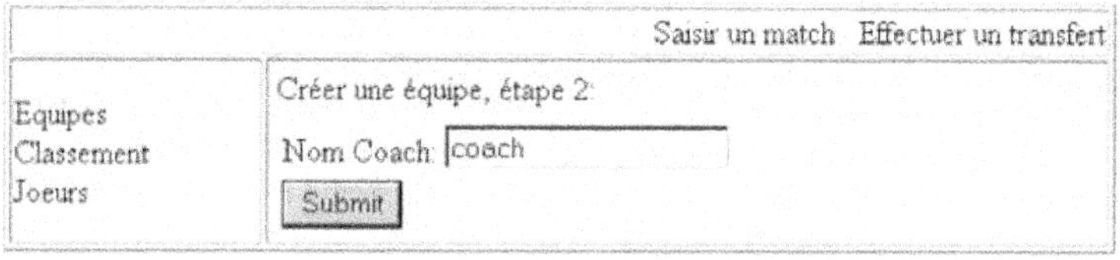

**Figure 7-5**
*Modification du coach*

Lors de la soumission du formulaire, l'association entre l'équipe et son coach peut être modifiée. Cela engendre trois conséquences :

- L'équipe est associée au nouveau coach choisi.
- Le nouveau coach est associé à l'équipe.
- L'ancien coach n'a plus d'équipe.

Plaçons toute cette logique dans notre setter `team.setCoach()` :

```
public void setCoach(Coach c) {
  // pas d'ancien coach
  if (getCoach() == null && c != null){
    this.coach = c;
    c.setTeam(this);
  }
  else if (getCoach() != null && c == null){
    getCoach().setTeam(null);
    this.coach = c;
  }
  else if (getCoach() != null && c != null){
    if (!(getCoach().equals(c))){
      getCoach().setTeam(null);
      c.setTeam(this);
      this.coach = c;
    }
  }
}
```

L'avant-dernière étape traite des joueurs. Une fois encore nous devons précharger les joueurs libres, comme l'indique la méthode suivante :

```
public List<Player> getFreePlayers() {
  List<Player> results = em
    .createQuery("from Player p where p.team is null")
    .getResultList();
return results;
}
```

Il nous faut en outre présélectionner les joueurs courants *(voir figure 7.6)*. Ne nous attardons pas sur la suppression des doublons, car ce n'est pas notre préoccupation ici. Les mêmes questions que celles soulevées au sujet du coach apparaissent.

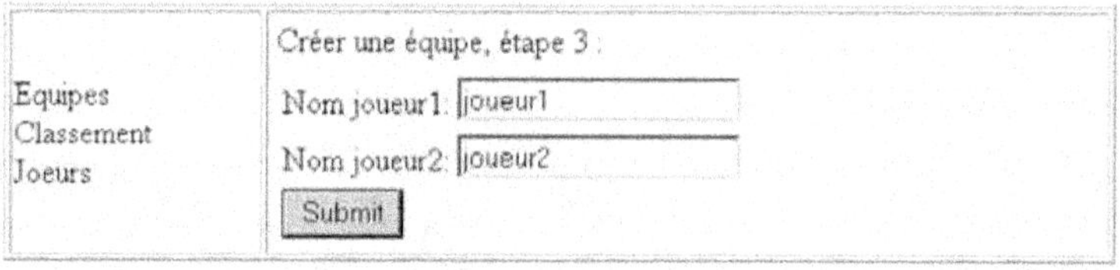

**Figure 7-6**
*Modification des joueurs*

La méthode `team.addPlayer(Player p)` garantit la cohérence de nos instances en gérant les deux extrémités de l'association :

```
public void addPlayer(Player p){
  if (p.getTeam() != null)
    p.getTeam().getPlayers().remove(p);
  p.setTeam(this);
  this.getPlayers().add(p);
  // vous pouvez encore améliorer ce code et le rendre plus robuste
  // avec des exceptions applicatives par exemple
}
```

La dernière étape affiche un résumé de l'équipe, avec les modifications saisies au cours des étapes précédentes *(voir figure 7.7)*. Lors de la validation, la totalité des modifications doit être rendue persistante.

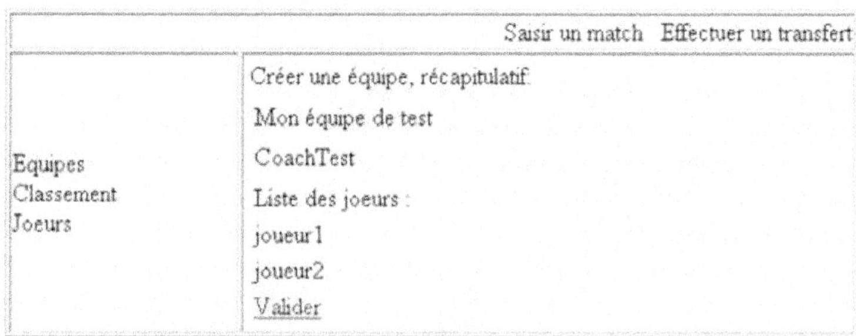


**Figure 7-7**
*Récapitulatif de l'équipe avant validation*

Nous allons décrire deux moyens de gérer une telle situation. Avant cela, il est primordial de comprendre comment la base de données et le gestionnaire d'entités se synchronisent entre eux.

## Synchronisation entre le gestionnaire d'entités et la base de données : flush

Lorsque le gestionnaire d'entités le nécessite, l'état de la base de données est synchronisé avec l'état des objets gérés par le gestionnaire d'entités en mémoire. Ce mécanisme, appelé flush, peut être paramétré selon un FlushModeType.

Il serait en effet préjudiciable pour les performances que chaque modification sur un objet soit propagée en base de données en temps réel et au fil de l'eau. Il est de loin préférable de regrouper les modifications et de les exécuter aux bons moments.

Selon la spécification Java Persistence, il existe deux FlushModeType :

- `FlushModeType.AUTO` (défaut) : Le flush est effectué au commit et avant l'exécution de certaines requêtes afin de garantir la validité du résultat.
- `FlushModeType.COMMIT` : Le flush est effectué au commit de la transaction.

Le FlushMode peut être modifié sur le gestionnaire d'entités (`em.setFlushMode(FlushModeType.X)`) ou sur une Query particulière (`query.setFlushMode(FlushModeType.X)`).

> **Classe *org.hibernate.flushMode* et automatismes pour le flush d'Hibernate**
>
> Hibernate propose davantage de possibilités. Voici les différents modes de synchronisation entre la session Hibernate et la base de données (le `flushMode.MANUAL` est primordial pour la suite de nos démonstrations) :
>
> - `flushMode.COMMIT`. Le flush est effectué au commit de la transaction.
> - `flushMode.AUTO` (défaut). Le flush est effectué au commit et avant l'exécution de certaines requêtes afin de garantir la validité du résultat.
> - `flushMode.ALWAYS`. La synchronisation se fait avant chaque exécution de requête. Ce mode pouvant affecter les performances, il est déconseillé de changer le FlushMode sans raison valable. Seul le `flushMode.AUTO` garantit de ne pas récupérer dans les résultats de requête des données obsolètes par rapport à l'état de la session.
> - `flushMode.MANUAL`. La base de données n'est pas automatiquement synchronisée avec la session Hibernate. Pour la synchroniser, il faut appeler explicitement `session.flush()`.

Il est important de bien comprendre les conséquences du flush, surtout pendant les phases de développement, car le débogage en dépend. En effet, vous ne voyez les ordres SQL qu'à l'appel du flush, et les exceptions potentielles peuvent n'être levées qu'à ce moment. Il est utile de rappeler que les ordres SQL s'exécutent au sein d'une transaction et que les résultats ne sont visibles de l'extérieur qu'au commit de cette transaction.

En d'autres termes, même si des update, delete et insert sont visibles sur les traces, les modifications ne sont pas consultables par votre client de base de données. Il faut pour cela attendre le commit de la transaction.

Prenons un exemple :

```
Player player = new Player();←❶
tm.begin();
em.persist(player);←❷
player.setName("zidane");←❸
//em.flush();←❹
Query q = em.createQuery("select coach from Coach coach");
//Query q = em.createQuery("select player from Player player");
List results = q.getResultList();←❺
tm.commit();←❻
```

La première ligne instancie une entité. La ligne ❷ rend l'instance persistante. À partir de ce moment, toute modification de l'objet est enregistrée par le gestionnaire d'entités.

Nous apportons une modification (repère ❸), effectuons une requête sur la classe (repère ❺) puis validons la transaction (repère ❻).

Nous sommes conscients que la modification apportée sur l'instance de `Player` pourrait avoir un impact sur le résultat de la requête si celle-ci cible les entités de type `Player`. Vérifions cela en effectuant tout d'abord une requête sur un autre type d'entité `Coach`.

Voici les logs provoqués par le code précédent :

```
insert into Player (id, name, height, team_id) values (null, ?, ?, ?)
call identity()
select coach0_.id as id1_, coach0_.name as name1_ from Coach coach0_
update Player set name=?, height=?, team_id=? where id=?
```

Nous voyons que le flush est exécuté en toute fin, au commit de la transaction.

Effectuons le même test, avec cette fois-ci une requête ciblant le type `Player` :

```
insert into Player (id, name, height, team_id) values (null, ?, ?, ?)
call identity()
update Player set name=?, height=?, team_id=? where id=?
select player0_.id as id2_, player0_.name as name2_, player0_.height as
height2_, player0_.team_id as team4_2_ from Player player0_
```

Ici, le flush intervient juste avant l'exécution de la requête.

Nous constatons que les impacts sur les ordres SQL sont sensibles à l'exécution d'une requête et au commit, ce qui n'a rien pour nous surprendre. Pendant les phases de développement, vous pouvez activer la ligne ❹ pour vérifier et déboguer.

Souvenez-vous que `FlushModeType.AUTO` invoque le flush au commit et lors de l'exécution de certaines requêtes.

La notion de flush est primordiale pour la suite.

## Gestionnaires d'entités multiples et objets détachés

Le premier moyen de gérer une conversation consiste à utiliser un nouveau gestionnaire d'entités à chaque étape. Les objets chargés à chaque étape sont donc détachés et doivent être mergés d'étape en étape si nécessaire, c'est-à-dire si la couche de persistance est utilisée.

La figure 7.8 illustre ce principe.

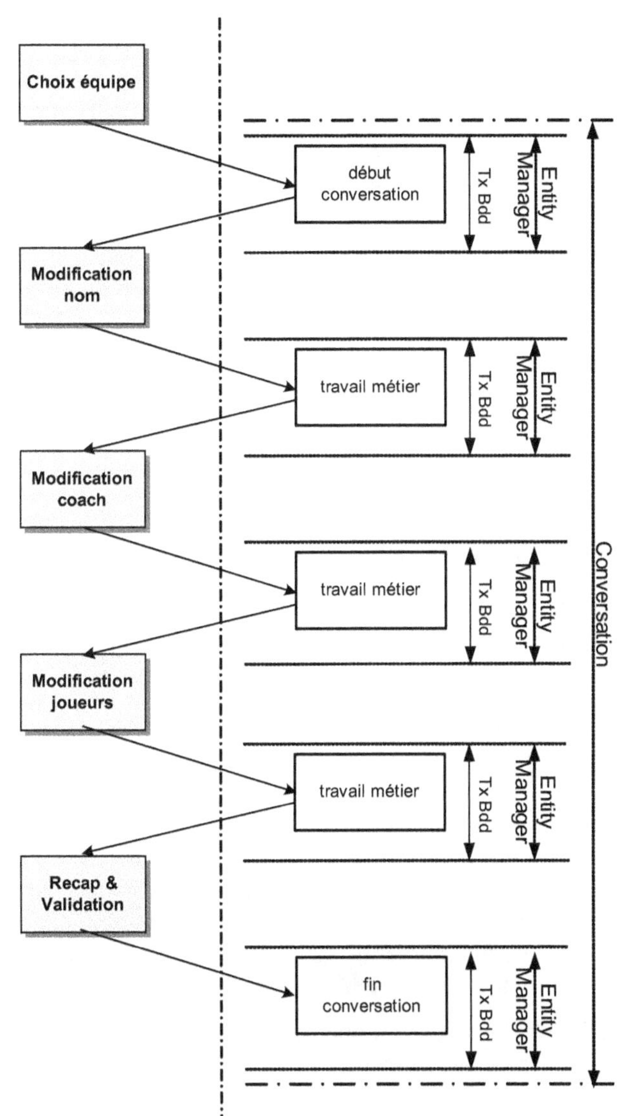


**Figure 7-8**
*Gestionnaires d'entités multiples par conversation*

Voici le code client simulant cette conversation :

```
public void testConversation() throws Exception
{
  initDatas();
  InitialContext ctx = new InitialContext();
  ConversationDemo teamManager = (ConversationDemo) ctx
    .lookup("ConversationDemoDetached/local");
```

```
    // étape zéro, on récupère toutes les équipes
    // pour faire notre choix
    List<Team> teams = teamManager.getAllTeams();

    //début de la conversation, on démarre de l'id
    //de l'équipe à modifier
    int teamToModifyId = teams.get(0).getId();

    // étape 1 : récupération de l'équipe
    Team teamToModify = teamManager.getTeam(teamToModifyId);

    // étape 2 : modification du nom
    teamToModify.setName("new name");

    // étape 3 : modification du coach
    List<Coach> freeCoachs = teamManager.getFreeCoachs();
    Coach previousCoach = teamToModify.getCoach();←❶
    previousCoach.setName("une petite modification");
    Coach nextCoach = freeCoachs.get(0);
    nextCoach.setName("I'm your new coach");
    teamToModify.setCoach(nextCoach);

    // étape 4 : modfication de l'effectif jouers
    List<Player> freePlayers = teamManager.getFreePlayers();
    teamToModify.addPlayer(freePlayers.get(0)); ←❷

    // étape finale : validation
    teamManager.validateModification(teamToModify);
}
```

Souvenez-vous que le but est de mettre à jour la base de données (insert, update, delete) uniquement en fin de conversation. Les transactions de chacune des étapes apparaissant sur la figure, excepté la dernière, et ne sont donc autorisées qu'à effectuer des lectures (select). Ces lectures pourraient être utiles si nous souhaitions initialiser des associations non chargées, configurées en lazy. Dans notre exemple, cela pourrait être utile pour éviter qu'une exception ne soit soulevée en ❶ et ❷.

Continuons dans ce raisonnement : pour initialiser des associations non chargées, il faudrait merger ou réattacher les instances racines (ici `teamToModify`) possédant de telles associations.

Réattacher une entité est possible avec les API spécifiques d'Hibernate (`session.update()`, `session.lock()`) mais n'est pas possible avec Java Persistence. En effet, la méthode `merge()` ne réattache pas mais renvoie une copie attachée. Cela change considérablement les signatures de vos méthodes.

Même dans notre cas très simple, si nous tentions une invocation de `merge()` avant les lignes ❶ et ❷, un update serait déclenché lors de son invocation puisque nous avons déjà modifié le nom de l'équipe.

Avec Java Persistence, la solution fiable est donc de précharger le réseau d'entités dès la première étape. Pour cela, remplacez :

```
public Team getTeam(Integer id) {
  Team result = em.find(Team.class,id);
  return result;
}
```

par :

```
public Team getTeam(Integer id) {
  StringBuffer queryString = new StringBuffer();
  queryString.append("select team from Team team ")
    .append("left join fetch team.coach ")
    .append("left join fetch team.players ")
    .append("where team.id = :theId");
  Query q = em.createQuery(queryString.toString());
  q.setParameter("theId", id);
  Team result = (Team)q.getSingleResult();
  return result;
}
```

L'étape finale est relativement simple puisqu'une ligne suffit à rendre persistantes toutes les modifications. N'oubliez pas d'activer `cascade=CascadeType.MERGE` sur les associations concernées :

```
teamManager.validateModification(teamToModify);
```

qui invoque :

```
public void validateModification(Team team) {
  em.merge(team);
}
```

Dans le cas présent, le préchargement du graphe d'objets est facile. Pour des cas d'utilisation plus complexes et des graphes d'objets plus lourds, il devient délicat de prévoir de manière efficace ce qu'il faut charger. Nous risquons d'aboutir soit à un chargement trop large, et donc pénalisant pour les performances, soit à un chargement trop restreint, et donc à des risques de LazyInitialisationException difficiles à maîtriser et à localiser. Souvenez-vous toutefois qu'en utilisant directement les API d'Hibernate, vous pouvez réattacher les entités pour charger de telles associations, même si cela complexifie davantage le code.

Nous voyons donc que l'utilisation d'entités détachées est vite source de complications et est souvent synonyme de casse-tête.

## Mise en place d'un contexte de persistance étendu

Une autre manière de procéder pour traiter une conversation consiste à garder le gestionnaire d'entités en vie pendant les cinq étapes. Cette méthode est aussi appelée *mise en place d'un contexte de persistance étendu.*

Nous allons en faire la démonstration dans un environnement EE à base d'EJB session.

La figure 7.9 illustre la possibilité d'exploiter un seul gestionnaire d'entités.

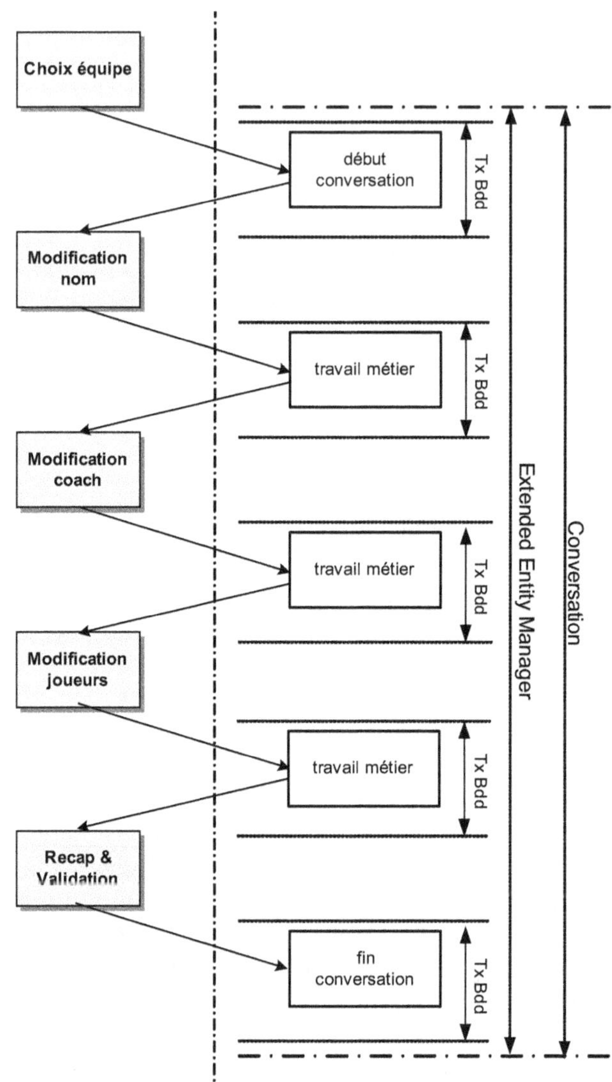


**Figure 7-9**
*Gestionnaire d'entités étendu et conversation*

Notez qu'il est communément plus correct de parler de contexte de persistance étendu plutôt que de gestionnaire d'entités étendu, comme à la figure 7.9.

La conversation sera composée de *n* transactions avec la base de données, une par étape, chaque étape pouvant être traitée par une HTTPRequest par exemple. Étant donné la durée de vie du gestio nnaire d'entités, nous ne pouvons nous contenter d'un contexte de persistance couplé au contexte transactionnel. Il nous faut donc l'étendre, et nous utiliserons un contexte de persistance étendu.

La notion de conversation demande de ne valider les changements qu'à la validation (dernier écran). Il faut qu'aucune mise à jour dans la base de données n'ait lieu pendant les étapes précédant la validation.

En résumé, nous avons :

- Une ouverture de gestionnaire d'entités en début de conversation.
- Une transaction en lecture si nécessaire pour les étapes intermédiaires.
- Aucun update, delete ou insert n'est « généré » avant la fin de la conversation. C'est là la fonctionnalité pivot de l'implémentation de conversation par un gestionnaire d'entités étendu. Souvenez-vous que seul le flush peut provoquer les ordres SQL que nous souhaitons éviter.
- Un flush à la fin de la conversation suivi d'un commit de la transaction base de données.

Avec cette méthode, tant que vous êtes en invocation locale (dans la même JVM), vous n'avez pas besoin de vous soucier des LazyInitializationException, détachement/réattachement, préchargement ultra-rigoureux du graphe d'entités pour un cas d'utilisation donné puisque les entités sont constamment surveillées par le gestionnaire d'entités d'origine. Tout changement apporté à ces objets est propagé au flush, donc à la validation de la conversation, et l'accès à des associations lazy est résolu de manière transparente tant que vous y accédez depuis la même JVM.

### Problématiques

La théorie que nous venons de développer pose deux problématiques. La première est que si le cycle de vie du gestionnaire d'entités est long, il faut le « stocker » quelque part. Dans un environnement EE, nous disposons des beans session avec état qui seront parfaits et fortement recommandés.

La seconde problématique est que nous avons besoin de flusher manuellement en fin de conversation et que la spécification ne l'autorise pas. Souvenez-vous que la spécification ne propose que deux modes : auto et commit. Cependant, Hibernate propose son propre mode manual.

### Implémentation exploitant le *FlushMode.MANUAL* spécifique d'Hibernate

Voici notre bean session avec état exploitant la spécificité d'Hibernate :

```
@Stateful
public class ConversationDemoExtended implements ConversationDemo {

  @PersistenceContext(
    unitName = "eyrollesEntityManager",
    type = PersistenceContextType.EXTENDED,
    properties = @PersistenceProperty(
      name="org.hibernate.flushMode",
      value="MANUAL")
```

```
    )
    private EntityManager em;

    public List<Team> getAllTeams() {
      List<Team> result = null;
      result = em
        .createQuery("select team from Team team")
        .getResultList();
      return result;
    }

    public Team getTeam(Integer id) {
      Team result = em.find(Team.class,id);
      return result;
    }

    public List<Coach> getFreeCoachs() {
      List<Coach> results = em
        .createQuery("from Coach c where c.team is null")
        .getResultList();
      return results;
    }

    public List<Player> getFreePlayers() {
      List<Player> results = em
        .createQuery("from Player p where p.team is null")
        .getResultList();
      return results;
    }

    @Remove
    public void validateModification(Team team) {
      em.flush();
    }
  }
```

Tout d'abord, notez que le bean session est annoté avec @Stateful. En l'absence d'annotation @TransactionAttribute, toutes les méthodes suivent le comportement REQUIRED, donc un begin en début de méthode et un commit en fin de méthode si des ressources transactionnelles entrent en jeu, avec potentiellement récupération ou propagation du contexte transactionnel.

L'une des clés de notre implémentation étant de garder en vie le contexte de persistance le temps de la conversation, il nous faut ensuite déclarer notre contexte de persistance comme étendu et basculer dans le mode flush manuel spécifique d'Hibernate, ce qui est fait *via* :

```
    @PersistenceContext(
      unitName = "eyrollesEntityManager",
      type = PersistenceContextType.EXTENDED,
      properties = @PersistenceProperty(
```

```
        name="org.hibernate.flushMode",
        value="MANUAL")
  )
```

À partir de ce moment :

- Le contexte de persistance n'est plus couplé au contexte transactionnel mais au cycle de vie du bean session.
- Le flush n'est plus géré de manière automatique par le conteneur mais par l'application elle-même *via* l'invocation de `em.flush()`.

Tant que nous sommes dans la même JVM, nous pouvons accéder aux associations non chargées. Cela explique pourquoi la méthode `getTeam(Integer id)` n'exécute plus de requête préchargeant l'intégralité du graphe d'entités. En exécutant le test, vous verrez, qu'au niveau de votre méthode JUnit la résolution des associations non chargées se fait de manière transparente. Cependant, pour des soucis d'optimisation évoqués au chapitre 5, il vous faudra probablement étudier les différentes possibilités.

Remarquez l'implémentation de `validateModification()` :

```
@Remove
public void validateModification() {
  em.flush();
}
```

Très simple, étant donné le comportement transactionnel, `em.flush()` est « encapsulé » par une transaction. Depuis le début de la conversation, le gestionnaire d'entités a traqué les modifications apportées aux entités ; un simple flush permet d'exécuter la synchronisation avec la base de données. @Remove stipule le retrait de l'instance de l'EJB session par le conteneur. Cette méthode marque donc aussi la fermeture de son contexte de persistance.

### Implémentation officielle et bridée

Si nous souhaitons ne pas avoir recours au mode flush manuel spécifique d'Hibernate, cela veut dire que nous devons trancher entre les modes standards auto et commit. Écartons d'office le mode auto puisque celui-ci peut exécuter un flush avant l'exécution de certaines requêtes.

Il nous reste le mode commit avec la nécessité de ne pas flusher le gestionnaire d'entités et le besoin d'accéder à la base de données en lecture pour la résolution des associations non chargées. L'astuce réside dans le choix de @TransactionAttribute(TransactionAttributeType.NOT_SUPPORTED) pour toutes les méthodes, excepté celle de validation.

Pour rappel, avec NOT_SUPPORTED, si un accès à une ressource transactionnelle est requis, celui-ci s'effectue en dehors d'un contexte transactionnel en exploitant la fonctionnalité d'autocommit. Comprenez par là que cet autocommit n'est pas intercepté par le conteneur comme un commit traditionnel et donc que le flush ne sera pas déclenché.

Comme c'est le comportement majoritaire, nous allons annoter la classe. Ainsi toutes les méthodes apporteront ce comportement :

```
@Stateful
@TransactionAttribute(TransactionAttributeType.NOT_SUPPORTED)
public class ConversationDemoExtended implements ConversationDemo {

  @PersistenceContext(
    unitName = "eyrollesEntityManager",
    type = PersistenceContextType.EXTENDED,
    properties = @PersistenceProperty(
      name="org.hibernate.flushMode",
      value="MANUAL")
  )
  private EntityManager em;

  public List<Team> getAllTeams() {
    List<Team> result = null;
    result = em
      .createQuery("select team from Team team")
      .getResultList();
    return result;
  }

  public Team getTeam(Integer id) {
    Team result = em.find(Team.class,id);
    return result;
  }

  public List<Coach> getFreeCoachs() {
    List<Coach> results = em
      .createQuery("from Coach c where c.team is null")
      .getResultList();
    return results;
  }

  public List<Player> getFreePlayers() {
    List<Player> results = em
      .createQuery("from Player p where p.team is null")
      .getResultList();
    return results;
  }

  @Remove
  @TransactionAttribute(TransactionAttributeType.REQUIRED)
  public void validateModification(Team team) {

  }
}
```

Seule la méthode de validation surcharge ce comportement : on l'annote avec @TransactionAttribute(TransactionAttributeType.REQUIRED). Cette méthode peut être vide, le simple fait que le conteneur commit le contexte transactionnel en fin de méthode suffisant à déclencher le flush.

La grosse limitation de cette implémentation concerne les impacts de la déclaration NOT_SUPPORTED : le contexte transactionnel du client invoquant les méthodes est suspendu et non propagé.

### Contexte de persistance étendu dans un environnement autonome Java SE

Dans un environnement autonome java SE, ce modèle peut être implémenté mais ne va pas sans poser problème dans la mesure où, entre chaque étape, le contrôle nous échappe complètement et aucun serveur d'applications n'est présent comme rempart pour la gestion des ressources.

Comme toutes les ressources, la gestion du nombre de connexions est essentielle pour nos applications. Or le gestionnaire d'entités ouvre une connexion JDBC s'il en a besoin et nous ne pouvons nous permettre de laisser une connexion JDBC ouverte *x* minutes. Imaginez, par exemple, que l'utilisateur aille boire un café et revienne dix minutes plus tard. Sa connexion aurait pu être utilisée par quelqu'un d'autre. La gestion des ressources n'est donc pas optimale.

La transaction sous-jacente pose davantage de problèmes, relatifs aux potentiels verrous qu'elle gère.

Pour toutes ces raisons, il est indispensable de fermer la connexion JDBC entre chaque étape. En fonction de l'implémentation de Java Persistence, cela n'est pas toujours simple voire possible. Sachez cependant qu'Hibernate est des plus robustes en matière de gestion des ressources.

Si vous souhaitez implémenter des contextes de persistance étendus dans un environnement java SE, nous vous recommandons d'exploiter directement les API d'Hibernate et non de Java Persistence, qui ne spécifie pas de manière assez sûre le rapport entre le gestionnaire d'entités et la connexion JDBC et surtout sa déconnexion/connexion.

La communauté Hibernate propose des modèles éprouvés pour implémenter le contexte de persistance étendu avec la session Hibernate. Le point de départ est la page : *http://www.hibernate.org/42.html*.

## En résumé

La notion de conversation est récurrente dans les applications d'entreprise, où un cas d'utilisation peut rarement être géré en un seul écran ou en un seul aller/retour entre l'utilisateur et le serveur, que l'application soit Web ou non.

Pour implémenter vos conversations, vous partirez probablement d'une logique sans état à base de servlet ou de bean session sans état, comme beaucoup d'architectes ou développeurs en ont pris l'habitude.

Cependant, suite à cette partie, posez-vous les bonnes questions, et mesurez bien la puissance des beans session avec état, qui répondent parfaitement à ce genre de besoin.

## Manipulation du gestionnaire d'entités dans un batch

Les batch ont vocation à effectuer des traitements de masse, le plus souvent des insertions ou extractions de données. À ce titre, ils ne profitent que très rarement d'une logique métier. De ce fait, le passage par votre modèle de classes, et donc par Java Persistence, pour ce genre de traitement n'est pas le plus adapté.

Même s'il n'est pas rare de voir Java Persistence utilisé pour les batch, cela peut être catastrophique pour les performances si une gestion adaptée n'est pas envisagée. Nous verrons cependant que l'overhead engendré par Java Persistence est nul par rapport à JDBC, pour peu que l'outil soit bien utilisé.

Il est important de rappeler que Java n'est pas forcément le meilleur langage pour coder des batch. Des outils moins lourds permettent d'insérer ou de mettre à jour des données en masse.

Ajoutons que les outils de mapping objet-relationnel relèvent d'une philosophie et d'une intelligence qui engendrent un léger surcoût en termes de performance. Si ce coût est négligeable en comparaison des garanties et fonctionnalités offertes aux applications complexes, il n'en va pas de même avec les traitements de masse.

### *Best practice de session dans un batch*

Avant de décrire le modèle de manipulation du gestionnaire d'entités dans un batch, voici typiquement ce qu'il ne faut pas faire :

```
EntityManager em = (EntityManager) new InitialContext()
  .lookup("java:/EntityManagers/eyrollesEntityManager");

TransactionManager tm = (TransactionManager) new InitialContext()
  .lookup("java:/TransactionManager");

tm.begin();
for ( int i=0; i<100000; i++ ) {
  Team team = new Team();
  em.persist(team);
}

tm.commit();
```

Avec un tel code, à chaque appel de `em.persist(team)` le cache de premier niveau qu'est le gestionnaire d'entités augmente en taille puisqu'il contient une nouvelle instance. Cela engendre rapidement un manque de mémoire et soulève une OutOfMemoryException.

### Insertion optimisée par paquets

Voyons comment améliorer ce code. Définissons d'abord le paramètre `batch_size` (optimisation JDBC de plus bas niveau) entre 10 et 20. Disons, pour simplifier, que cela permet de regrouper les appels JDBC semblables par paquets. Vous pouvez le faire *via* persistence.xml en ajoutant :

```
<property name="hibernate.batch_size" value="20"/>
```

Afin d'éviter que le gestionnaire d'entités augmente indéfiniment, nous allons le vider. Cela n'a aucun impact, puisque le batch n'a plus besoin des objets insérés et que, sans autre valeur ajoutée, il ne tire plus profit du cache de premier niveau. Pour vider le gestionnaire d'entités, nous invoquons simplement `em.clear()`.

Rendre persistante une entité signifie connaître son identifiant. Il faut donc optimiser la génération d'identifiant. Dans notre cas, il faudrait :

- interroger la base de données une première fois pour récupérer la valeur d'identifiant la plus haute ;
- réserver la plage des vingt prochaines valeurs en incrémentant cette valeur en base de données ;
- incrémenter cette valeur en mémoire à chaque appel de `em.persist()`.

Un générateur d'identifiant optimisé par Hibernate va nous permettre d'adopter ce comportement :

```
@Entity
public class Team {
  @Id
  @GeneratedValue(generator="SequenceStyleGenerator")
  @GenericGenerator(name="SequenceStyleGenerator",
    strategy = "org.hibernate.id.enhanced.SequenceStyleGenerator",
    parameters = {
      @Parameter(name="optimizer", value="hilo"),
      @Parameter(name="initial_value", value="1"),
      @Parameter(name="increment_size", value="20")
    })
  private int id;
  …
}
```

Nous retrouvons les besoins évoqués précédemment. Il s'agit de surcharger les valeurs par défaut de l'implémentation de SEQUENCE proposée par Hibernate. Nous en parlions au chapitre 3 (pour plus de détails, voir le wiki *http://in.relation.to/Bloggers/New323HibernateIdentifierGenerators*).

Avant de vider le gestionnaire d'entités, il faut s'assurer qu'il est synchronisé avec la base de données. Nous forçons donc le flush avec `em.flush()`. Le tout se déroule dans une boucle, qui traite les insertions par paquet de 20. Selon l'importance du graphe d'objets, vous pouvez jouer sur ce paramètre, en prenant soin de surveiller le `batch_size`.

Voici le code optimisé :

```
tm.begin();

for ( int i=0; i<100000; i++ ) {
  Team team = new Team();
  em.persist(team);
  if(i % 20 == 0){
    em.flush();
    em.clear();
  }
}

tm.commit();
```

### Scrolling

Le code ci-dessous permet des mises à jour efficaces d'instances persistantes tirant parti de la fonction scroll sur une requête. Là encore, l'objectif est d'éviter de charger la totalité des objets retournés par la requête et de les traiter par paquet de taille raisonnable. Vous optimisez de la sorte le rapport consommation mémoire/nombre de requêtes exécutées.

Java Persistence ne spécifiant pas de méthode exploitant scroll, il est nécessaire d'exploiter directement la session Hibernate :

```
Session session = (Session)em.getDelegate();
tm.begin();
ScrollableResults teams = session.getNamedQuery("GetTeams")
   .scroll(ScrollMode.FORWARD_ONLY);
int count=0;
while ( teams.next() ) {
   Team team = (Team) teams.get(0);
   team.updateStuff(...);
   if ( ++count % 20 == 0 ) {
      //synchronise la base de données avec les mises
      //à jour et libère la mémoire
      session.flush();
      session.clear();
   }
}
tm.commit();
```

### Requêtes EJB-QL de type DML (Data Manipulation Language)

Si votre batch est dénué de toute logique métier nécessitant du code java, vous pouvez exécuter des requêtes d'insertion, effacement ou mise à jour massives *via* EJB-QL. Il s'agit d'une traduction directe de JPA-QL vers SQL, ce qui signifie que les entités ne sont pas chargées en mémoire et que vous n'exploitez aucun cache, ni celui du gestionnaire d'entités ni un potentiel cache de second niveau.

La conséquence directe est qu'une telle requête sera ignorée par les caches et donc que ceux-ci pourront se retrouver dans un état incohérent.

Exemple de mise à jour en masse :

```
tm.begin();
Query q = em.createQuery("update Team t set t.name = :param");
q.setParameter("param", "blah");
q.executeUpdate();
tm.commit();
```

Rien de particulier dans cette requête. Pour les requêtes de type DML, il faut simplement les exécuter *via* `executeUpdate()` ; cette méthode renvoie par ailleurs le nombre de lignes impactées en base de données.

Cette requête est la même qu'une requête DML sauf qu'elle exploite les noms d'entités et leurs propriétés au lieu des tables et colonnes. Elle présente le grand avantage de reconnaître l'héritage et saura déclencher plusieurs requêtes au besoin, si vous ciblez une superclasse. UPDATE ne peut prendre qu'un seul type d'entité comme cible ; par contre, vous pouvez exploiter des sous-requêtes avec jointures dans la clause WHERE.

Selon la spécification Java Persistence, le numéro de version n'est pas impacté par de telles requêtes. Cependant, Hibernate vous autorise le mot-clé `versioned`, et incrémente la version des enregistrements impactés :

```
Query q = em.createQuery("update versioned Team t set t.name = :param");
```

Exemple de suppression en masse :

```
tm.begin();
Query q = em.createQuery("delete Team t set t.name = :param");
q.setParameter("param", "blah");
q.executeUpdate();
tm.commit();
```

Les mêmes règles que pour l'update s'appliquent.

Exemple d'insertion en masse :

```
insert into EntityB (propA, propB)
select mustMatchPropAType, mustMatchPropBType
from EntityA e join e.anotherEntity
where anotherEntity.propX = :param
```

Java Persistence ne supporte pas ce genre d'écriture, mais vous pouvez l'exploiter. Hibernate fonctionnant en arrière-plan, cela ne posera pas de problème.

Les prérequis pour exécuter une telle requête sont les suivants :

- Les propriétés ciblées ne doivent pas être celles d'une classe abstraite, ce qui est totalement logique.
- Les types entre le select et l'insert doivent correspondre.
- Les identifiants seront générés selon la stratégie définie par les métadonnées.

### En résumé

Grâce à ces deux techniques d'écriture de batch et aux types de requêtes DML, les problèmes de performances devraient être considérablement réduits.

Gardez en tête que chaque technologie possède ses avantages et inconvénients. En tout état de cause, ces méthodes rendent l'utilisation de Java Persistence et d'Hibernate comparable à du JDBC pur.

## Interpréter les exceptions

La grande majorité des exceptions soulevées par Java Persistence ne sont pas récupérables et doivent être considérées comme fatales pour le gestionnaire d'entités en cours.

Dans un environnement Java EE, le conteneur se charge de la gestion des ressources et du gestionnaire d'entités. Cependant, dans un environnement Java SE il est important de rappeler la logique globale de manipulation d'un gestionnaire d'entités.

Voici un exemple robuste d'utilisation du gestionnaire d'entités dans un environnement Java SE :

```
try{
  em =  JavaPersistenceUtil.getEmf().createEntityManager();
  tx =  em.getTransaction();
  tx.begin();
  …
  tx.commit();
} catch (RuntimeException ex) {
  try {
    tx.rollback();
  } catch (RuntimeException rbEx) {
  }
    throw ex;
  } finally {
    em.close();
  }
}
```

Les deux points essentiels sont les suivants :

- Effectuer un rollback sur la transaction.
- Fermer le gestionnaire d'entités dans une clause `finally` afin que le gestionnaire d'entités ne puisse être réutilisé et que la connexion JDBC en cours soit rendue au pool de connexions.

Il est indispensable d'identifier les raisons qui ont abouti à une exception. Le tableau 7.1 récapitule les exceptions susceptibles d'être soulevées.

**Tableau 7.1 Exceptions Java Persistence**

| Exception | Description |
|---|---|
| PersistenceException | Soulevée par le fournisseur de persistance lorsqu'un problème survient. Elle peut être soulevée pour indiquer que l'opération invoquée n'as pu être exécutée à cause d'une erreur inattendue (par exemple, la base de données ne répond pas). Toutes les autres exceptions définies par la spécification héritent de PersistenceException. À l'exception de NoResultException et NonUniqueResultException, elles marquent la transaction en cours pour rollback. |
| TransactionRequiredException | Soulevée lorsqu'une transaction est requise mais non active. |
| OptimisticLockException | Soulevée lorsqu'un conflit de verrou optimiste survient. Peut être soulevée par un appel d'une API, au flush ou au commit. |
| RollbackException | Soulevée lorsqu'il y a échec du commit. |
| EntityExistsException | Soulevée lors de l'invocation de persist() sur une entité qui existe déjà. |
| EntityNotFoundException | Soulevée lorsqu'on accède à une entité obtenue *via* getReference() (obtention d'un proxy et non de l'entité réelle) et que cette entité n'existe pas. Soulevée aussi lors de l'invocation de refresh() sur une entité qui n'existe plus. |
| NonUniqueResultException | Soulevée si l'application invoque Query.getSingleResult() et que la requête renvoie plus d'un résultat. Il s'agit d'une des rares exceptions non bloquantes. |
| NoResultException | Soulevée si l'application invoque Query.getSingleResult() et que la requête ne renvoie pas de résultat. Il s'agit d'une des rares exceptions non bloquantes. |

### *En résumé*

La qualité d'une application se mesure en partie aux indications qu'elle est capable de fournir lorsqu'un problème survient. Pour cela, la gestion et l'interprétation des exceptions sont fondamentales.

Vous disposez des éléments qui vous seront utiles pour identifier et gérer les problèmes pouvant être soulevés par la couche persistance de vos applications.

## Conclusion

Ce chapitre a passé en revue les différentes techniques d'obtention/manipulation du gestionnaire d'entités, qui ne devrait plus avoir de secret pour vous. Vous devriez en outre être capable d'interpréter les exceptions soulevées et d'écrire des batch avec Java Persistence de manière optimisée.

Vous découvrirez au chapitre 8 des points d'extension et d'intégration, ainsi que des fonctionnalités très avancées d'Hibernate.

# 8

# Fonctionnalités de mapping avancées

Le chapitre 4 a montré toute la richesse des fonctionnalités offertes par Java Persistence pour ne pas brider la modélisation du diagramme de classes métier d'une nouvelle application. Cependant, vous pouvez avoir besoin de mapper un modèle relationnel existant. De même, selon les techniques et prérequis d'un projet, il se peut que vous ayez besoin de fonctionnalités particulières, allant bien au-delà de l'utilisation intuitive de votre outil de mapping objet-relationnel.

Ce chapitre traite des fonctionnalités de mapping avancées proposées pour répondre à des problèmes précis, tels que la gestion des clés composées, les tables normalisées pour l'internationalisation ou la sécurité ou encore certaines stratégies particulières de chargement à la demande.

Vous découvrirez également les options de filtrage de collection ainsi que les façons d'interagir avec le moteur Hibernate et les opérations qu'il exécute. Vous verrez enfin les nouvelles approches de mapping proposées par Hibernate 3, consistant à utiliser des classes dynamiques et des documents XML ou à spécifier manuellement des ordres SQL.

## Résoudre les problèmes imposés par la base de données

Le parc applicatif d'une grande entreprise comporte des applications écrites dans divers langages, nombre d'entre elles reposant sur une base de données modélisée selon les méthodes et modes de l'époque. Ces techniques de modélisation ne sont pas toujours en totale adéquation avec la logique objet. Pour autant, en cas de réécriture en Java d'une application existante, il est intéressant pour l'homogénéité technologique de l'entreprise que les frameworks utilisés puissent s'adapter à cet existant.

Cette section introduit plusieurs fonctionnalités capables d'apporter souplesse et flexibilité en termes de mapping aussi bien que d'optimisation. Ces fonctionnalités sont les clés composées, les formules et le chargement à la demande au niveau des propriétés.

## Gérer des clés composées

Vous avez déjà rencontré les avantages d'une gestion des clés primaires par des clés artificielles. Cependant, lorsque vous devez concevoir un modèle de classes pour une base de données existante et que l'unicité des enregistrements est définie sur plusieurs colonnes, vous devez utiliser une autre définition pour l'identifiant de vos entités. C'est ce qu'on appelle l'*identifiant composite*.

Il est intéressant de noter que l'utilisation de clés artificielles ne fait pas l'unanimité chez les DBA. Il vous faudra donc sûrement gérer les clés composées un jour ou l'autre.

Le diagramme de classes illustré à la figure 8.1 illustre la difficulté de maintenir ou faire évoluer des objets dont l'unicité est assurée par des clés composées *(voir le chapitre 3)*.

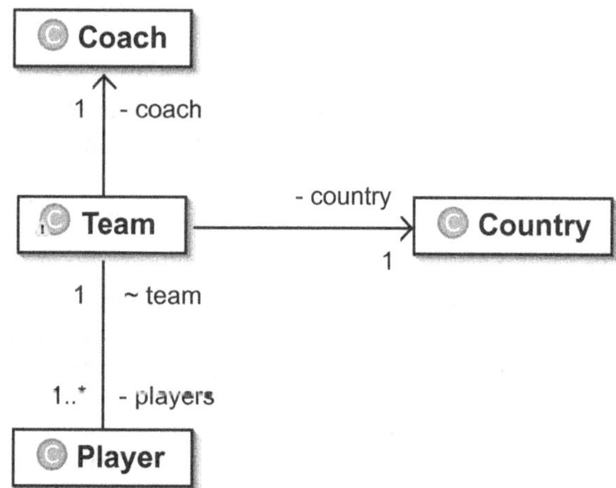


**Figure 8-1**
*Diagramme de classes exemple*

À première vue, il n'y a rien de particulier sur ce diagramme. Le problème réside dans le modèle relationnel.

Concentrez-vous sur les classes `Team`, `Player` et `Country`, et regardez de plus près le script DDL qui décrit la structure de la base de données :

```
create table Country (
   id integer generated by default as identity (start with 1),
   name varchar(255),
   primary key (id)
)
create table Player (
```

```
    id integer generated by default as identity (start with 1),
    height float not null,
    name varchar(255),
    team_country_id integer,
    team_name varchar(255),
    team_year integer,
    primary key (id)
)
create table Team (
    name varchar(255) not null,
    year integer not null,
    country_id integer,
    primary key (country_id, name, year)
)
alter table Player add constraint FK8EA38701DAF69F19
    foreign key (team_country_id, team_name, team_year)
    references Team
alter table Team add constraint FK27B67D27F14290
    foreign key (country_id)
    references Country
```

La clé primaire de la table `TEAM` est constituée de trois colonnes, dont l'une est soumise à une contrainte de clé étrangère vers la table `COUNTRY`. La table `PLAYER` reprend ces trois colonnes pour permettre la jointure et la cohérence des données vers l'enregistrement de la table `TEAM` associée.

### Méthodologie

La première étape lorsque vous mappez une clé composée est d'écrire une classe qui sera dédiée à sa manipulation :

```
public class IdTeam implements Serializable {
    private String name;
    private int year;
    @ManyToOne
    private Country country;
    …
}
```

Notez l'utilisation de l'annotation @ManyToOne pour définir l'association vers l'entité `Country`.

Les règles suivantes s'appliquent aux classes représentant une clé composée :

- Elles doivent être publiques et fournir un constructeur public par défaut, sans argument (`public MyIdClass()`).
- Elles doivent être `Serializable` (`implements Serializable`).
- Elles doivent implémenter `equals()` et `hashcode()` de manière rigoureuse.

En ce qui concerne l'implémentation de `equals()` et `hashcode()`, voici une proposition correcte pour notre exemple :

```
// getters & setters
public boolean equals(Object o) {
  if (this == o) return true;
  if (o == null) return false;
  if (!(o instanceof IdTeam)) return false;
  final IdTeam teamId = (IdTeam) o;
  if (year == teamId.getYear())
    return false;
  if (!name.equals(teamId.getName()))
  return false;
  return true;
}

public int hashCode() {
  return name.hashCode();
}
```

Une fois cette classe créée, vous avez trois possibilités pour la définir comme identifiant de l'entité `Team` :

- Définir `IdTeam` comme objet inclus grâce à @Embeddable, créer dans l'entité `Team` une propriété de type `IdTeam` et annoter cette propriété avec @Id :

```
@Embeddable
public class IdTeam implements Serializable {…}
```

```
@Entity
public class Team {
   @Id
   private IdTeam id;
   …
}
```

- Ne pas stéréotyper `IdTeam` (donc pas d'annotation de niveau classe), créer dans l'entité `Team` une propriété de type `IdTeam` et annoter cette propriété avec @EmbeddedId :

```
public class IdTeam implements Serializable {…}
```

```
@Entity
public class Team {
   @EmbeddedId
   private IdTeam id;
   …
}
```

- Ne pas stéréotyper `IdTeam` (donc pas d'annotation de niveau classe), dupliquer l'ensemble des propriétés dans l'entité `Team`, les annoter avec @Id et annoter l'entité

Team avec l'annotation @IdClass en spécifiant la valeur de son membre avec IdTeam. Étant donné la lourdeur de cette dernière méthode, il est fortement déconseillé de l'utiliser.

En ce qui concerne les associations vers une entité qui possède une clé composée, vous avez dans la classe Player :

```
@Entity
public class Player {
   @Id
   @GeneratedValue
   private int id;

   @ManyToOne
   private Team team;
   …
}
```

Qui correspond à :

```
@Entity
public class Player {
   @Id
   @GeneratedValue
   private int id;

   @ManyToOne
   @JoinColumns({
     @JoinColumn(name="TEAM_COUNTRY_ID",
        referencedColumnName = "COUNTRY_ID"),
    @JoinColumn(name="TEAM_NAME", referencedColumnName = "NAME"),
    @JoinColumn(name="TEAM_YEAR", referencedColumnName = "YEAR")
    })
   private Team team;
   …
}
```

Vous pouvez définir d'autres noms de colonnes pour effectuer la jointure.

### Récupération d'une entité possédant un identifiant composite

Si vous souhaitez utiliser les méthodes em.getReference() et em.find(), vous devez vous souvenir qu'elles prennent en second argument l'identifiant. Puisque vous avez externalisé l'identifiant composite dans une classe dédiée, il vous suffit d'instancier cette classe, de lui fixer les bonnes propriétés et d'invoquer les méthodes em.getReference() et em.find(), comme vous le faites avec les identifiant habituels :

```
IdTeam id = new IdTeam();
id.setCountry(country);
id.setName("les bleus");
id.setYear(1769);
```

```
tm.begin();
em.find(Team.class, id);
tm.commit();tx.commit();
```

Java Persistence interprète lui-même la notion de clé composée et génère la requête SQL en définissant les colonnes permettant de vérifier l'unicité de l'enregistrement :

```
select team0_.country_id as country3_0_0_, team0_.name as name0_0_,
   team0_.year as year0_0_
from Team team0_
where team0_.country_id=? And team0_.name=? and team0_.year=?
```

## Clé étrangère ne référençant pas une clé primaire

Généralement une clé étrangère référence la clé primaire d'une autre table, ou de la même table. Elle garantit que l'enregistrement joint est unique. Il arrive parfois qu'une clé étrangère référencie une colonne autre que la clé primaire.

Pour illustrer ce cas, reprenons notre association entre `Team` et `Coach` :

```
@Entity
public class Team {
   @EmbeddedId
   private IdTeam id;

   @OneToOne
   private Coach coach;
   ...
}
```

Par défaut, le lien pour résoudre l'association se fera entre la colonne `COACH_ID` de la table `TEAM` et la colonne `ID` de la table `COACH`.

Commençons par définir une propriété dans la classe `Coach`. Cette propriété est mappée à une colonne sujette à contrainte d'unicité au niveau de la table `COACH`. Elle peut être qualifiée de clé naturelle puisqu'elle assure l'unicité des enregistrements. Sans cette condition, l'association OneToOne de `Team` vers `Coach` ne serait pas garantie :

```
@Entity
public class Coach {
   @Id
   @GeneratedValue
   private int id;

   @Column(name = "UNIQUE_PROPERTY", nullable = false, unique=true)
   private int uniqueProperty;
   ...
}
```

Vous souhaitez ensuite indiquer à votre moteur de persistance d'effectuer la jointure non pas au niveau de la clé primaire mais à celui de cette propriété « unique ». C'est le membre `referencedColumnName` de l'annotation @JoinColumn qui permet de le faire :

```
@Entity
public class Team {
   @EmbeddedId
   private IdTeam id;

   @OneToOne
   @JoinColumn(name="COACH_REFERENCE",
      referencedColumnName = "UNIQUE_PROPERTY")
   private Coach coach;
   …
}
```

Vous pouvez ainsi spécifier une jointure sur une autre colonne que la clé primaire, et ce quelle que soit l'association. Cela vaut pour une jointure sur une colonne unique, mais aussi sur un ensemble de colonnes garantissant une unicité :

```
@Entity
@Table(name="COACH",
   uniqueConstraints = {@UniqueConstraint(columnNames=
      {"UNIQUE_PROPERTY_1", "UNIQUE_PROPERTY_2"})
   }
)
public class Coach{
   @Id
   @GeneratedValue
   private int id;

   @Column(name = "UNIQUE_PROPERTY_1")
   private int uniqueProperty1;
   @Column(name = "UNIQUE_PROPERTY_2")
   private int uniqueProperty2;
   …
}
```

Notez la définition de la contrainte d'unicité *via* le membre `uniqueConstraints` de l'annotation @Table.

Dans la classe `Team`, l'association OneToOne devient :

```
@Entity
public class Team {
   @EmbeddedId
   private IdTeam id;

   @OneToOne
   @JoinColumns({
      @JoinColumn(name="COACH_REFERENCE_1",
         referencedColumnName = "UNIQUE_PROPERTY_1"),
```

```
        @JoinColumn(name="COACH_REFERENCE_2",
          referencedColumnName = "UNIQUE_PROPERTY_2")
    })
    private Coach coach;
    ...
}
```

Voyons désormais la fonctionnalité qui vous apportera le plus de souplesse pour mapper les cas de schémas relationnels dénormalisés : les formules.

## Les formules (spécifiques d'Hibernate)

Les formules sont une fonctionnalité méconnue d'Hibernate. Leur utilisation consiste à exploiter le résultat d'une expression SQL à diverses fins. En raison de sa conception, l'utilisation d'une formule n'a de sens qu'en lecture. Au fil des démonstrations suivantes, vous comprendrez pourquoi.

Le cas d'utilisation le plus simple pour aborder les formules consiste en un mapping entre le résultat d'une formule et la valeur d'une propriété.

### Mapping d'une propriété dérivée *via* une formule

Considérons un cahier des charges comprenant le diagramme de classes illustré à la figure 8.2. Ce cahier des charges spécifie le cas d'utilisation « Fiche joueur », dans lequel doit apparaître le nombre de matchs dans lesquels un joueur a été élu meilleur joueur. Du point de vue de la classe `Game`, il s'agit du rôle `mostValuablePlayer`, qui caractérise l'association vers la classe `Player`.

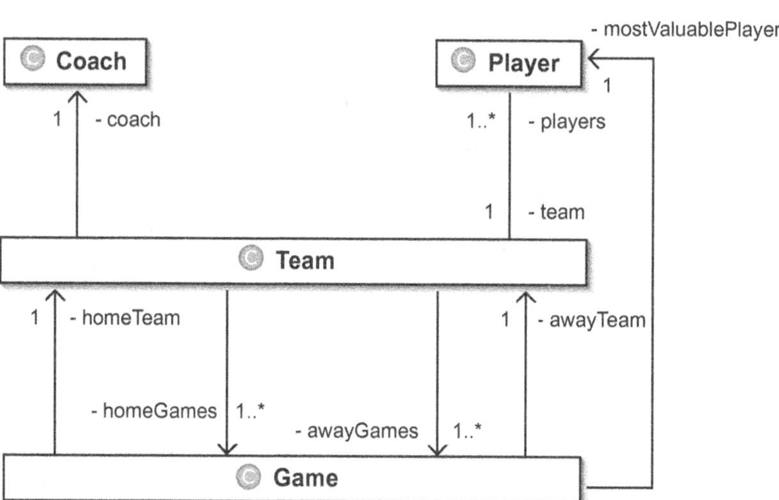


**Figure 8-2**
*Gestion des meilleurs joueurs*

Vous supposerez que vous ne pouvez modifier le diagramme de classes pour rendre bidirectionnelle l'association entre les entités `Game` et `Player`, ce qui aurait pu vous aider.

En utilisant les design patterns MVC (modèle, vue, contrôleur), votre application étant de type Web, et DAO (Data Access Object), pour l'isolation des appels à la couche de persistance, la cinématique de l'application correspond au diagramme de séquences illustré à la figure 8.3.

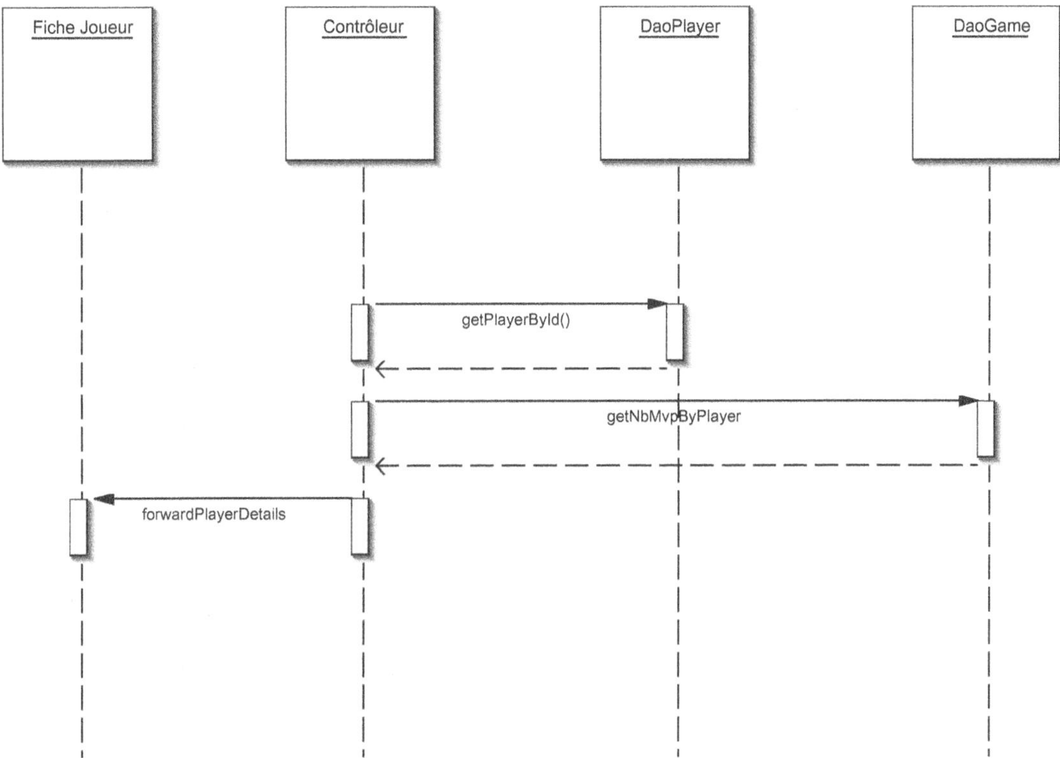


**Figure 8-3**
*Interrogation de deux DAO par le contrôleur*

Ce diagramme vise uniquement à montrer que le contrôleur doit faire appel à deux reprises à la couche d'accès aux données (ce pourrait être des appels à des beans session) : une première fois pour obtenir l'instance de `Player` souhaitée, et la seconde pour récupérer le nombre de fois où ce player a été élu meilleur joueur du match.

Souvenez-vous de l'enrichissement fonctionnel de votre modèle de classes métier, et pensez à rendre vos entités les plus « utiles » possibles. Il serait intéressant de disposer d'une propriété `int hasBeenMvpCount` (nombre de fois où le joueur a été élu meilleur joueur du match) dans notre entité `Player`. Les entités étant isolées de la couche d'accès aux données, elles ne se suffisent pas pour exécuter `setHasBeenMvpCount(int i)`. Le contrôleur a donc la charge d'injecter la valeur en faisant lui-même appel au moteur de persistance.

Les formules permettent d'optimiser considérablement ce processus pour effectuer des calculs à la volée lors de la récupération de l'entité.

Vous allez ajouter une annotation de formule à l'entité `Player` :

```
@Entity
public class Player extends Person{

   @org.hibernate.annotations.Formula(
      "select count(*) from GAME g where g.MVP_ID = ID")
   private int hasBeenMvpCount;
   …
}
```

Cette annotation ne prend qu'un membre : la requête SQL.

Analysons la conséquence de cette déclaration lors de la récupération d'instances de `Player` :

```
tm.begin();
Player chris = (Player)em
   .createQuery("from Player p where p.name=:param")
   .setParameter("param", "chris")
   .getSingleResult();
tm.commit();
```

Cette conséquence de l'utilisation d'une formule se retrouve dans la requête SQL générée :

```
select …,
select count(*) from GAME g where g.MVP_ID = player0_.ID as formula0_
from Player player0_
where player0_.name=?
```

La formule est incluse dans le SQL pour permettre de renseigner de manière transparente la propriété `int hasBeenMvpCount`. Pour informations, vous obtenez la nouvelle cinématique illustrée à figure 8.4.

À première vue, les formules sont très pratiques. Malheureusement, un inconvénient de taille affecte les performances. Pour notre cas d'utilisation, la formule est bénéfique en ce qu'elle permet l'économie d'une interaction entre le contrôleur et la couche DAO. Mais pour les cas d'utilisation nécessitant l'accès à des instances de `Player`, cette surcharge du SQL généré n'est pas acceptable, puisque complètement inutile.

Hibernate accroît l'utilité des formules en donnant à l'utilisateur la possibilité de déclarer le chargement des propriétés simples, à l'image des formules, comme tardif *(lazy loading*

**Figure 8-4**
*Effet de la formule sur la cinématique de l'application*

au niveau propriété, que vous aborderez plus loin dans ce chapitre). N'hésitez donc pas à utiliser les formules en les couplant au chargement tardif de la propriété associée.

> **Hibernate et la couche DAO (Data Access Object)**
>
> Traditionnellement, la couche DAO est l'endroit privilégié pour placer le code JDBC et SQL. Vous y retrouvez des méthodes de lecture, insertion, modification et suppression. En l'utilisant dans une application fondée sur un outil de mapping objet, les méthodes de base s'appuient sur le cycle de vie de l'objet pour rendre une instance persistance ou transiente, la détacher ou la réattacher. Concrètement, cette couche permet surtout la factorisation et l'isolement des requêtes, ce qui simplifie grandement la maintenance, tout en améliorant la lisibilité et en favorisant la factorisation.
>
> L'expérience prouve que cette couche simplifie grandement la migration d'Hibernate 2 vers Hibernate 3 ou encore d'Hibernate vers Java Persistence. Elle pourrait aussi permettre de migrer vers un autre outil reprenant la même notion de cycle de vie, comme TopLink ou des implémentations de JDO. Par contre, migrer depuis ou vers du JDBC classique ou iBatis est impossible, car leurs philosophies sont complètement différentes.
>
> Concernant la granularité à adopter pour les DAO, tout dépend de la structure et de la taille du projet. Pour un petit projet, un seul DAO peut suffire pour l'intégralité du projet. Pour les projets plus importants, si votre packaging est solide, optez pour un DAO par package.

L'utilisation des formules va beaucoup plus loin et vous permet de mapper des schémas exotiques.

### Héritage, discrimination et formule

Les formules peuvent être appliquées pour déterminer le type d'une entité à instancier. Prenons un exemple simpliste, mais qui permet d'aborder l'utilité des formules lorsqu'elles sont couplées au discriminateur.

`BigPlayer` et `SmallPlayer` sont deux entités qui héritent de `Player`. Vous avez une hiérarchie d'héritage que vous mappez *via* la stratégie `InheritanceType.SINGLE_TABLE` :

```
@Entity
@Inheritance(strategy = InheritanceType.SINGLE_TABLE)
???
@DiscriminatorValue("player")
public class Player extends Person{
   …
   private float height;
   …
}

@Entity
@DiscriminatorValue("bigplayer")
public class BigPlayer extends Player {…}
```

```
@Entity
@DiscriminatorValue("smallplayer")
public class SmallPlayer extends Player {…}
```

Sémantiquement, vous souhaitez que la discrimination (ou détermination) du type se fasse à partir d'un seuil de taille (propriété `height`) et non à partir d'une valeur de colonne finie, comme vous avez pu le voir au chapitre 4. Il est stipulé dans le cahier des charges qu'un joueur est considéré comme grand si sa taille est supérieure à 2 m. Là encore, c'est une annotation spécifique d'Hibernate, @org.hibernate.annotations.DiscriminatorFormula, qui vous permet de gérer ce besoin :

```
@Entity
@Inheritance(strategy = InheritanceType.SINGLE_TABLE)
@org.hibernate.annotations.DiscriminatorFormula(
   "case " +
   "when height is null then 'player' " +
   "when height > 2 then 'bigplayer' " +
   "else 'smallPlayer' end"
)
@DiscriminatorValue("player")
public class Player extends Person{…}
```

Cet exemple simple, quoique peu joli au niveau de la conception orientée objet, vous permet d'appréhender toute la puissance des formules. Mais cela ne s'arrête pas là.

### Jointure sur résultat de formule

Les formules peuvent aussi être appliquées à la résolution d'associations.

L'idée reste la même : au lieu de se baser sur une valeur fixe, elle consiste à exploiter le résultat d'un calcul pour déterminer l'enregistrement cible permettant de résoudre une association.

Notre modèle, décrit à la figure 8.2, propose deux associations de `Game` vers `Team` *via* les propriétés `Game.homeTeam` et `Game.awayTeam`. Imaginez que, lors de la récupération d'une entité `Team`, vous souhaitiez aussi récupérer le dernier match que celle-ci a gagné, condition que l'on peut exprimer en SQL.

Cette fonctionnalité est disponible *via* l'utilisation de fichiers de mapping Hibernate (hbm.xml) et sera disponible pour les annotations (voir la page suivante pour connaître l'évolution du développement : http://opensource.atlassian.com/projects/hibernate/browse/ANN-210

## Les triggers et contrainte OnCascadeDelete

Un trigger est une action exécutée par la base de données et déclenchée par certaines causes, généralement un ordre d'insertion ou de mise à jour.

Diverses raisons justifient l'emploi de triggers. Les triggers sont en opposition totale avec les outils de mapping objet-relationnel et donc Java Persistence. Le mapping objet-relationnel repose sur la notion d'état garantie par le moteur de persistance : si la base de données modifie des données, elle modifie d'elle-même l'état de l'entité associée sans que l'application en soit consciente, rendant ainsi la représentation de l'entité en mémoire corrompue.

Pour éviter ce problème de corruption d'état des entités en mémoire, le fournisseur de persistance doit rafraîchir l'état après exécution du trigger. Cela est faisable *via* l'annotation spécifique Hibernate @org.hibernate.annotations.Generated, qui prend comme membre l'un des `org.hibernate.annotations.GenerationTime` suivants :

- `org.hibernate.annotations.GenerationTime.NEVER` : ne rafraîchit jamais l'entité.
- `org.hibernate.annotations.GenerationTime.INSERT` : rafraîchit l'entité après insertion. Dans ce cas, vous devez aussi déclarer la propriété `insertable = false`.
- `org.hibernate.annotations.GenerationTime.ALWAYS` : rafraîchit l'entité après insertion et modification. Dans ce cas, vous devez aussi déclarer la propriété `insertable = false` et `updatable = false`.

Exemple de prise en compte d'un trigger ON INSERT :

```
@Column(insertable = false)
@org.hibernate.annotations.Generated(
    org.hibernate.annotations.GenerationTime.INSERT
)
private Date dateInsertion;
```

Exemple de prise en compte d'un trigger ON UPDATE :

```
@Column(insertable = false, updatable = false)
@org.hibernate.annotations.Generated(
   org.hibernate.annotations.GenerationTime.ALWAYS
)
private Date dateModification;
```

Selon l'insertion ou la modification d'un enregistrement, un select sera automatiquement opéré pour rafraîchir et prendre en compte l'impact du trigger sur les colonnes. En addition, il est souvent logique de ne pas écrire de setter pour ces propriétés.

Une autre contrainte se rapprochant du comportement des trigger est la contrainte *on cascade delete*, qui permet de supprimer des enregistrements en cascade. C'est un moyen de gérer la transitivité de l'action `em.remove()` mais pris en charge par la base de données. Il est nécessaire d'indiquer au moteur de persistance qu'une telle gestion est réalisée par la base de données et non par le gestionnaire d'entités. Pour ce faire, une annotation spécifique d'Hibernate, @org.hibernate.annotations.OnDelete, autorise deux valeurs :

- `org.hibernate.annotations.OnDeleteAction.NO_ACTION` : valeur par défaut ; aucune action n'est entreprise par la base de données.
- `org.hibernate.annotations.OnDeleteAction.CASCADE` : stipule que la base de données prend en charge l'effacement des enregistrements correspondants à l'association annotée.

Exemple :

```
@Entity
public class Player {
   …
   @ManyToOne
   @OnDelete(action=OnDeleteAction.CASCADE)
   public Team getTeam() { … }
   …
}
```

Prenons toutefois garde qu'un tel système n'exploite pas la gestion de la concourence.

## Ordres SQL et procédures stockées

Comme vous avez pu le voir tout au long des précédents chapitres, Java Persistence implémentée par Hibernate est capable de générer la totalité des requêtes SQL, que ce soit pour la récupération d'enregistrements depuis la base de données ou l'écriture, la mise à jour et l'effacement de ces mêmes enregistrements. N'oubliez pas qu'Hibernate fait abstraction de la base de données cible et adapte automatiquement les syntaxes SQL en fonction de celle-ci.

Si votre schéma relationnel exige des manipulations SQL spécifiques, vous êtes libre de ne pas laisser votre fournisseur de persistance (implémentation de Java Persistence) générer les ordres SQL automatiquement.

Pour utiliser des ordres SQL spécifiques, renseignez-les *via* les annotations spécifiques Hibernate @org.hibernate.annotations.Loader, @org.hibernate.annotations.SQLInsert, @org.hibernate.annotations.SQLUpdate, @org.hibernate.annotations.SQLDelete et @org.hibernate.annotations.SQLDeleteAll.

@org.hibernate.annotations.Loader vous permet de définir la requête à exécuter lors de la récupération d'une entité. Elle prend comme membre unique une référence vers une requête nommée, avec toutes les règles décrites au chapitre 5 :

```
@org.hibernate.annotations.Loader(namedQuery = "loadCoach")
@NamedNativeQuery(name="loadCoach",
   query="select ID , NAME, TEAM_ID from COACH where ID=?",
   resultClass = Coach.class)
public class Coach extends Person{…}
```

Vous pouvez exploiter @org.hibernate.annotations.Loader sur les collections. Malheureusement, les annotations ne conviennent pas vraiment dans ces cas, et la requête externalisée à exploiter doit être placée dans un fichier XML Hibernate (hbm.xml) pour tirer pleinement profit de la fonctionnalité et de ses subtilités.

Pour ce qui concerne la personnalisation des insert, update et delete, il faut utiliser @org.hibernate.annotations.SQLInsert, @org.hibernate.annotations.SQLUpdate, @org.hibernate.annotations.SQLDelete et @org.hibernate.annotations.SQLDeleteAll, qui prennent trois membres :

- `sql` : de type String ; la requête SQL permet d'opérer l'action (insert, update, delete ou delete all).
- `callable` (défaut à false) : de type booléen ; utilisation ou non d'une procédure stockée.
- `ckeck` (défaut à `ResultCheckStyle.NONE`) : de type ResultCheckStyle ; style de vérification adopté.

Pour vérifier que l'exécution personnalisée s'est bien déroulée, il existe trois styles de vérification :

- `ResultCheckStyle.NONE` : aucune vérification n'est effectuée.
- `ResultCheckStyle.COUNT` : analyse le rowcount retourné pour en déduire le nombre d'enregistrements impactés et donc si l'opération s'est bien déroulée.
- `ResultCheckStyle.PARAM` : identique à count, si ce n'est qu'il exploite un paramètre output de retour au lieu du rowcount classique.

```
@Entity
@org.hibernate.annotations.SQLInsert( sql="insert into COACH (NAME, ID)
   values (upper(?), ?)")
@org.hibernate.annotations.SQLUpdate( sql="update COACH set NAME = ?, TEAM_ID = ?
   WHERE id = ?")
@org.hibernate.annotations.SQLDelete(callable=true,
   sql="? = call deleteAllPlayers(?)",
   check = ResultCheckStyle.PARAM
)
```

```
@org.hibernate.annotations.SQLDeleteAll( sql="DELETE COACH")
@Loader(namedQuery = "loadCoach")
@NamedNativeQuery(name="loadCoach", query="select ID , NAME, TEAM_ID from COACH where
ID=?", resultClass = Coach.class)
public class Coach extends Person{…}
```

Une question primordiale se pose quant à l'utilisation de ces annotations. Comme vous le remarquez, elles exploitent les paramètres positionnés. Dès lors, comment déterminer l'ordre des valeurs injectées par Hibernate ? Pour répondre à cette question, une manipulation assez laborieuse doit être effectuée. Il faut tout d'abord commenter toute personnalisation SQL et revenir en un mode de génération SQL totalement automatique, puis activer les traces debug (log4j) pour le package `org.hibernate.persister.entity` et analyser les traces générées au démarrage d'Hibernate. Vous pourrez ainsi déduire l'ordre exploité par Hibernate et l'intégrer à vos ordres SQL personnalisés.

Notez que les annotations @org.hibernate.annotations.SQLInsert, @org.hibernate.annotations.SQLUpdate, @org.hibernate.annotations.SQLDelete et @org.hibernate.annotations.SQLDeleteAll peuvent être appliquées au niveau entité mais aussi au niveau des collections pour la gestion de la clé étrangère :

```
@Entity
public class Team {
   @Id
   @GeneratedValue()
   private int id;

   @OneToMany
   @JoinColumn(name="TEAM_ID")
   // n'a de sens que si l'association n'est pas bidirectionnelle
   @org.hibernate.annotations.SQLInsert(
      sql="UPDATE /*test*/ PLAYER SET TEAM_ID = ?
      where id = ?")
   @org.hibernate.annotations.SQLDelete(
      sql="UPDATE  PLAYER SET TEAM_ID = null
      where id = ?")
   private Collection<Player> players = new ArrayList<Player>();
   …
}
```

De la même manière, vous pouvez définir une gestion du SQL personnalisée pour les tables secondaires, en utilisant l'annotation @org.hibernate.annotations.Table et ses membres sqlInsert, sqlUpdate et sqlDelete de types respectifs @SQLInsert, @SQLUpdate, @SQLDelete.

## Gestion des clés étrangères corrompues

Dans de rares cas, mais toujours pour de très mauvaises raisons, on s'autorise à désactiver les contraintes au niveau de la base de données. Le pire cas étant la suppression des clés étrangères.

Une telle situation pourrait aboutir à l'exemple suivant : dans la table PLAYER, vous pourriez avoir une valeur dans la colonne TEAM_ID qui ne corresponde à aucun enregistrement dans la table TEAM. Lorsque vous récupérez le player en question et invoquez myPlayer.getTeam(), un problème évident se pose puisque l'instance de Team en question ne pourra être résolue.

Vous pouvez définir le comportement à adopter dans ces cas *via* l'annotation spécifique Hibernate @org.hibernate.annotations.NotFound, qui propose deux possibilités :

- org.hibernate.annotations.NotFoundAction.EXCEPTION : comportement par défaut recommandé et qui soulève une exception.
- org.hibernate.annotations.NotFoundAction.IGNORE : ignore l'élément lorsqu'il n'est pas retrouvé en base de données.

Cette annotation peut être utilisée en complément de tous les types d'associations, OneToOne, ManyToOne, OneToMany et ManyToMany.

Exemple :

```
@Entity
public class Player {
   …
   @ManyToOne
   @org.hibernate.annotations.NotFound(
      action=NotFoundAction.IGNORE)
   public Team getTeam () { … }
   …
}
```

Une solution plus sûre consiste à établir la contrainte de clé étrangère après exécution d'un traitement des données pour purger les valeurs des colonnes corrompues.

## Chargement tardif des propriétés

Vous avez vu au chapitre 5 le rôle du lazy loading, ou chargement tardif, au niveau des collections et des associations ManyToOne. Cette fonction est aussi disponible au niveau des propriétés, qu'elles soient mappées directement à une colonne ou à une formule.

Les seuls cas où vous devriez avoir besoin de cette fonctionnalité sont ceux où une entité contient énormément de propriétés ou quelques propriétés particulièrement volumineuses, un long texte par exemple, et bien sûr ceux où, comme vous l'avez vu précédemment, vous utilisez des formules susceptibles d'impacter les performances.

Vous allez l'activer sur l'exemple dans lequel vous aviez appliqué une formule.

Passez le membre fetch de l'annotation @Basic à FetchType.LAZY :

```
@Entity
public class Player {
   …
   @Basic(fetch=FetchType.LAZY)
```

```
    @org.hibernate.annotations.Formula(
        "select count(*) from GAME g where g.MVP_ID = ID"
    )
    private int hasBeenMvpCount;
    …
}
```

Cette fonctionnalité requiert une instrumentation spécifique par le biais d'une tâche Ant. Utilisez-la dans votre fichier de construction avec le nœud `<target/>` suivant :

```
<project name="java-persistance" default="instrument" basedir=".">
    <property name="lib.dir" value="lib"/>
    <property name="src.dir" value="src"/>
    <property name="build.dir" value="build"/>
    <property name="classes.dir" value="classes"/>
    <property name="javac.debug" value="on"/>
    <property name="javac.optimize" value="off"/>
    <path id="hibernate-schema-classpath">
        <fileset dir="${lib.dir}">
            <include name="**/*.jar"/>
            <include name="**/*.zip"/>
        </fileset>
        <pathelement location="${classes.dir}" />
    </path>
    <path id="lib.class.path">
        <fileset dir="${lib.dir}">
            <include name="**/*.jar"/>
        </fileset>
        <pathelement path="${clover.jar}"/>
    </path>
    <target name="instrument" >
        <taskdef name="instrument"
classname="org.hibernate.tool.instrument.javassist.InstrumentTask">
            <classpath path="${lib.dir}"/>
            <classpath path="${classes.dir}/ch8/demoFormula"/>
            <classpath refid="lib.class.path"/>
        </taskdef>
        <instrument verbose="true">
            <fileset dir="${classes.dir}/ch8/demoFormula">
                <include name="*.class"/>
            </fileset>
        </instrument>
    </target>
</project>
```

Vérifiez que l'instrumentation se passe comme prévu en scrutant les traces. Vous devriez voir apparaître des traces semblables à celles-ci :

```
[instrument] starting instrumentation

...

[instrument] Starting class file : file:/C:/livre/java-persistance/classes/
ch8/demoFormula/Player.class

[instrument] processing class [ch8.demoFormula.Player]; file = file:/C:/livre/
java-persistance/classes/ch8/demoFormula/Player.class

[instrument] accepting transformation of field
[ch8.demoFormula.Player.hasBeenMvpCount]

[instrument] accepting transformation of field
[ch8.demoFormula.Player.hasBeenMvpCount]

[instrument] accepting transformation of field [ch8.demoFormula.Player.height]

[instrument] accepting transformation of field [ch8.demoFormula.Player.height]

[instrument] accepting transformation of field [ch8.demoFormula.Player.team]

[instrument] accepting transformation of field [ch8.demoFormula.Player.team]

...

BUILD SUCCESSFUL
```

Au démarrage de votre application, Hibernate vous rappelle sur quelles classes est activé le chargement tardif sur les propriétés :

```
INFO  [EntityMetamodel] lazy property fetching available for:
ch8.demoFormula.BigPlayer

INFO  [EntityMetamodel] lazy property fetching available for:
ch8.demoFormula.SmallPlayer

INFO  [EntityMetamodel] lazy property fetching available for:
ch8.demoFormula.Player
```

Le code suivant illustre le comportement résultant de ce paramétrage :

```
tm.begin();

Player chris = (Player)em
   .createQuery("from Player p where p.name=:param")
   .setParameter("param", "chris")
   .getSingleResult();
// si vous testez aussi le lazy loading au niveau propriété
// n'oubliez pas d'exécuter la tache ant d'instrumentation
assertEquals(1, chris.getHasBeenMvpCount());

tm.commit();
```

Marquez un point d'arrêt sur l'assertion qui accède à la propriété lazy *via* `chris.getHasBeenMvpCount()` et analysez les traces :

```
select player0_.id as id2_, player0_.name as name2_,
   player0_.height as height2_, player0_.team_id as team4_2_,
   case when player0_.height is null then 'player'
   when player0_.height > 2 then 'bigplayer'
   else 'smallPlayer' end as clazz_
from Player player0_
where player0_.name=?
select
   select count(*)
   from GAME g
   where g.MVP_ID = bigplayer_.ID as formula1_
from Player bigplayer_
where bigplayer_.id=?
```

La première requête charge les propriétés non lazy de `Player`. La seconde charge « à la demande » notre propriété lazy mappée à une formule lors de l'invocation du getter.

Si vous définissez plusieurs propriétés lazy, vous constatez que le premier accès à une de ces propriétés charge d'un coup, et non une par une, toutes les propriétés lazy.

Au niveau des propriétés, cette fonctionnalité est anecdotique, même si elle peut rendre service dans les rares cas où vous manipulez des entités avec un grand nombre de propriétés.

### En résumé

Ce sont essentiellement les extensions Hibernate qui peuvent vous permettre de repousser les limites imposées par certaines conceptions relationnelles au niveau de la base de données. Certaines critiques prétendent que Java Persistence ne devrait être utilisé que si vous pouvez aussi créer la base de données de zéro. Cette section a fait la preuve que vous pouvez mapper toutes sortes de schémas de bases de données, même les plus exotiques.

## Valeurs, types et types personnalisés (UserType)

Vous n'avons pas encore réellement entendu parler de typage, notion primordiale dans la programmation orientée objet. Vous savez que les entités ont leur propre cycle de vie et que les objets inclus doivent être considérés comme des valeurs dont le cycle de vie est directement lié à l'entité à laquelle ils appartiennent.

Mais qu'en est-il des propriétés basiques, et comment aller plus loin dans la flexibilité et la personnalisation des mappings ?

## Types primitifs et natifs

Chaque fournisseur exploite son propre jeu de types natifs, censé faire correspondre les types java en types SQL. Jusqu'à présent, vous n'avez pas rencontré ce système tellement il semble intuitif et complètement transparent aux yeux de l'utilisateur.

Le tableau 8.1 résume les types les plus primitifs.

**Tableau 8.1 Types primitifs**

| Type natif Hibernate | Type Java | Type SQL standard |
|---|---|---|
| integer | int ou java.lang.Integer | INTEGER |
| long | Long ou java.lang.Long | BIGINT |
| short | Short ou java.lang.Short | SMALLINT |
| float | float ou java.lang.Float | FLOAT |
| double | double ou java.lang.Double | DOUBLE |
| big_decimal | java.math.BigDecimal | NUMERIC |
| character | java.lang.String | CHAR(1) |
| String | java.lang.String | VARCHAR |
| byte | Byte ou java.lang.Byte | TINYINT |
| boolean | boolean ou java.lang.Boolean | BIT |
| yes_no | boolean ou java.lang.Boolean | CHAR(1) ('Y' ou 'N') |
| true_false | boolean ou java.lang.Boolean | CHAR(1) ('T' ou 'F') |

Selon l'historique de la base de données, certains des types SQL peuvent sembler non supportés. Les types listés dans ce tableau sont ceux du standard ANSI concernant les types de données. La plupart des pilotes JDBC fournissent la conversion depuis ces types vers les types spécifiques des bases de données.

Si vous laissez à Hibernate le soin de générer le schéma (*via* SchemaExport), Hibernate exploite directement les types spécifiques de la base de données cible *via* les dialectes (voir package org.hibernate.dialect).

Les types relatifs aux notions de dates et heures sont récapitulés au tableau 8.2.

**Tableau 8.2 Types relatifs aux dates et heures**

| Type natif Hibernate | Type Java | Type SQL standard |
|---|---|---|
| date | java.util.Date ou java.sql.Date | DATE |
| time | java.util.Date ou java.sql.Time | TIME |
| timestamp | java.util.Date ou java.sql.Timestamp | TIMESTAMP |
| calendar | java.util.Calendar | TIMESTAMP |
| calendar_date | java.util.Calendar | DATE |

Viennent ensuite les types binaires et larges présentés au tableau 8.3.

**Tableau 8.3 Types binaires et larges**

| Type natif Hibernate | Type Java | Type SQL standard |
|---|---|---|
| binary | byte[] | VARBINARY |
| text | java.lang.String | CLOB |
| clob | java.sql.Clob | CLOB |
| Clob | java.sql.Blob | BLOB |
| serializable | classes qui implémentent java.io.Serializable | VARBINARY |

Ce type de propriété peut engendrer des problèmes de performances du fait du volume qu'elles représentent. Pour parer à ce problème, vous pouvez activer le lazy loading au niveau de la propriété si votre pilote JDBC ne le propose pas nativement. En effet, si votre pilote JDBC supporte directement les objets LOB, alors, implicitement ; les propriétés de type `java.sql.Clob` et `java.sql.Blob` seront chargées à la demande par le pilote JDBC lui-même. Rappelez-vous toutefois, que le lazy loading ne peut fonctionner qu'au sein d'une transaction en cours.

D'autres types du JDK, moins intuitifs, sont aussi mappés de manière transparente. Ils sont présentés au tableau 8.4

**Tableau 8.4 Autres types du JDK**

| Type natif Hibernate | Type Java | Type SQL standard |
|---|---|---|
| class | java.lang.Class | VARCHAR |
| locale | java.util.Locale | VARCHAR |
| timezone | java.util.TimeZone | VARCHAR |
| currency | java.util.Currency | VARCHAR |

Les types que vous venez de voir sont relativement simples. Voyez comment cela se passe lorsqu'une colonne ou combinaison de colonnes pose un problème de typage.

## Les types personnalisés (UserType)

Suite à une conception relationnelle non rigoureuse ou à un historique particulier, vous serez confronté un jour ou l'autre à devoir mapper un jeu de colonnes ou un format de données gênant, qui ne convient pas au modèle objet que vous souhaiterez mettre en œuvre.

Lorsque vous tombez sur un mapping par défaut qui ne vous plaît pas ou que vous pensez qu'un mapping est impossible, ayez le reflexe « type personnalisé », plus connu dans la sphère Hibernate sous le terme UserType.

### Illustration de la problématique

Vous allez très vite comprendre quel genre de cas peut devenir irritant et pourrait réduire la qualité de votre modèle de classes.

Prenons une table `GAME` comme celle décrite ci-dessous :

```
create table Game (
   id integer generated by default as identity (start with 1),
   SCORE varchar(255),
   primary key (id)
)
```

Cette table semble être d'une simplicité enfantine et vous savez déjà la mapper sans aucun souci depuis le chapitre 3. Le problème se situe au niveau du contenu de la colonne `SCORE`, celle-ci contenant des valeurs du type 2 – 0, 3 – 1, etc.

Vous souhaiteriez, pour diverses raisons, travailler avec un modèle objet exploitant la classe `Score` :

```
public class Score {
   private int homeTeamScore;
   private int awayTeamScore;
   ...
}
```

Cette classe n'est pas un objet inclus et encore moins une entité, même si l'entité `Game` y fait référence :

```
@Entity
public class Game {
   @Id
   @GeneratedValue(
      strategy=GenerationType.AUTO)
   private int id;

   private Score score;
```

```
    ...
}
```

À première vue, il n'y a aucun moyen de mapper les deux modèles. Il va donc falloir vous résoudre à sacrifier votre modèle objet ou à financer une grosse mise à jour de la base de données. Lorsque vous êtes face à ce choix, pensez au UserType.

### Les différents points d'extension

Un UserType est une extension qui va être prise en compte par Hibernate pour résoudre vos problèmes lorsque les possibilités de mappings conventionnelles ne suffisent pas à faire correspondre votre modèle de données et votre modèle objet. Il permet de mapper la plupart des cas compliqués à l'extrême vers des valeurs (voir « Entités et valeurs » au chapitre 2).

Cette extension se décline en six déclinaisons, dont deux sont réellement importantes. Avant de vous atteler à résoudre votre problème par la pratique, voyons brièvement ces différentes déclinaisons :

- `org.hibernate.usertype.UserType` : point d'extension basique, qui suffit dans beaucoup de cas d'utilisation ; il fournit les méthodes pour un chargement et une sauvegarde personnalisés des instances d'objets de type valeur.
- `org.hibernate.usertype.CompositeUserType` : interface avec plus de méthodes que le UserType basique ; utilisée pour exposer le contenu de votre valeur à Hibernate. Il s'agit notamment d'exposer les propriétés individuelles pour y faire référence dans les requêtes.
- `org.hibernate.usertype.UserCollectionType` : rarement nécessaire, cette interface permet l'implémentation de collections particulières (ne faisant pas partie du JDK).
- `org.hibernate.usertype.EhancedUserType` : cette interface étend UserType et fournit des méthodes additionnelles pour la transformation vers et depuis une représentation XML. Elle permet aussi d'activer un type de mapping particulier à utiliser pour un identifiant ou un discriminateur.
- `org.hibernate.usertype.UserVersionType` : interface qui étend UserType et fournit des méthodes additionnelles pour activer un mapping particulier pour la versionnement d'une entité.
- `org.hibernate.usertype.ParametizedType` : interface utile si vous souhaitez combiner les autres paramètres de configuration disponibles dans les métadonnées. Par exemple, vous pouvez implémenter des règles de conversion basées sur un paramètre défini dans les métadonnées.

### Mise en pratique

Vous pouvez simplifier la problématique et spécifier que le but de votre UserType est de convertir une valeur, de type varchar, de la forme 3 – 0 contenue dans la colonne `SCORE` de la table GAME vers deux propriétés, homeTeamScore et awayTeamScore, de type entier, contenues dans la classe Score.

Implémentez le UserType suivant :

```
public class ScoreUserType implements UserType {
   public int[] sqlTypes() {
      return new int[] { Hibernate.STRING.sqlType() };
   }
   public Class returnedClass() {
      return Score.class;
   }
   public boolean isMutable() {
      return false;
   }
   public Object deepCopy(Object value) {
      Score score = (Score) value;
      Score copy = new Score();
      copy.setAwayTeamScore(score.getAwayTeamScore());
      copy.setHomeTeamScore(score.getHomeTeamScore());
      return copy;
   }
   public Serializable disassemble(Object value) {
      return …;
   }
   public Object assemble(Serializable cached, Object owner) {
      return …;
   }
   public Object replace(Object original, Object target,
      Object owner){
      Score copy = new Score();
      Score source = (Score)original;
      copy.setAwayTeamScore(source.getAwayTeamScore());
      copy.setHomeTeamScore(source.getHomeTeamScore());
      return copy;   }
   public boolean equals(Object x, Object y) {
      …
   }
   public int hashCode(Object x) {
      …
   }
   public Object nullSafeGet(ResultSet resultSet, String[] names,
      Object owner) throws SQLException {
      String stringValue = resultSet.getString(names[0]);
      if (resultSet.wasNull())
         return null;
      String[] scores = stringValue.split("-");
      int homeValue = Integer.parseInt(scores[0].trim());
      int awayValue = Integer.parseInt(scores[1].trim());
      Score score = new Score();
      score.setAwayTeamScore(awayValue);
```

```
        score.setHomeTeamScore(homeValue);
        return score;
    }
    public void nullSafeSet(PreparedStatement statement,
        Object value, int index)
        throws HibernateFxception, SQLException {
        if (value == null) {
            statement.setNull(index, Hibernate.BIG_DECIMAL.sqlType());
        } else {
        Score score = (Score) value;
        statement.setString(index, score.getHomeTeamScore() + " - "
            + score.getAwayTeamScore());
        }
    }
}
```

Détaillons les méthodes à implémenter :

- `sqlTypes()` indique à Hibernate les type de colonnes à utiliser pour la génération du schéma *via* SchemaExport. Dans votre cas, vous n'avez qu'une colonne et utilisez `Hibernate.STRING.sqlType()` pour définir le type SQL exact.
- `returnedClass()` indique la classe exploitée : il s'agit de la classe `Score`.
- `isMutable()` indique si les instances sont muables ou non, ce qui permet à Hibernate d'opérer de légères optimisations.
- `deepCopy()` est une méthode importante. Souvenez-vous de la notion de dirty checking, qui permet au gestionnaire d'entités de traquer la moindre modification apportée aux objets, pour ensuite les propager en base de données au moment du flush. Cette méthode doit fournir une copie de l'objet permettant une comparaison entre le moment où il a été récupéré et celui où flush intervient. Dans votre cas, son implémentation est facile.
- `dissassemble()` est invoquée lorsque Hibernate dépose les données impliquées dans le cache de second niveau. Il s'agit d'une sérialisation des informations. (Attention à la robustesse de cette méthode !)
- `assemble()` fait l'inverse : elle permet de matérialiser une instance depuis les données présentes en cache. (Attention à la robustesse de cette méthode !)
- `replace()` entre en jeu lors du processus de merging, lorsque vous invoquez `em.merge()`. Si votre objet est immuable, retournez le premier argument. Sinon, il vous faut au moins retourner une copie profonde de l'objet, ce que vous ferez dans cet exemple.
- `equals()` et `hashCode()` sont indispensables pour comparer sémantiquement deux instances du même type, ce qui est implicitement utilisé lors du dirty checking.
- `nullSageGet()` récupère les valeurs des propriétés depuis le resultset JDBC. Selon vos besoins, vous pouvez aussi exploiter l'entité à laquelle l'objet appartient.
- `nullSageSet()` écrit les valeur vers le `PreparedStatement` JDBC.

Une fois votre UserType implémenté, il ne vous reste qu'à y faire référence dans les métadonnées *via* l'annotation @org.hibernate.annotations.Type :

```
@Entity
public class Game {
   @Id
   @GeneratedValue(
   strategy=GenerationType.AUTO)
   private int id;

   @org.hibernate.annotations.Type(
      type = "ch8.demoUserType.ScoreUserType")
   @Column(name = "SCORE")
   private Score score;
   ...
}
```

#### En résumé

Les possibilités de mapping sont quasiment infinies avec les extensions UserType proposées par Hibernate. Ayez toutefois conscience que leur implémentation est d'un niveau de complexité élevé puisqu'elle nécessite la prise en compte du cache de second niveau, de l'identité et du dirty checking.

## Filtres et interception d'événement

Les collections soulèvent parfois des problèmes de récupération de données inutiles, surtout lorsque vous travaillez avec des tables contenant des données temporaires ou internationalisées. Dans ce dernier cas, les enregistrements nécessaires sont uniquement ceux de la langue de l'utilisateur. Sans fonctionnalité de filtre, il devient gênant de récupérer systématiquement l'ensemble des informations de toutes les langues.

Vous allez voir comment interagir avec et intercepter les différentes actions réalisées par le moteur de persistance.

### *Les filtres (spécifiques d'Hibernate)*

Les fonctionnalités suivantes sont spécifiques d'Hibernate. Elles requièrent l'utilisation de la session Hibernate et de certaines annotations spécifiques d'Hibernate.

#### Les filtres de collection

Les filtres de collection sont un artifice dérivé des requêtes. Ils consistent à exécuter une requête, non pas sur le datastore complet mais sur une collection. Cette fonctionnalité est spécifique d'Hibernate : elle requiert l'utilisation de la session Hibernate.

Pour exécuter un filtre, il suffit d'invoquer la méthode `createFilter()` sur la session Hibernate. Cette méthode prend deux paramètres. Le premier est la collection à filtrer, et le second une requête EJB-QL. La méthode `createFilter()` retourne une `org.hibernate.Query`, très semblable à l'interface Query de Java Persistence que vous avez appris à manipuler au chapitre 5.

En voici un exemple :

```
tm.begin();
Session session = (Session)em.getDelegate();
Team t = (Team)session.get(Team.class,new Integer(1));
Collection smallPlayers = session.createFilter(
    t.getPlayers(),
    "where this.height < :height ")
    .setParameter( "height", new Float(1.88))
    .list();
tm.commit();
```

La collection `players` d'une instance de `Team` contient des instances de `Player`. Vous pouvez donc écrire une clause where EJb-QL contenant des restrictions sur n'importe laquelle des propriétés accessibles depuis une instance de `Player`, y compris en naviguant dans le graphe d'objets.

L'exécution du filtre écrit précédemment implique la génération de la requête SQL suivante :

```
select team0_.id as id0_1_, team0_.name as name0_1_,
    team0_.version as version0_1_, coach1_.id as id1_0_,
    coach1_.name as name1_0_, coach1_.team_id as team3_1_0_
from Team team0_
```

```
    left outer join Coach coach1_ on team0_.id=coach1_.team_id
where team0_.id=?
select player0_.id as id2_, player0_.name as name2_,
    player0_.hasBeenMvpCount as hasBeenM3_2_,
    player0_.height as height2_, player0_.team_id as team5_2_
from Player player0_
where player0_.team_id = ? and player0_.height<?
```

L'exécution du filtre est identique à celle d'une requête et renvoie une liste d'entités.

### Les filtres statiques

Vous pouvez définir un filtre statique (ou conditions statiques) pour la récupération d'entités et collections *via* l'annotation spécifique Hibernate @org.hibernate.annotations.Where, qui prend comme unique membre la clause where devant être exploitée.

Exemple pour un filtre statique au niveau entité :

```
@Entity
@org.hibernate.annotations.Where(clause="name is not null")
public class Team {…}
```

Exemple pour un filtre statique au niveau collection :

```
@OneToMany(mappedBy="team", cascade=CascadeType.MERGE)
@org.hibernate.annotations.Where(clause="name is not null")
private Collection<Player> players = new ArrayList<Player>();
```

Cette fonctionnalité n'est pas des plus pertinentes du fait de sa limitation statique.

Hibernate offre aussi la possibilité de paramétrer ces filtres, une fonctionnalité indispensable pour l'internationalisation des applications ou pour la sécurité *(voir le papier de Steve Ebersole sur le blog d'Hibernate, à l'adresse http://in.relation.to/Bloggers/Hibernate3Filters).*

Les sections qui suivent détaillent quelques exemples d'application de filtres sur une classe et une collection.

### Filtre dynamique simple sur une entité

L'utilisation d'un filtre comporte trois étapes, dont les deux premières consistent à spécifier les éléments du filtre *via* les annotations, la troisième étant l'utilisation même du filtre dans votre code :

```
@Entity
@org.hibernate.annotations.FilterDef(
    name = "limitPlayerByHeight",
   parameters = {
      @org.hibernate.annotations.ParamDef(
         name = "height", type = "float")
   }
)
@org.hibernate.annotations.Filter(
   name = "limitPlayerByHeight",
   condition="HEIGHT > :height"
)
public class Player extends Person{ …}
```

La première étape réside dans la définition du filtre *via* l'annotation @org.hibernate.annotations.FilterDef, qui prend deux membres :

- `name` : de type String ; alias qui référence le filtre.
- `parameters` : de type tableau de @org.annotations.ParamDef ; définition des paramètres nommés applicables aux filtres. Cette annotation prend elle-même deux membres :
  - `name` : de type String ; nom du paramètre nommé.
  - `type` : type du paramètre nommé.

Comme pour plusieurs annotations que vous avons déjà rencontrées, si vous devez définir plusieurs filtres, utilisez un tableau de @org.hibernate.annotations.FilterDef, tableau que vous définirez comme valeur de l'unique membre de @org.hibernate.annotations.FilterDefs.

La seconde étape consiste à définir l'implémentation SQL du filtre. Cela passe par l'annotation @org.hibernate.annotations.Filter, qui prend deux membres :

- `name` : de type String ; alias qui référence le filtre.
- `condition` : condition SQL que le filtre doit effectuer. Dans l'exemple précédent, notez la présence du paramètre nommé `:height`.

La dernière étape est l'activation à proprement parlée du filtre, inactif par défaut, *via* la session Hibernate :

```
tm.begin();
Session session = (Session)em.getDelegate();
Filter filter = session.enableFilter("limitPlayerByHeight");
filter.setParameter("height", new Float(1.88));
List results = session.createQuery("from Player p").list();
tm.commit();
```

L'activation se fait en invoquant sur la session la méthode `session.enableFilter(leNomDuFiltre)`.

Il ne reste plus qu'à définir la valeur des paramètres du filtre en invoquant `filter.setParameter(leNomDuParamètre, saValeur)`.

### Filtre dynamique sur une collection

Les filtres peuvent aussi être utilisés sur une collection. Dans ce cas, il suffit d'annoter l'association OneToMany ou ManyToMany avec @org.hibernate.annotations.Filter :

```
@Entity
public class Team {
   @Id
   @GeneratedValue
   private int id;

   @OneToMany(mappedBy="team", cascade=CascadeType.MERGE)
   @org.hibernate.annotations.Filter(
      name = "limitPlayerByHeight",
      condition="HEIGHT > :height"
   )
   private Collection<Player> players = new ArrayList<Player>();
   …
}
```

Dans cet exemple, l'annotation @org.hibernate.annotations.FilterDef est laissée sur l'entité `Player`. Le filtre ne doit pas forcément être déclaré dans la même classe. @org.hibernate.annotations.FilterDef est même l'une des rares annotations pouvant s'appliquer sur un package.

L'activation du filtre est identique à celle de l'exemple précédent :

```
tm.begin();
Session session = (Session)em.getDelegate();
Filter filter = session.enableFilter("limitPlayerByHeight");
filter.setParameter("height", new Float(1.88));
List results = session
   .createQuery("from Team t left join fetch t.players").list();
tm.commit();
```

Notez l'utilisation d'une requête avec chargement agressif de la collection.

En sortie, la conséquence sur la requête SQL générée répond à vos besoins :

```
select team0_.id as id0_0_, players1_.id as id2_1_,
...
from Team team0_
left outer join Player players1_ on team0_.id=players1_.team_id
and players1_.HEIGHT > ?
```

Le paramétrage de l'attribut lazy n'a bien sûr aucun impact sur l'application du filtre.

### Filtre dynamique sur table d'association

Il existe un dernier cas d'utilisation de filtres dynamiques, qui concerne les tables d'association, exploitées notamment dans les associations ManyToMany et OneToMany unidirectionnelles, qui, par défaut, nécessitent selon la spécification une table de jointure.

Ce cas est couvert par l'annotation dédiée @org.hibernate.annotations.FilterJoinTable. Son utilisation est semblable à celle de @org.hibernate.annotations.Filter :

```
@OneToMany
@JoinTable
//filtre sur les entités éléments de la collection
@Filter(name="betweenHeight",
   condition=":minHeight <= height and :maxHeight >= height")
//filtre sur la table d'association
@FilterJoinTable(name="security",
   condition=":userlevel >= requredLevel")
public Set<Player> getPlayer() { ... }
```

Si vous devez utiliser plusieurs filtres, utilisez @org.hibernate.annotations.FilterJoinTables.

### Plusieurs filtres aux niveaux entité et collection

Vous avez la possibilité de cumuler autant de filtres que vous le souhaitez, que ce soit aux niveaux entité, collection, table de jointure ou *n* niveaux simultanément : il vous suffit de mixer les exemples précédents.

Veillez toujours à activer chacun des filtres dont vous avez besoin *via* `session.enableFilter()` :

```
…
session.enableFilter("heightFilter").setParameter("height",1.88);
session.enableFilter("weightFilter").setParameter("weight",102.00);
session.enableFilter("lostGameFilter").setParameter("nbLost",2);
List results2 = session
   .createQuery("from Team t left join fetch t.players ")
   .list();
tx.commit();
```

Le mélange de HQL et de filtres dynamiques ne pose aucun problème pour le moteur Hibernate.

### Cas typiques d'utilisation

L'internationalisation et la sécurité de vos applications représentent les principaux cas d'utilisation des filtres mais ne sont pas les seules préoccupations qui tirent profit de cette puissante fonctionnalité.

Couplés au HQL, les filtres devraient vous permettre de réaliser les requêtes les plus complexes tout vous permettant d'externaliser et de paramétrer certains de vos composants.

## Interception d'événement

De manière générale, on peut assimiler un événement à une action menée sur le cycle de vie d'une entité. Les callbacks sont un moyen d'intercepter chaque étape du cycle de vie de l'entité. On associe un traitement à une étape.

### Callbacks d'entité et listeners par Java Persistence

Les actions liées au cycle de vie d'une entité que l'on peut intercepter et qui sont spécifiées par Java Persistence sont :

- PrePersist
- PostPersist
- PreRemove
- PostRemove
- PreUpdate
- PostUpdate
- PostLoad

Leur nom est suffisamment explicite.

Il existe deux moyens de déclencher des traitements particuliers lorsque ces transitions surviennent.

Le premier se situe au niveau de l'entité même, *via* les annotations @(+ étape concernée).

En voici un exemple :

```
@Entity
public class Coach extends Person{
   …
   @PrePersist
   protected void notifyPersistenceRequest(){
   System.out.println(this.getName()
      + " sur le point d'être rendu persistant");
   }

   @PostPersist
   protected void confirmPersistence(){
      System.out.println(this.getName()
         + " rendu persistant");
   }
}
```

Il n'est pas conseillé d'utiliser plusieurs méthodes pour une même étape de cycle (par exemple, annoter plusieurs méthodes avec @PostPersist).

Le second moyen consiste à externaliser ces méthodes dans une classe dédiée, dite classe listener. Une classe listener pouvant prendre en charge les callbacks de plusieurs entités, il est nécessaire d'associer l'entité à son listener *via* @EntityListeners, qui prend comme membre un tableau de `Class`. Pour chaque méthode du listener, il faut définir un argument de type : l'entité concernée.

En voici un mise en application :

```
@Entity
@EntityListeners(Monitor.class)
public class Coach extends Person{…}
```

Et :

```
public class Monitor {
   @PrePersist
   protected void notifyPersistenceRequest(Coach coach){
      System.out.println(coach.getName()
         + " sur le point d'être rendu persistant");
   }

   @PostPersist
   protected void confirmPersistence(Coach coach){
      System.out.println(coach.getName()
         + " rendu persistant");
   }
}
```

Vous pouvez mixer les deux méthodes. L'ordre d'exécution commence par les méthodes du listener dédiées puis celles définies dans l'entité.

Les listeners doivent respecter les conditions et contraintes suivantes :

- Ils sont sans état.
- Ils peuvent soulever des unchecked/runtime exceptions. Si leur exécution s'inclut dans un contexte transactionnel, un rollback est effectué s'ils soulèvent ce type d'exception(selon les conditions dictées par la spécification EJB 3.0).
- Ils peuvent invoquer JNDI, JDBC, JMS, et des beans enterprise.
- En général, il est recommandé de ne pas invoquer de gestionnaire d'entités.

Ce dernier point est très contraignant si la nature des traitements que vous voulez effectuer requiert la manipulation d'entités et du gestionnaire d'entités. Dans ce cas, il vous faudra utiliser le système d'interception d'événement d'Hibernate.

### Architecture par événement d'Hibernate

Hibernate propose une fonctionnalité semblable. Cette fonctionnalité est une conséquence de l'« architecture par événement » au cœur du moteur Hibernate.

Les événements sont essentiellement les actions menées par la session, à savoir : auto-flush, merge, persist, delete, dirty-check, evict, flush, flush-entity, load, load-collection, lock, refresh, replicate, save-update, pre-load, pre-update, pre-insert, pre-delete, post-load, post-update, post-insert et post-delete.

Vous pouvez vous référez aux javadocs du package `org.hibernate.event` pour en avoir la totalité.

Pour exploiter ces événements, il faut mettre en place un traqueur d'événements, appelé listener. Les listeners sont des singletons. Ils ne doivent pas contenir de variables d'instance et doivent être considérés comme étant sans état. Mis à part cet aspect, vous êtes libre d'implémenter ce que vous souhaitez dans vos listeners.

En voici un exemple :

```
public class Listener extends DefaultLoadEventListener {
   public void onLoad(LoadEvent event,
      LoadEventListener.LoadType loadType)
      throws HibernateException {
      System.out.println("eventTest on "
         + event.getEntityClassName());
      super.onLoad(event, loadType);
   }
}
```

Ce listener ne fait que tracer un message dans la console d'exécution chaque fois qu'une entité est chargée. Vous étendez un listener par défaut : `DefaultLoadEventListener`. Pour vous simplifier la tâche, Hibernate vous fourni divers listeners par défaut, qu'il vous suffit d'étendre : ces listeners se trouvent dans le package `org.hibernate.event.def`. Pour le moment, vous devez exploiter les listeners spécifiques d'Hibernate. Des listeners dédiés au gestionnaire d'entités sont en cours de développement au moment de rédiger cet ouvrage et se trouveront dans le package `org.hibernate.ejb.event`.

Vos listeners doivent étendre un `listener` *(voir la javadoc du package* `org.hibernate.event`*),* ou « listener par défaut » *(voir la javadoc du package* `org.hibernate.event.def`*),* ce qui est le cas dans cet exemple.

Une fois votre listener implémenté, il vous suffit de le déclarer dans le fichier de configuration globale persistence.xml :

```
<persistence>
  <persistence-unit name="eyrollesEntityManager">
    <jta-data-source>java:/myDS</jta-data-source>
    <properties>
      …
      <property name="hibernate.ejb.event.load"
        value="ch8.demoFilter.Listener"/>
    </properties>
  </persistence-unit>
</persistence>
```

Vous pouvez définir plusieurs listeners : il vous suffit de les séparer par une virgule.

Les listeners sont parfaits pour implémenter des règles de sécurité ou des systèmes d'audit (consultez le blog d'Hibernate pour un exemple de listener : *http://in.relation.to/Bloggers/Hibernate3Events*).

**Intercepteurs Hibernate**

Hibernate propose une seconde possibilité, complète mais rapidement difficile à mettre en œuvre : les intercepteurs.

Voir *http://www.hibernate.org/hib_docs/v3/reference/en/html_single/#objectstate-interceptors* pour une présentation globale et *http://www.hibernate.org/318.html* pour un exemple concret.

## En résumé

Les fonctions de filtre et l'intercepteur d'événements permettent d'implémenter des solutions à certaines problématiques récurrentes, comme le tri des données multilingues ou la gestion de la sécurité.

Les cas d'application n'étant pas limités, ayez toujours à l'esprit que ces fonctionnalités existent.

# Mapping modèle dynamique/relationnel (spécifique d'Hibernate *via* les métadonnées hbm.xml)

Le cœur des fonctionnalités de Java Persistence est le mapping objet-relationnel avec génération des ordres SQL pour la récupération, la création, la modification ou la suppression d'entités.

Dans le but de répondre au maximum de besoins, même les plus « exotiques », Hibernate apporte deux nouveaux types de mappings : le mapping de classes dynamiques et le mapping XML/relationnel. Notez que ces mappings sont considérés comme expérimentaux.

Par définition, ces types de mappings sont en dehors de la notion d'entité. Il n'y a donc pas de classe à annoter ; il s'agit de faire correspondre d'autres types de structures à un schéma relationnel. Les annotations ne vous sont donc d'aucune utilité et vous devrez exploiter les fichiers de mapping Hibernate pour pouvoir utiliser ces fonctionnalités.

> **Fichiers de mapping d'Hibernate**
>
> Les fichiers de mapping d'Hibernate hbm.xml sont un autre moyen de définir les métadonnées. Vous en trouverez un référentiel sur le site d'Eyrolles.

Maîtriser les fichiers de mapping Hibernate hbm.xml est un prérequis pour la suite de ce chapitre. Prenez soin d'étudier le référentiel dédié, disponible sur le site d'Eyrolles.

## *Mapping de classes dynamiques*

Hibernate vous offre la possibilité de mapper votre modèle de classes à des classes dynamiques. Concrètement, il s'agit de maps de maps.

Vous allez travailler à partir du modèle de classes dynamiques illustré à la figure 8.5.

**Figure 8-5**

*Diagramme de classes dynamiques*

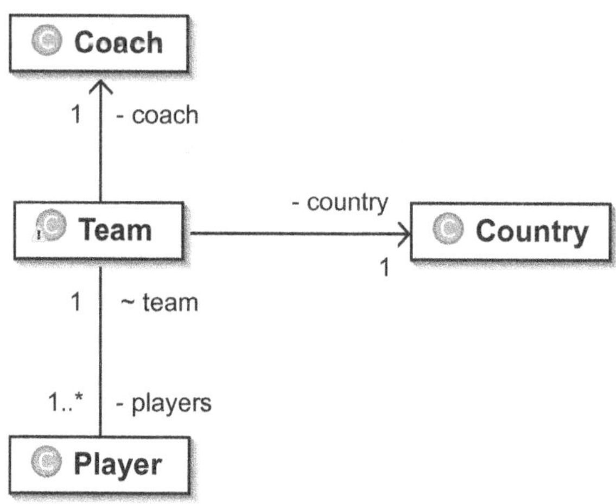

Chaque classe est en fait une Map avec un nom d'entité : `Coach`, `Team`, `Player` et `Country`.

L'utilisation de classes dynamiques vous dispense de coder les classes persistantes, un fichier de mapping par entité suffisant.

Les fichiers de mapping utilisent non plus le membre `name` de l'élément XML `<class/>` mais l'élément l'attribut `entity-name` :

```
<hibernate-mapping>
   <class entity-name="Coach" table="COACH" >
      <id column="COACH_ID" type="integer">
         <generator class="native"/>
      </id>
      <property name="name" column="COACH_NAME" type="string"/>
   </class>
</hibernate-mapping>
```

Vous venez de découvrir l'entité `Coach`. La première différence notable avec le POJO réside dans l'utilisation du membre `entity-name`. Il en va de même lorsque vous définissez la cible d'une association. Vous devez aussi utiliser `entity-name` au lieu de `class`. De plus, alors que pour une déclaration « classique » de classe persistante, la définition du type est facultative, avec les classes dynamiques elle devient obligatoire.

Voici une mise en œuvre d'une association ToOne *via* le mapping de la classe dynamique Player :

```
<hibernate-mapping>
   <class entity-name="Player" table="PLAYER" >
      <id name="id" column="PLAYER_ID" type="long">
         <generator class="native"/>
      </id>
      <property name="name" column="PLAYER_NAME" type="string"/>
      <property name="height" column="HEIGHT" type="double"/>
      <property name="weight" column="WEIGHT" type="double"/>
      <many-to-one column ="TEAM_ID" name="team"
         entity-name="Team"/>
      </class>
</hibernate-mapping>
```

Au niveau de la déclaration des collections, là encore, il faut utiliser `entity-name`. Voici l'exemple de la classe dynamique `Team` :

```
<hibernate-mapping >
   <class entity-name="Team" table="TEAM" >
      <id name="id" column="TEAM_ID" type="long">
         <generator class="native"/>
      </id>
      <many-to-one name="coach" column="COACH_ID"
         entity-name="Coach" cascade="persist,merge" />
      <bag name="players" inverse="true" fetch="select"
         cascade="persist,merge">
         <key column="TEAM_ID"/>
         <one-to-many entity-name="Player" />
```

```
        </bag>
        <property name="nbLost" column="NB_LOST" type="int"/>
        <property name="name" column="TEAM_NAME" type="string"/>
    </class>
</hibernate-mapping>
```

### Persistance d'instances de classes dynamiques

Lors de l'écriture de votre application, vous devez désormais manipuler une map par entité.

L'exemple de code suivant permet de créer un réseau d'objets selon le modèle de classes illustré à la figure 8.5 :

```
EntityManager em = (EntityManager) new InitialContext()
    .lookup("java:/EntityManagers/eyrollesEntityManager");

TransactionManager tm = (TransactionManager) new InitialContext()
    .lookup("java:/TransactionManager");

tm.begin();
Session s = (Session)em.getDelegate();
Session mapSession = s.getSession(EntityMode.MAP);
Transaction tx = mapSession.beginTransaction();

// création de l'entité coach
Map<String, Object> coach = new HashMap<String, Object>();
coach.put("name", "dynaCoach");

// création de l'entité player
Map<String, Object> player = new HashMap<String, Object>();
player.put("name", "dynaPlayer");
player.put("height", 1.88);
player.put("weight", 110.00);

// création de la collection d'entités player
List<Map> players = new ArrayList();
players.add(player);

// création de l'entité team
Map<String, Object> team = new HashMap<String, Object>();
team.put("nbLost",2);
team.put("name","DynaTeam");
team.put("coach",coach);
team.put("players",players);
player.put("team", team);

// rendre le réseau d'objets persistant
mapSession.persist("Team", team);
tm.commit();
```

La subtilité consiste à exploiter une session fondée sur un mode différent du traditionnel mode POJO. Cela se fait *via* `Session mapSession = s.getSession(EntityMode.MAP)`. Vous récupérez ainsi une session capable de travailler avec les maps.

Ensuite, excepté l'utilisation de map, la logique est identique à celle de la manipulation de classes persistantes ordinaires. Vous retrouvez l'instanciation, la valorisation des propriétés simples, la gestion des associations vers des entités et la gestion des collections. Le tout est rendu persistant par l'invocation de `session.persist("Team", team)`, qui prend comme premier argument le nom de l'entité (`entity-name`).

Les ordres d'insertion SQL sont identiques à ceux produits pour des classes persistantes traditionnelles :

```
insert into COACH (COACH_NAME, COACH_ID) values (?, null)
call identity()
insert into TEAM (COACH_ID, NB_LOST, TEAM_NAME, TEAM_ID)
  values (?, ?, ?, null)
call identity()
insert into PLAYER (PLAYER_NAME, HEIGHT, WEIGHT,
  TEAM_ID, PLAYER_ID) values (?, ?, ?, ?, null)
call identity()
```

### Récupération d'instances de classes dynamiques

Vous allez procéder en deux étapes, la première consistant à récupérer une entité racine `team` et la seconde à accéder à une propriété particulière.

Récupération de l'entité racine `team` :

```
tm.begin();
Session s = (Session)em.getDelegate();
Session mapSession = s.getSession(EntityMode.MAP);
List results = mapSession.createQuery("from Team t ").list();
Map team = (Map)results.get(0);
tm.commit();
```

La figure 8.6 illustre le résultat de ce que contient l'objet `team` une fois analysé au débogueur.

Vous ne voyez pas apparaître la collection `players`, ce qui est normal du fait du paramétrage `lazy="true"`.

Complétez votre test pour accéder à un élément de cette collection :

```
tm.begin();
Session s = (Session)em.getDelegate();
Session mapSession = s.getSession(EntityMode.MAP);
List results = mapSession.createQuery("from Team t ").list();
Map team = (Map)results.get(0);
List players = (List)team.get("players");
Map player = (Map)players.get(0);
String name = (String)player.get("name");
tm.commit();
```

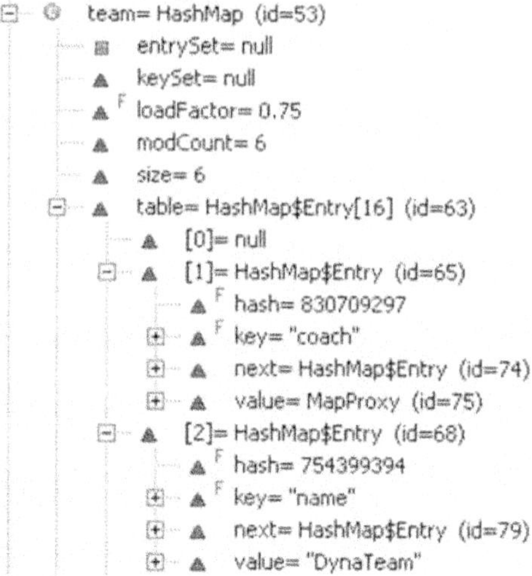


**Figure 8-6**

*Contenu de l'entité* team

Le test est concluant puisque la collection `players` est bien chargée. Vous pourriez ainsi constater que toutes les fonctionnalités d'Hibernate sont utilisables avec les classes dynamiques.

Vous pouvez vous entraîner à mapper la classe dynamique `Country` ainsi que les associations auxquelles elle prend part

## Mapping XML/relationnel

Le mapping XML/relationnel est une fonctionnalité expérimentale d'Hibernate. Son principe est simple : il s'agit de remplir un document XML depuis une base de données en passant par la session Hibernate, et inversement.

Vous disposez des mêmes possibilités qu'avec un réseau d'objets, si ce n'est que vous formez une arborescence XML. L'inverse est aussi vrai, un arbre XML pouvant servir de source de données et être rendu persistant en base de données.

Reprenez l'exemple illustré à la figure 8.7.

### Fichiers de mapping XML/objet/relationnel

Vous disposez déjà des fichiers de mapping de `Team`, `Player` et `Coach` de l'exemple précédent qui permettent de mapper le modèle de classes dynamiques *via* les maps. Vous allez les compléter pour permettre le mapping vers une structure XML, l'élément supplémentaire à renseigner étant nommé `node`.

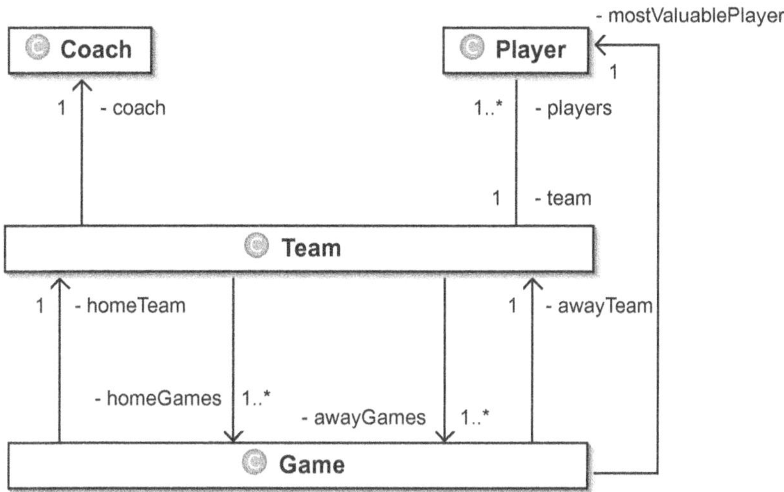


**Figure 8-7**
*Modèle de classes exemple*

Commencez par le cas simple de Coach.hbm.xml :

```
<hibernate-mapping >
   <class entity-name="Coach" table="COACH" node="coach">
      <id column="COACH_ID" node="@id" type="integer">
         <generator class="native"/>
      </id>

      <property name="name" column="COACH_NAME"
         node="@name" type="string"/>
   </class>
</hibernate-mapping>
```

Les déclarations pour le mapping XML sont très rapides à mettre en œuvre. Il suffit de renseigner l'attribut `node` de la façon suivante :

- Si sa valeur est ".", vous déclarez le mapping vers la racine.
- Si sa valeur commence par "@", vous déclarez le mapping vers un attribut XML.
- Si sa valeur ne commence ni par "." ni par "@", vous déclarez le mapping vers un élément XML.

Passons au mapping plus complexe de Player.hbm.xml :

```
<hibernate-mapping>
   <class entity-name="Player" table="PLAYER" node="player">
      <id name="id" column="PLAYER_ID" type="long" node="@id">
         <generator class="native"/>
      </id>
      <property name="name" column="PLAYER_NAME" type="string"
```

```
node="@name"/>
      <property name="height" column="HEIGHT" type="double"
         node="@height"/>
      <property name="weight" column="WEIGHT" type="double"
         node="@weight"/>
      <many-to-one column="TEAM_ID" name="team" entity-name="Team"
         node="team/@id" embed-xml="false"/>
   </class>
</hibernate-mapping>
```

Pour l'association vers l'entité `team`, `node="team/@id"`. Cela signifie que l'entité `team` associée sera représentée par un élément `team` et que le lien représentant l'association sera renseigné dans l'attribut `id` de cet élément.

Il est possible de spécifier si l'entité associée apparaît de manière détaillée ou non dans la structure XML en définissant la valeur de l'attribut `embed-xml`. Dans cet exemple, vous l'avez positionné à false. En effet, l'association étant bidirectionnelle, afin de ne pas provoquer une boucle infinie, seul l'arbre XML de l'entité `team` « verra » les entités `player` de manière détaillée.

Le dernier fichier de mapping est celui de Team.hbm.xml :

```
<hibernate-mapping >
   <class entity-name="Team" table="TEAM" node="team">
      <id name="id" column="TEAM_ID" type="long" node="@id">
         <generator class="native"/>
      </id>
      <many-to-one name="coach" column="COACH_ID"
         entity-name="Coach" cascade="persist,merge" />
      <bag name="players" inverse="true" fetch="select"
         cascade="persist,merge" embed-xml="true">
         <key column="TEAM_ID"/>
         <one-to-many entity-name="Player" />
      </bag>
      <property name="nbLost" column="NB_LOST" type="int"
         node="@nbLost"/>
      <property name="name" column="TEAM_NAME" type="string"
         node="@name"/>
   </class>
</hibernate-mapping>
```

Pour vous entraîner, tentez d'effectuer par vous-même le mapping de l'entité `Game`. L'association ManyToOne est spécifiée avec `embed-xml="true"`. Vous verrez plus loin comment cela se traduit concrètement. Comme vous pouvez le voir, la collection `players` ne surcharge pas les valeurs par défaut des attributs de mapping XML. Vous verrez également plus loin ce que cela engendre.

### Récupération d'un document XML depuis la session

La simplicité avec laquelle vous pouvez extraire les données sous forme XML est déconcertante.

Considérez le code suivant :

```
tm.begin();
Session session = (Session)em.getDelegate();
Session dom4jSession = session.getSession(EntityMode.DOM4J);
List elements = dom4jSession.createQuery("from Team").list();
for (int i=0; i<elements.size(); i++) {
   print( (Element) elements.get(i) );
}
tm.commit();
```

La seule action que vous avez à faire est de basculer vers une session, dont le mode entité est DOM4J (celui par défaut étant POJO), en invoquant la méthode `session.getSession(EntityMode.DOM4J)`. La session que vous obtenez en retour se manipule strictement de la même manière qu'une session gérant des POJO. La différence est que cette session manipule des `org.dom4j.Element` et non des Objects.

Voici ce que donne la trace de sortie avec la méthode `print()` :

```
<team id="1" name="psg" nbWon="0" nbLost="0" nbPlayed="0">
  <coach id="1" name="Vahid"/>
  <players>
         <player  id="1"  name="fiorez"  number="0"  height="0.0"  weight="0.0"
hasBeenMvpCount="1">
      <team id="1"/>
    </player>
  </players>
</team>
<team id="2" name="Olympique de Marseilles" nbWon="0" nbLost="0" nbPlayed="0">
  <coach id="2" name="je lui cherche un nom"/>
  <players>
         <player  id="2"  name="Barthez"  number="0"  height="0.0"  weight="0.0"
hasBeenMvpCount="3">
      <team id="2"/>
    </player>
  </players>
</team>
<team id="3" name="Racing Club de Lens" nbWon="0" nbLost="0" nbPlayed="0">
  <coach id="3" name="Fernandez"/>
  <players>
    <player   id="3"   name="utaka"   number="0"   height="0.0"   weight="0.0"
hasBeenMvpCount="2">
      <team id="3"/>
    </player>
  </players>
</team>
```

La déclaration `embed-xml="true"` pour l'association ManyToOne depuis `team` vers `coach` provoque l'insertion d'un élément XML détaillé dans l'arbre.

La déclaration `embed-xml="false"` pour l'association ManyToOne depuis `player` vers `team` provoque l'insertion d'un élément XML ne contenant que l'indication de jointure entre les éléments (id).

Remarquez que, par défaut, `embed-xml` est égal à true puisque vous avez le détail XML sur les éléments de la collection `players`.

### Écriture vers la session

Rendre persistante une structure XML est très facile :

```
Element coach = DocumentFactory
    .getInstance()
    .createElement("Coach");
coach.addAttribute( "name","XMLCOACH" );
tm.begin();
Session s = (Session)em.getDelegate();
Session dom4jSession = s.getSession(EntityMode.DOM4J);
dom4jSession.persist("ch8.demoXmlMapping.Coach",coach);
tm.commit();
```

L'opération `merge()` est tout aussi compatible avec le mapping XML/relationnel.

## En résumé

Même si le cœur de Java Persistence et des outils de mapping objet relationnel en général consiste à mapper un schéma relationnel à un modèle de classes et à générer les requêtes SQL pour vous, Hibernate propose des modes d'utilisation variés. Le plus intéressant de ces modes est sans doute le tout nouveau mapping XML/relationnel.

Le mapping XML/relationnel est une fonctionnalité qui rendra de grands services aux applications clientes d'un service Web alimentant une partie des données ou, à l'inverse, exportant des données vers un système extérieur sous forme de flux XML. Ce nouveau mapping pourra aussi être utilisé si vous développez des clients riches dont le seul mode de communication avec le back-office est XML.

# Conclusion

Riche en exemples de code et de mapping, ce chapitre s'est efforcé de présenter l'étendue des fonctionnalités de mapping avancées de Java Persistence mais surtout d'Hibernate ainsi que les extensions qui vous permettront de repousser les limites du concept de mapping objet-relationnel. Vous ne devriez de la sorte plus avoir de problème pour mapper un schéma relationnel réputé « exotique ».

Vous pourrez facilement doter vos applications d'une interaction avec le moteur de persistance *via* les listeners. Le contrôle des éléments chargés dans une collection est désormais total grâce aux différentes fonctions de filtre.

Enfin, la nouvelle perspective de mapping XML/relationnel apporte une interaction renforcée entre les différentes applications d'entreprise, pour peu que celles-ci utilisent XML comme flux d'échange de données.

Vous verrez au chapitre 9 comment améliorer la productivité de vos applications grâce à tout un outillage associé.

# 9

# La suite Hibernate Tools

Selon votre cycle d'ingénierie, vous pouvez améliorer la productivité de vos équipes de développement en utilisant l'outillage proposé autour de Java Persistence et d'Hibernate. Plusieurs outils ciblent la productivité Java Persistence et Hibernate. Nous nous focalisons uniquement dans ce chapitre sur ceux proposés par l'équipe d'Hibernate, car ce sont les plus complets et aboutis.

Les outils que vous utiliserez le plus dépendront de votre méthode de conception et de l'existant pour une application donnée.

Hibernate Tools couvre un large éventail de besoins, qu'il s'agisse d'aide à l'édition de code source et à la génération de code ou de prototypage de requêtes.

## Introduction

L'outillage disponible autour d'Hibernate et Java Persistence est centralisé sous le projet Hibernate Tools. Hibernate Tools est l'un des projets qui composent la sphère Hibernate, au même titre qu'Hibernate Core, Hibernate Annotations ou Hibernate EntityManager.

Hibernate Tools comprends un éditeur de mapping qui simplifie l'écriture des fichiers de mapping. Au niveau requête, il propose une fonctionnalité de prototypage, tandis que le schéma de base de données est généré rapidement avec SchemaExport.

Nous aborderons aussi d'autres outils pratiques pour la génération de code source ou de documentation.

## Les cycles d'ingénierie

Globalement, il existe deux moyens principaux de développer un projet informatique selon que votre entreprise possède un historique de conception orientée objet fondé sur la modélisation du schéma relationnel ou que votre application est destinée à utiliser ou enrichir un schéma relationnel existant. Dans le premier cas votre point de départ est la conception fonctionnelle, dans le second le schéma de base de données.

Si UML est ancré dans votre organisation, après les spécifications fonctionnelles viennent les spécifications techniques. Parmi les différents diagrammes entrant en jeu pendant les phases de modélisation technique, le diagramme de classes vous permet de modéliser votre modèle métier.

Votre outil de modélisation UML générera assez facilement les sources de vos classes persistantes. En le personnalisant, vous pourrez générer directement les fichiers de mapping ou les sources comportant les annotations. Cette personnalisation passe par un métamodèle définissant les stéréotypes et tagged-values destinés à enrichir le spectre de spécifications couvert par le diagramme de classes.

La figure 9.1 illustre les différentes possibilités de génération de code ou de métadonnées selon votre cycle d'ingénierie.

**Figure 9-1**

*Possibilités de génération de code et métadonnées*

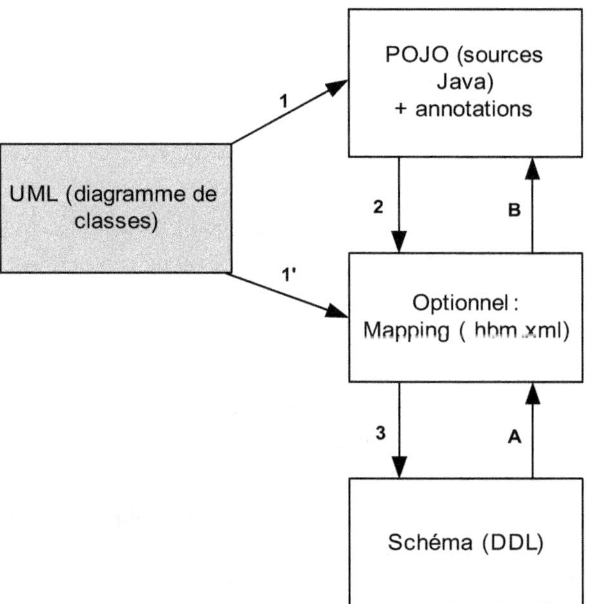


Les outils Hibernate Tools permettant d'opérer à partir du schéma de base de données sont les suivants :

- pour la génération de métadonnées spécifiques d'Hibernate (fichiers hbm.xml) : générateur de code Hibernate XML Mappings ;

- pour la génération des sources des classes persistantes et optionnellement des annotations : générateur de code Domain Code, avec optionnellement la génération des annotations.

Ces outils sont deux des exporters que nous détaillerons tout au long de ce chapitre.

Les outils disponibles à partir du modèle de classes standard sont les suivants :

- Pour la génération des fichiers de mapping : vous pouvez personnaliser votre atelier UML ou adopter AndroMDA, qui travaille à partir de l'export XMI.
- Pour générer les fichiers de mapping : XDoclet. (désuet depuis les annotations).
- Pour générer le schéma de base de données : SchemaExport.

Les sections qui suivent se concentrent sur la suite d'outils proposée par Hibernate, de leur installation jusqu'à leur utilisation dans votre environnement de développement ou par le biais de tâches Ant.

## Installation

Nous venons d'introduire quelques-unes des possibilités offertes par Hibernate Tools. D'une manière plus large, Hibernate Tools est un sous-ensemble de JBoss Tools qui regroupe divers utilitaires, la plupart sous la forme de plug-ins Eclipse.

L'IDE complet proposé se nomme Red Hat Developper Studio. Il comprend un éventail très large et complet pour le développement d'application.

> **Mise en garde**
>
> Red Hat Developper Studio et Hibernate Tools étant encore en version bêta, ils sont amenés à évoluer. Les sections qui suivent pourraient donc être remises en cause ou devenir obsolètes.
>
> Référez-vous aux sites dédiés à ces projets :
>
> *http://www.redhat.com/developers/rhds/*
>
> *http://www.hibernate.org/255.html*
>
> Le noyau est représenté par Red Hat Developper Studio. Le projet JBoss IDE est en train de disparaître au profit de JBoss Tools (plug-ins Eclipse).

Les outils qui nous intéressent sont compris dans la suite Hibernate Tools. Pour les exploiter, vous avez trois possibilités :

- Une partie des outils de la suite Hibernate Tools, dont les exporters et Schema Export, sont disponibles sous forme d'une tâche Ant. Cette première possibilité ne requiert que le fichier hibernate-tools.jar. Vous pouvez donc vous affranchir d'un environnement de développement.
- Intégrer les Hibernate Tools dans votre IDE Eclipse. Pour Hibernate Tools, il vous faut la version 3.2.0 *bêta* 11 (ou supérieure) ou 3.3 d'Eclipse et WTP 2.0. Hibernate Tools

se présente sous la forme d'un plug-in Eclipse (répertoires features et plugins). L'intégration est d'une extrême simplicité :

– Copiez les répertoires features et plugins dans votre répertoire d'installation Eclipse.

– Exécutez eclipse –clean pour vous assurer de la prise en compte de ce nouveau plug-in.

- Adopter Red Hat Developper Studio comme environnement de développement. Ce studio est basé sur Eclipse et comprend Hibernate Tools ainsi que plusieurs plug-ins liés aux projets JBoss. Il contient par ailleurs le serveur d'applications JBoss préconfiguré et prêt pour le débogage. Le studio comprend en outre les outils Exadel, reconnus pour leur maturité et fonctionnalités dans le domaine des applications Web/JSF. Ce studio comprend aussi des outils axés sur le framework Seam.

En contrepartie de la quantité de fonctionnalités offertes par le studio est un poids de près de 600 Mo. Une fois téléchargé, exécutez java –jar fichiertéléchargé.jar. Le studio requiert Java 5 au minimum.

> **Incompatibilité avec les chapitres précédents**
>
> Du fait du déploiement dynamique des entités, vous risquez de ne pas réussir à exploiter ces outils sur le projet couvrant les tests des chapitres précédents.
>
> Vous pouvez cependant vous en servir sur le projet dédié au *tooling*, nommé java-persistance-tooling.

### *L'éditeur de fichiers de mapping et de configuration globale XML*

Ce premier outil ne devrait pas vous être d'une grande utilité si vous travaillez exclusivement avec les annotations.

Une fois les éléments précédents installés, les fichiers de mapping ainsi que le fichier de configuration global `hibernate.cfg.xml` sont automatiquement ouverts par l'éditeur de mapping d'Hibernate.

L'éditeur de mapping ne fait pas qu'appliquer un jeu de couleurs en fonction des éléments du fichier XML. Il permet aussi l'autocomplétion des nœuds, des noms de classes, des propriétés et même des colonnes/tables du schéma mappé, comme l'illustre la figure 9.2.

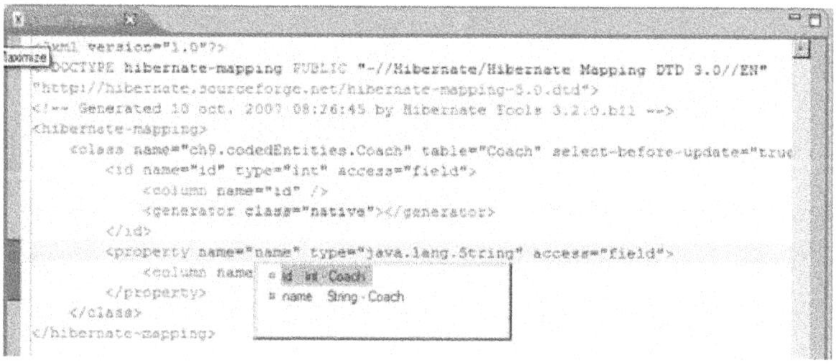

**Figure 9-2**

*Autocomplétion des fichiers de mapping*

Il permet aussi l'autocomplétion des propriétés du fichier de configuration globale hibernate.cfg.xml, comme l'illustre la figure 9.3.

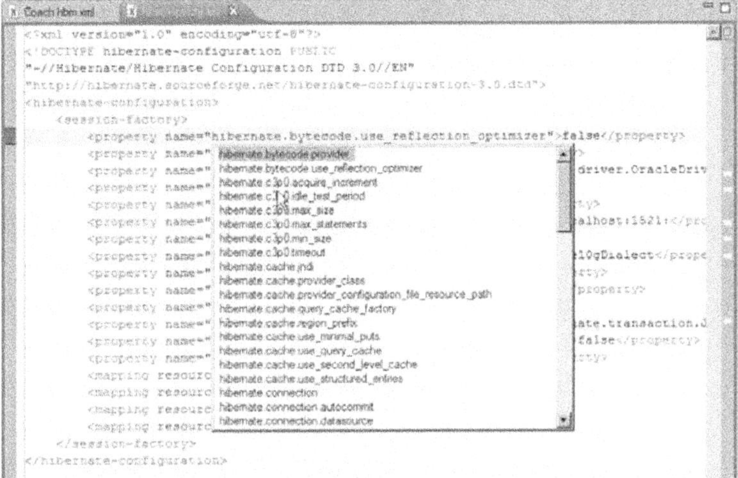

**Figure 9-3**
*Autocomplétion du fichier de configuration globale*

Cet éditeur est d'une grande aide pour les débutants. Non seulement il accélère l'écriture des fichiers de mapping, mais, grâce à son aide intuitive, il permet d'assimiler rapidement la structure des fichiers de mapping.

### En résumé

L'installation de la suite d'outils Hibernate Tools n'est pas des plus compliquée. Nous venons d'aborder un premier élément de cette suite que sont les éditeurs de mapping et de configuration globale.

Nous allons aborder à présent la configuration d'une console Hibernate, élément indispensable pour exploiter les autres outils d'Hibernate Tools.

## Hibernate Console

La perspective Hibernate Console propose plusieurs vues qui vous permettent de voir la structure de vos entités, d'éditer vos requêtes (HQL et Criteria), de les exécuter et d'en voir les résultats. Pour utiliser cette vue, il vous faut créer une configuration de la console.

### Créer une configuration de console

Pour ce faire, sélectionnez votre projet puis faites New, Other, Hibernate et Hibernate Console Configuration. Dans votre cas, vous n'utiliserez que des entités annotées ; laissez donc les valeurs par défaut proposées, comme illustré à la figure 9.4.

Notez l'onglet Mappings, illustré à la figure 9.5, dans lequel vous pouvez spécifier des fichiers de mapping XML supplémentaires.

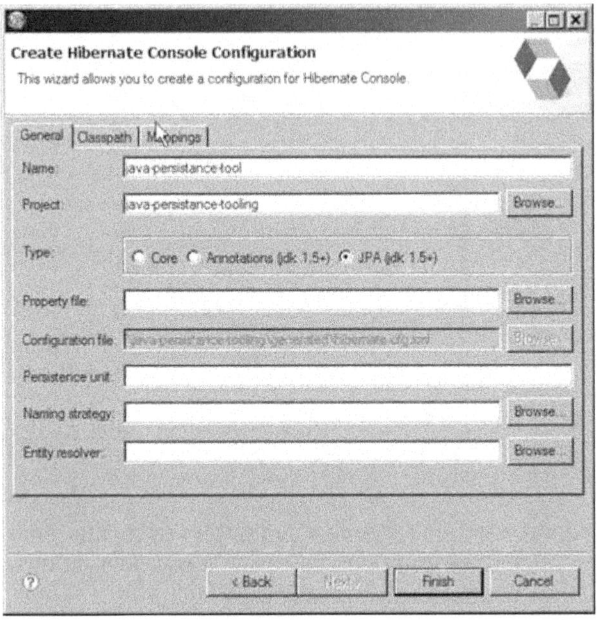

**Figure 9-4**

*Création d'une configuration de console*

**Figure 9-5**

*Ajout de mappings supplémentaires*

Voyons à présent ce que propose la perspective Hibernate.

Une fois la configuration de console créée, basculez dans la perspective Hibernate, dont la vue principale est intitulée Hibernate Configurations, comme le montre la figure 9.6.

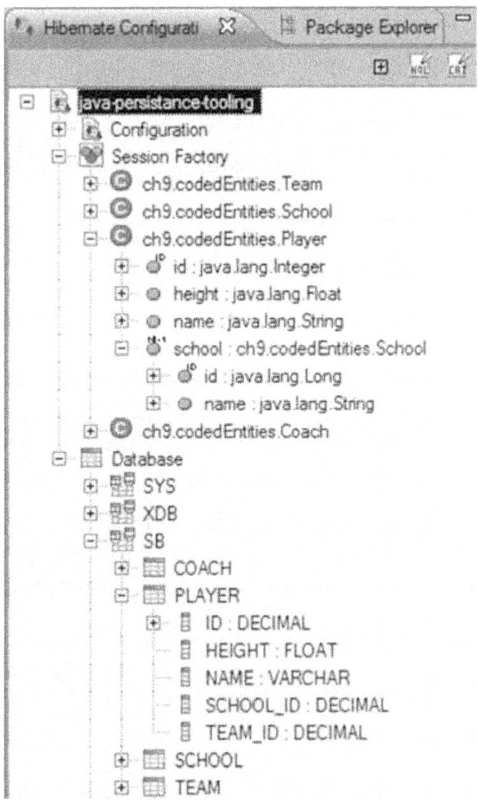


**Figure 9-6**
*La vue Hibernate Configurations*

À la racine de cette vue se trouvent les différentes configurations disponibles. Dès que vous dépliez la racine (ici java-persistance-tool), une SessionFactory dédiée à votre environnement de développement est créée.

Au second niveau, vous trouvez trois branches. La première est dédiée à l'objet Configuration et permet d'inspecter les entités par leur nom ; la seconde, Session Factory, autorise la navigation par nom de classe entièrement qualifiée. Ces deux branches sont équivalentes : elles vous permettent de naviguer dans votre graphe d'entités de manière statique (niveau classe) et, grâce à des icônes spécifiques, de visualiser les types d'association.

La dernière branche ouvre une connexion avec la base de données et vous permet de visualiser la structure de la base de données cible.

En haut et à droite de la vue, vous pouvez ouvrir un éditeur de requêtes HQL et un éditeur de requêtes Criteria.

## Éditeurs de requêtes

La première possibilité offerte pour le prototypage de requêtes concerne HQL. Étant donné qu'EJB-QL peut être considéré comme un sous ensemble d'HQL, vous pouvez également vous en servir pour prototyper vos requêtes EJB-QL.

Cliquez sur l'icône HQL de la vue Hibernate Configurations pour ouvrir l'éditeur de requêtes HQL. Vous ouvrez ainsi la vue illustrée à la figure 9.7.

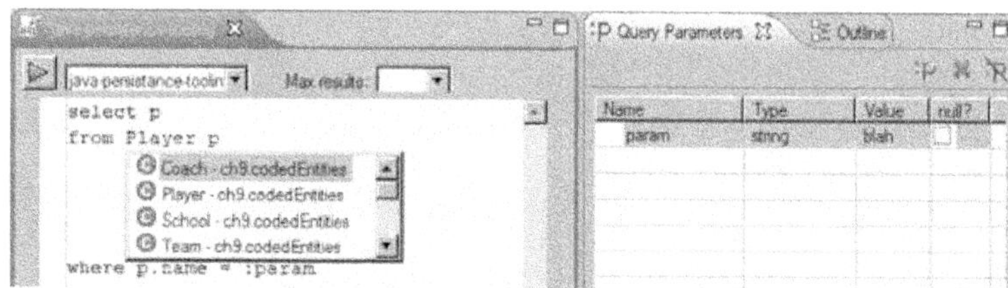


**Figure 9-7**
*La vue de prototypage HQL*

L'éditeur est relativement puissant. L'autocomplétion détecte les entités que vous pouvez requêter, ainsi que leurs propriétés, associations, fonctions applicables, etc. Si vous exploitez un paramètre nommé, vous pouvez en définir la valeur dans la fenêtre Query Parameters.

L'autre possibilité de prototypage concerne Criteria. Une vue semblable à celle de l'éditeur HQL est disponible lorsque vous cliquez sur l'icône CRI de la vue Hibernate Configurations. Cette vue est illustrée à la figure 9.8.

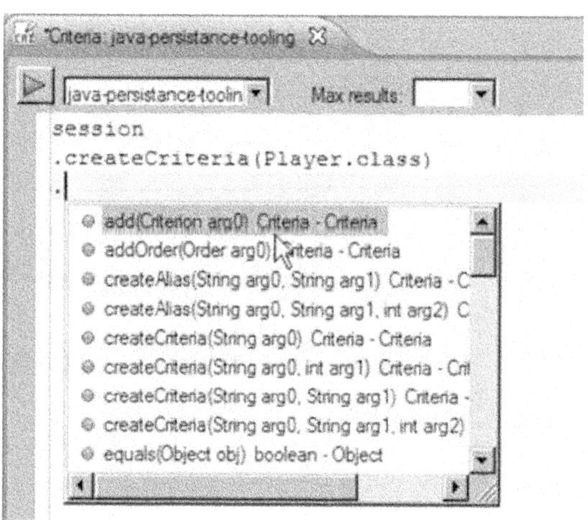


**Figure 9-8**
*La vue de prototypage Criteria*

Cette vue vous propose de concevoir votre requête Criteria selon les méthodes détaillées au chapitre 5.

Au fur et à mesure de la conception de votre requête HQL, la vue Hibernate Dynamic SQL Preview (figure 9.9) vous montre la traduction en SQL de votre requête.

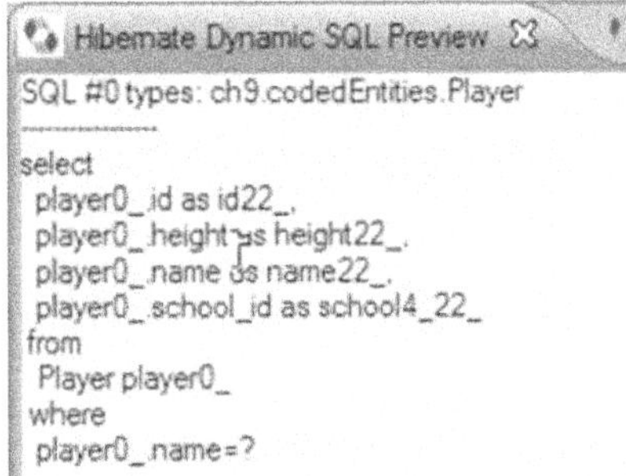


**Figure 9-9**
*La vue Hibernate Dynamic SQL Preview*

Une fois votre requête finalisée, vous pouvez l'exécuter *via* l'icône Play (triangle vert). D'autres vue deviennent alors exploitables.

La vue Hibernate Query Result (figure 9.10) vous propose de lister les instances retournées par la requête.

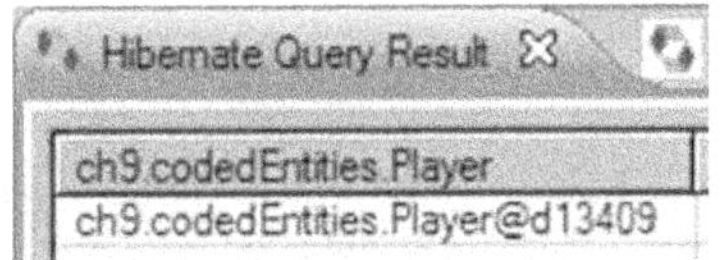


**Figure 9-10**
*La vue Hibernate Query Result*

Cette vue présente les instances sous une forme peu exploitable. Cependant, lorsque vous cliquez sur une des instances présentes dans cette liste, une autre vue, nommée Properties (voir figure 9.11) vous permet de naviguer de manière dynamique (niveau instance et non classe) sur l'entité sélectionnée.

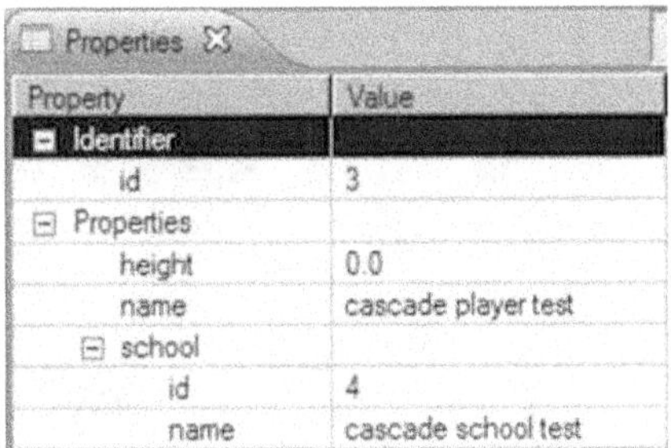


**Figure 9-11**
*La vue Properties*

Une dernière fonctionnalité très intéressante concerne l'aide à la saisie des requêtes dans votre code Java depuis l'éditeur de source d'Eclipse. La figure 9.12 illustre comment l'autocomplétion intervient dans la saisie de la requête.

Cette autocomplétion s'opère aussi lorsque vous créez des requêtes nommée *via* l'annotation @NamedQuery.

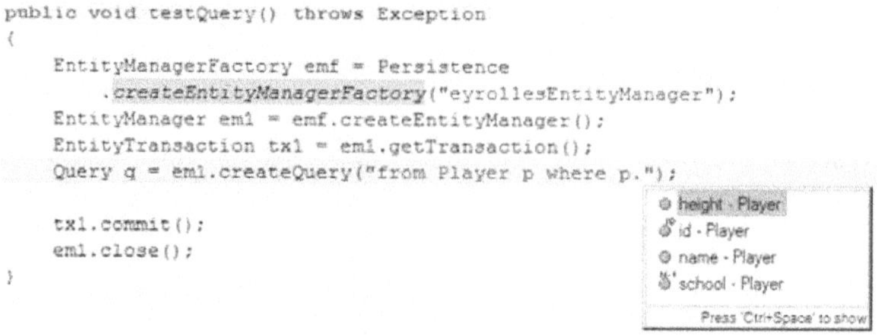

**Figure 9-12**
*Autocomplétion de requêtes depuis l'éditeur de source*

```
public void testQuery() throws Exception
{
    EntityManagerFactory emf = Persistence
        .createEntityManagerFactory("eyrollesEntityManager");
    EntityManager em1 = emf.createEntityManager();
    EntityTransaction tx1 = em1.getTransaction();
    Query q = em1.createQuery("from Player p where p.");
                                                    height - Player
    tx1.commit();                                   id - Player
    em1.close();                                    name - Player
}                                                   school - Player
                                                    Press 'Ctrl+Space' to show
```

## Diagramme de mapping

Pour visualiser une représentation de vos mappings sous la forme d'un diagramme depuis la vue Hibernate Configurations, sélectionnez une entité dans la branche Confguration, puis choisissez Open Mapping Diagram, comme illustré à la figure 9.13.

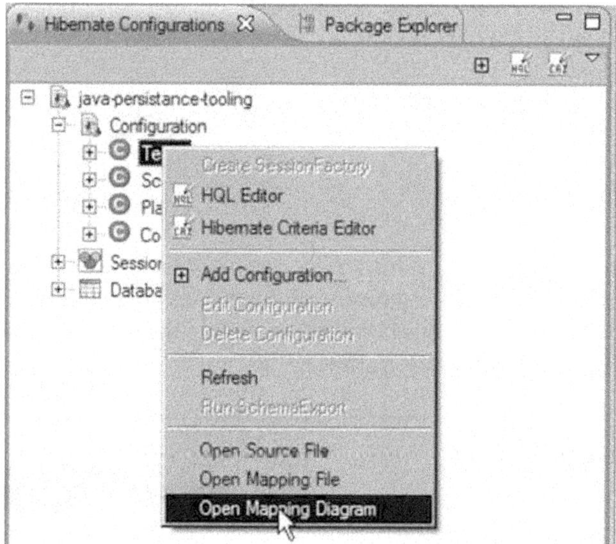


**Figure 9-13**
*Obtenir le diagramme de mapping*

Le diagramme s'affiche comme illustré à la figure 9.14. Même si la disposition de ce diagramme le rend difficile à lire, à l'avenir il sera des plus intéressants.

Vous pouvez aussi générer une documentation, inspirée de javadoc, des entités de votre application, ainsi que des tables entrant en jeu.

Cela passe par un *exporter* particulier. Nous verrons à la section suivante comment exécuter les exporters.

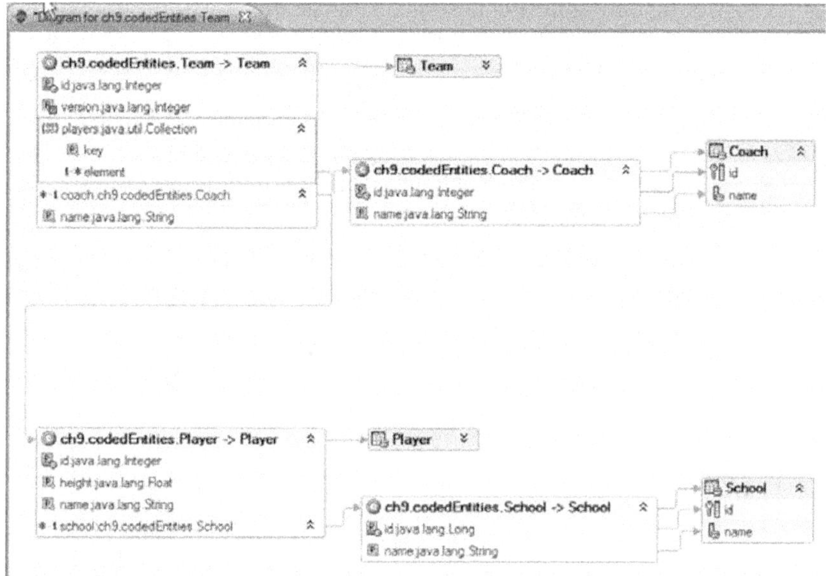


**Figure 9-14**
*Diagramme de mapping*

### En résumé

La console Hibernate met à disposition des outils indispensables à l'écriture de requêtes. Elle offre en ouvre des possibilités de consultation des informations de mapping objet-relationnel sous des formes dynamiques et ergonomiques.

La console Hibernate permet enfin l'exécution de générateurs de code pouvant accroître la productivité lors des phases de développement.

## Génération de code et exporters

Hibernate Tools propose plusieurs assistants de génération. Ces assistants peuvent être exécutés depuis Eclipe ou *via* une tâche Ant. Ils exploitent le métamodèle.

### Métamodèle

Le métamodèle est la source de l'objet Configuration, qui permet de construire la SessionFactory. Pour la version Java Persistence, nous avons les équivalents Annotation-Configuration et EntityManagerFactory.

Les différentes configurations possibles sont les suivantes :

- Configuration du noyau : exploite les traditionnels fichiers de mapping hbm.xml. Vous la retrouvez dans la tâche Ant sous le nœud <configuration>.
- Configuration par annotations : utilise les annotations mais supporte aussi les fichiers de mapping. Elle requiert un fichier de configuration globale hibernate.cfg.xml. Vous la retrouvez dans la tâche Ant sous le nœud <annotationconfiguration>.

- Configuration Java Persistence : utilise les annotations mais supporte aussi les fichiers de mapping. Elle requiert un fichier de configuration globale META-INF/persistence.xml. Vous la retrouvez dans la tâche Ant sous le nœud <jpaconfiguration>.
- Configuration JDBC : exploite les métadonnées JDBC ainsi que des fichiers de configuration de reverse engineering reveng.xml (abordés plus tard). Exploitée lors de l'opération de reverse engineering, vous la retrouvez dans la tâche Ant sous le nœud <jdbcconfiguration>.

Ce métamodèle contient toutes les informations concernant les classes, propriétés, tables, colonnes, stratégies d'héritage, bref tout ce que vous avez pu définir *via* les annotations ou fichiers de mappings.

À partir de cet ensemble d'informations, plusieurs formats peuvent être générés.

## Les exporters

Vous pouvez manipuler le métamodèle comme bon vous semble pour générer n'importe quel type de source *via* FreeMarker. Pour en savoir plus sur les canevas de génération, voir http://www.hibernate.org/hib_docs/tools/reference/en/html_single/#hbmtemplate.

Hibernate propose un jeu d'exporters directement exploitables :

- Domain Code : permet de générer le code source de vos entités avec ou sans annotations.
- Hibernate XML Mappings : permet de générer les fichiers traditionnels hbm.xml.
- DAO Code : permet de générer le source d'un Data Access Object offrant les services basiques de type CRUD (Create Read Update Delete).
- Generic Exporter : permet d'exploiter un canevas que vous auriez écrit.
- Hibernate XML Configuration : permet de générer le fichier hibernate.cfg.xml.
- Schéma Documentation : permet de générer une documentation HTML des tables et entités avec, optionnellement, intégration d'un diagramme de classes.

Pour Domain Code avec annotations, le type de code généré est celui que nous avons vu tout au long du livre. Hibernate XML Mapping est spécifique d'Hibernate. Sa forme est consultable sur la page Web dédiée au livre du site Web d'Eyrolles.

Étant donné que nous n'avons utilisé que le fichier de configuration globale META-INF/persistence.xml, Hibernate XML Configuration ne nous intéresse pas.

## Mise en pratique

Pour exécuter un exporter depuis Eclipse, cliquez sur l'icône Run As personnalisée d'Hibernate, comme l'illustre la figure 9.15.

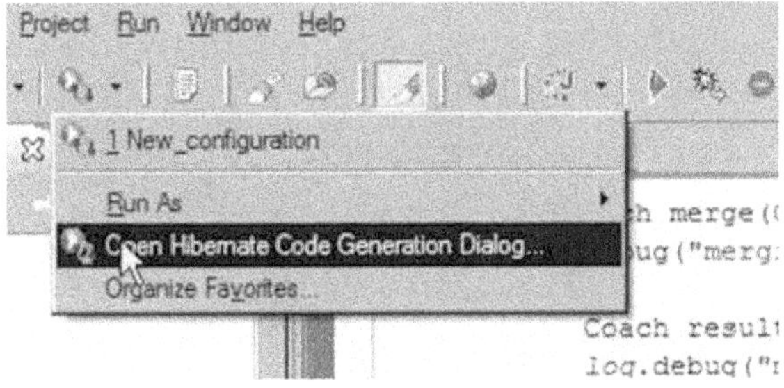


**Figure 9-15**
*Exécution personnalisée d'Hibernate*

Sélectionnez Open Hibernate Code Generation Dialog. Un assistant s'affiche, comme illustré à la figure 9.16.

Vous devez affecter un alias à la configuration créée. Pour cela renseignez le champ Name.

Laissez les paramètres du premier onglet. Ces choix sont suffisants, Hibernate Tools détectant votre configuration de console basée sur META-INF/persistence.xml et vos entités annotées.

Dans l'onglet Exporters de la figure 9.17, vous pouvez choisir un ou plusieurs exporters.

**Figure 9-16**
*L'assistant de génération de code*

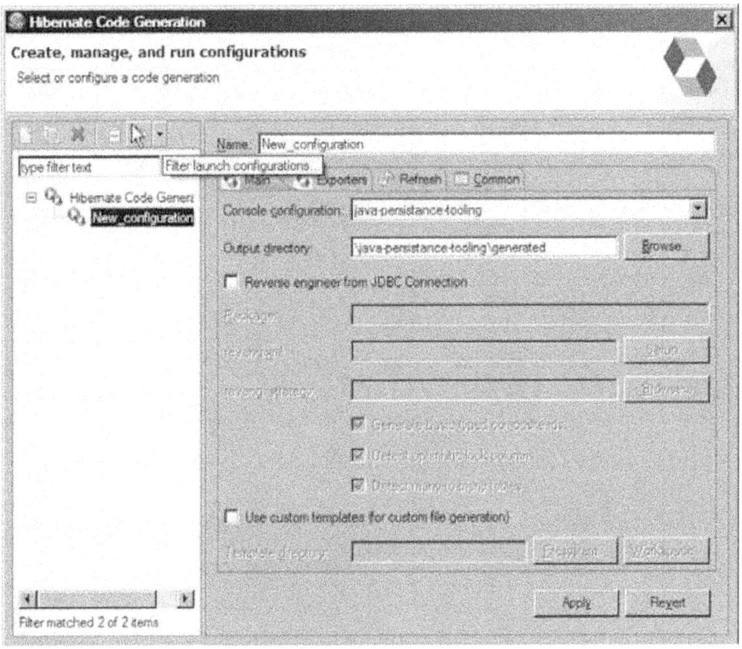

Descriptif de l'onglet :

- Console configuration : nom de la configuration de console à utiliser. Ici, vous utilisez la console créée à la section précédente.
- Output directory : répertoire ou seront placés les fichiers générés. Pensez à le créer.
- Case à cocher Reverse engineer from JDBC Connection : active le reverse engineering que nous détaillons plus loin.
- Case à cocher Use custom templates : permet d'utiliser un canevas personnalisé.

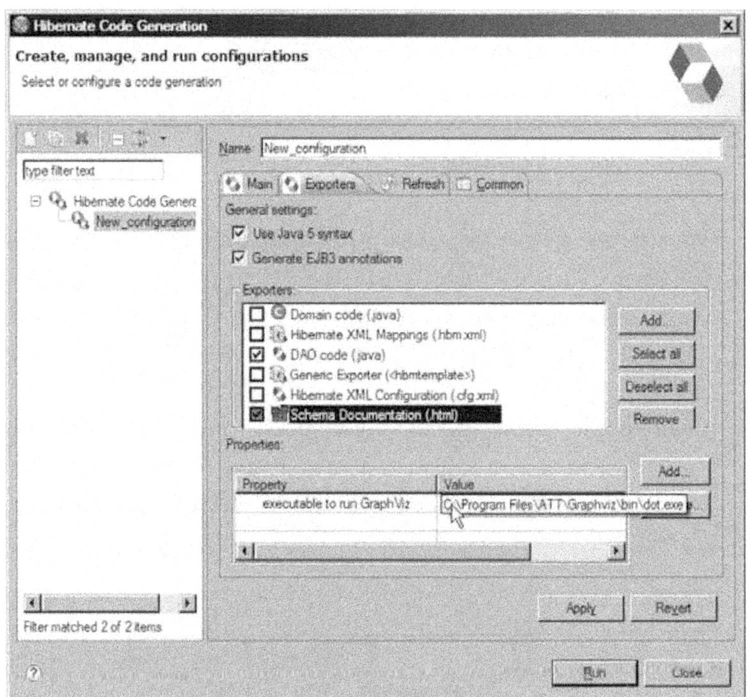


**Figure 9-17**
*Choix des exporters*

Descriptif de l'onglet :

- Case à cocher Use Java 5 syntax : pour utiliser la syntaxe Java 5 (generics, etc.).
- Case à cocher Generate EJB3 annotations : pour annoter ou non vos entités.
- Choix des exporters : nous les avons introduits précédemment.
- Properties : lorsque vous surlignez un exporter en particulier, vous pouvez définir ses propriétés spécifiques en cliquant sur le bouton Add. Un exemple est illustré à la figure 9.18. L'assistant vous propose les propriétés spécifiques de l'exporter surligné.

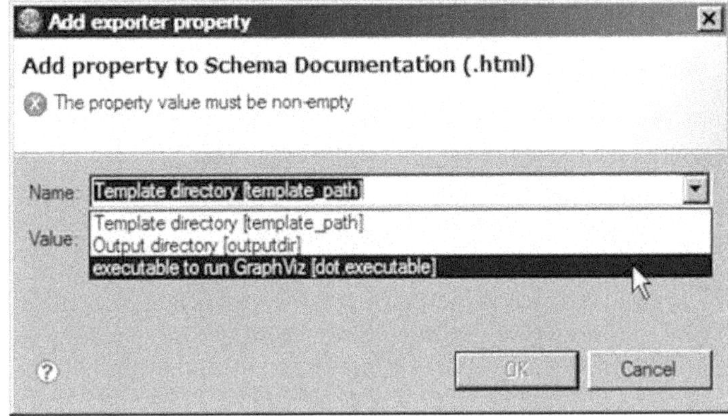


**Figure 9-18**
*Propriétés spécifiques de l'exporter*

Dans cet exemple, vous définissez *executable to run GraphViz*. GraphViz participe à la génération de la documentation du schéma en générant un diagramme de classes. Il s'agit d'un projet situé en dehors de la bulle Hibernate, que vous devez installer (voir *http://www.graphviz.org/*).

Les deux exporters sélectionnés, DAO Code et Schema Documentation, sont prêts à être exécutés. Cliquez sur le bouton Run de l'assistant.

Nous allons voir ce que DAO Code et Schema Documentation génèrent.

## Résultats

Rendez-vous dans le répertoire generated, et ouvrez l'un des fichiers nommés Nom de l'entité_Home.java :

```
@Stateless
public class CoachHome {

private static final Log log = LogFactory.getLog(CoachHome.class);
    @PersistenceContext private EntityManager entityManager;

    public void persist(Coach transientInstance) {
        log.debug("persisting Coach instance");
        try {
            entityManager.persist(transientInstance);
            log.debug("persist successful");
        }
        catch (RuntimeException re) {
            log.error("persist failed", re);
            throw re;
        }
    }

    public void remove(Coach persistentInstance) {
        log.debug("removing Coach instance");
```

```
        try {
            entityManager.remove(persistentInstance);
            log.debug("remove successful");
        }
        catch (RuntimeException re) {
            log.error("remove failed", re);
            throw re;
        }
    }

    public Coach merge(Coach detachedInstance) {
        log.debug("merging Coach instance");
        try {
            Coach result = entityManager.merge(detachedInstance);
            log.debug("merge successful");
            return result;
        }
        catch (RuntimeException re) {
            log.error("merge failed", re);
            throw re;
        }
    }

    public Coach findById( int id) {
        log.debug("getting Coach instance with id: " + id);
        try {
            Coach instance = entityManager.find(Coach.class, id);
            log.debug("get successful");
            return instance;
        }
        catch (RuntimeException re) {
            log.error("get failed", re);
            throw re;
        }
    }
}
```

Le code généré est un bean session sans état exploitant l'injection du gestionnaire d'entités.

Cette sorte de DAO n'a pas énormément d'intérêt, car elle ne fait qu'encapsuler le gestionnaire d'entités. Il existe des modèles plus élégants tirant profit de l'héritage et des generics de Java 5 (voir le wiki *http://www.hibernate.org/328.html*).

La génération de documentation du schéma est pratique pour la gestion du projet. Elle propose une vue HTML des entités et tables impliquées dans le projet.

La figure 9.19 illustre la vue globale entités, la figure 9.20 le détail d'une entité, la figure 9.21 la vue globale table et la figure 9.22 le détail d'une table.

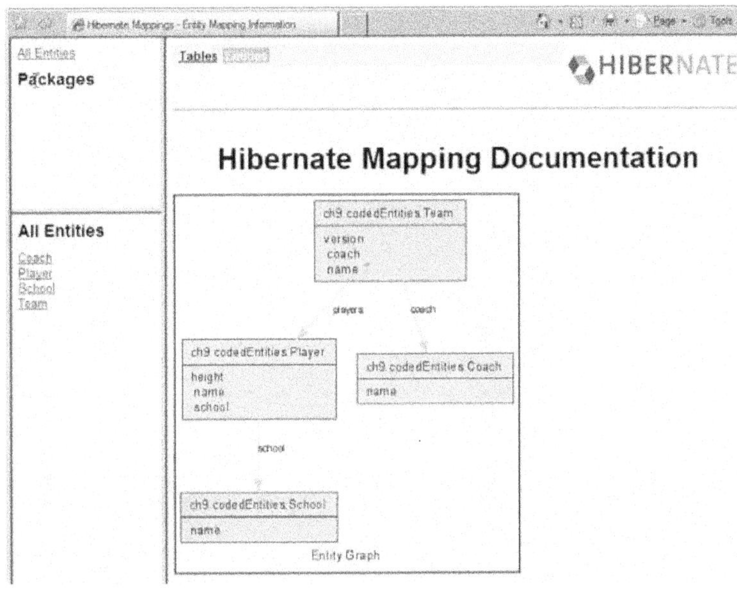


**Figure 9-19**

*Vue globale des entités*

**Figure 9-20**

*Vue détaillée d'une entité*

ch9.codedEntities

## Entity Team

`ch9.codedEntities.Team`

### Identifier Summary

| Name | Column | Type | Description |
|---|---|---|---|
| id | Column | int | |

### Version Summary

| Name | Column | Type | Description |
|---|---|---|---|
| version | Column | int | |

### Property Summary

| Name | Column | Access | Type | Description |
|---|---|---|---|---|
| coach | coach_id | field (get / set) | Coach | |
| name | name | field (get / set) | String | |
| players | | field (get / set) | Collection<Player> | |

**Figure 9-21**
*la vue globale table*

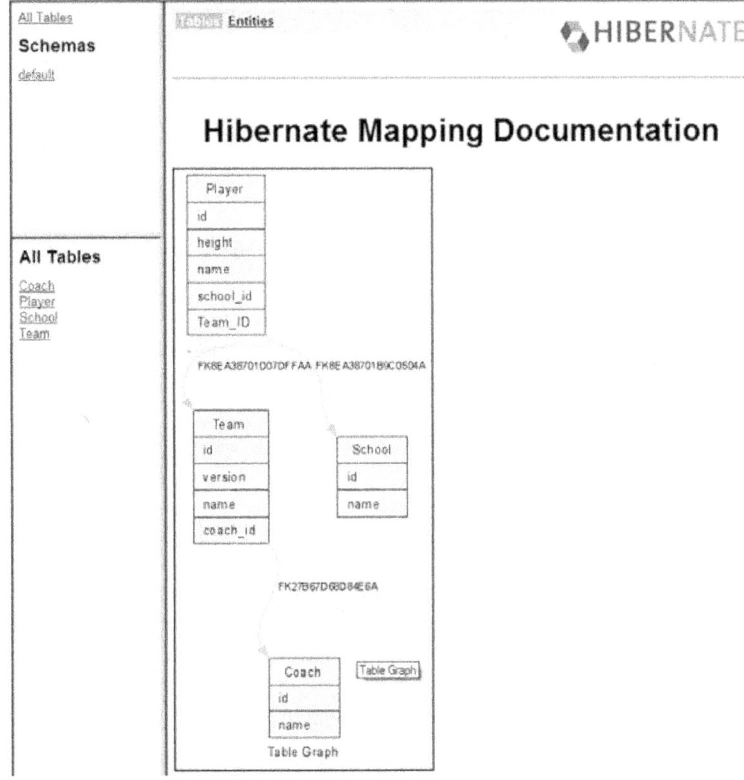


**Figure 9-22**
*Vue détaillée d'une table*

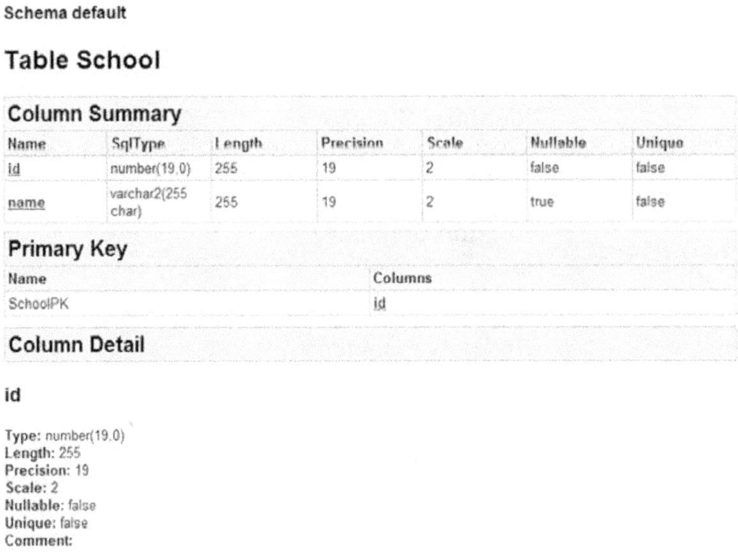

**Schema default**

## Table School

### Column Summary

| Name | SqlType | Length | Precision | Scale | Nullable | Unique |
|---|---|---|---|---|---|---|
| id | number(19,0) | 255 | 19 | 2 | false | false |
| name | varchar2(255 char) | 255 | 19 | 2 | true | false |

### Primary Key

| Name | Columns |
|---|---|
| SchoolPK | id |

### Column Detail

#### id

**Type:** number(19,0)
**Length:** 255
**Precision:** 19
**Scale:** 2
**Nullable:** false
**Unique:** false
**Comment:**

Les pages HTML générées conviennent parfaitement à une documentation complète de l'aspect mapping objet-relationnel de votre application.

### En résumé

Les exporters que vous venez de voir vous permettront d'accroître la productivité en fonction du type de cycle d'ingénierie adopté. Ces générateurs sont plus ou moins intéressants. Le générateur de documentation, par exemple, permet de maintenir facilement à jour les informations de mapping objet-relationnel et offre un moyen de communication fiable entre les concepteurs objet et les DBA.

Les exporters que vous venez de découvrir son exécutables *via* Ant. Vous rencontrerez plusieurs tâches Ant dans la suite du chapitre. Si cette option vous intéresse pour l'exécution des exporters traités jusqu'à présent, rendez-vous sur le site officiel de Hibernate *(http://www.hibernate.org/255.html)* ou inspirez-vous des exemples présentés dans la suite.

Il est un exporter particulier qui offre une fonctionnalité de génération incontournable puisqu'il permet de générer de manière fiable le schéma de base de données : il s'agit de Schema Export, utilisé de manière transparente tout au long de ce livre.

## Génération du schéma SQL avec SchemaExport

La suite d'outils proposée par Hibernate contient une fonction de génération de scripts DDL appelée SchemaExport. Cet outil d'une fiabilité élevée a été utilisé tout au long du livre pour l'écriture des tests et exemples.

Pour générer le schéma de votre base de données, il vous faut d'abord spécifier le dialecte de la base de données cible. Dans notre environnement, celui-ci est extrait de la configuration globale META-INF/persistence.xml.

Il existe plusieurs façons pratiques d'exécuter l'outil, et il est même possible d'appliquer le schéma généré directement à l'exécution.

### SchemaExport et l'organisation d'un projet

Pour comprendre l'avantage de cette fonctionnalité, nous allons présenter une organisation de projet applicable depuis la fin de la conception jusque vers le milieu des développements.

La figure 9.23 illustre une organisation traditionnelle d'un projet pendant les phases de développement.

Chaque développeur est connecté à la même base de données. Chacun peut donc potentiellement utiliser les mêmes données de test. Ces données évoluent au fil du temps, de même que la structure relationnelle.

Cette organisation demande l'intervention régulière d'une personne responsable de la base de données pour la mise à jour des scripts de création de base de données ainsi que

**Figure 9-23**
*Exemple d'organisation traditionnelle d'une base de données de développement partagée*

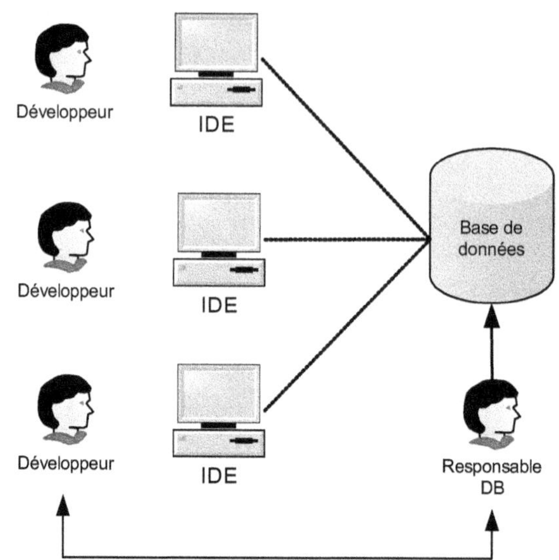


pour l'injection de données de test. Les scripts d'injection de données de test sont à maintenir en fonction de l'évolution du schéma.

Les charges liées à cette maintenance de la base de données de développement sont d'autant plus importantes que la structure relationnelle est instable.

*A priori,* si votre projet s'articule autour de Java Persistence/Hibernate pour la persistance, il est probable qu'une phase de conception solide orientée objet a été identifiée. Si tel est le cas, l'outillage UML permet aisément de générer des squelettes de codes source d'entités annotées plus ou moins fins en fonction des stéréotypes et tagged-values mis en place.

Les annotations (ou fichiers de mapping) contiennent, par définition, énormément d'informations sur la structure du modèle relationnel. En exagérant, ils contiennent l'intégralité des éléments structurants des tables amenés à stocker les données métier de votre application.

Hibernate propose un outil de génération de schéma. Avec une organisation différente (voir figure 9.24), vous pourrez améliorer la qualité et la productivité de vos applications pendant au moins la première moitié de la phase de développement.

Globalement, chacun des développeurs dispose d'une base de données locale. La meilleure solution est d'utiliser HSQLDB, qui présente les avantages suivants :

- Ne nécessite pas de licence.
- Est très simple à installer et utiliser avec Hibernate.
- Consomme très peu de ressources.

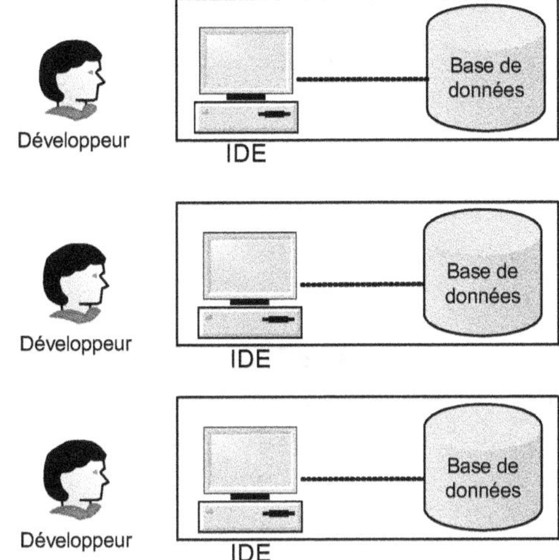


**Figure 9-24**

*Proposition d'organisation de la base de données locale*

Les avantages offerts par cette organisation sont multiples. Tout d'abord, le schéma de la base de développement est à jour tant que les métadonnées restent le référentiel des informations relatives à la structure de données.

De plus, chaque développeur peut coder ses propres instances de classes persistantes pour ses tests, ce qui garantit la présence systématique de tests. Si les classes évoluent, le développeur est forcé de modifier les annotations pour que son application démarre. Par ailleurs, ces méthodes d'injection d'objets persistants sont, elles aussi, constamment à jour.

Les développeurs étant isolés les uns des autres, chacun est maître de ses objets de test. De même, ils ne peuvent être plusieurs à manipuler les mêmes données. À chaque démarrage de l'application, l'intégralité des jeux de test est injectée en base. Le développeur n'a donc plus à se soucier de leur validité.

Une bonne gestion des configurations est nécessaire pour fusionner les classes responsables de la gestion des instances de test.

Une fois la structure relationnelle suffisamment stable, il est très facile de migrer vers une base répondant à la cible de production. Il suffit de paramétrer le nouveau dialecte. Le schéma est alors généré dans un fichier SQL ou injecté directement dans la base de données.

Après cette phase d'initialisation de la base de données, le DBA peut intégrer l'équipe pour insérer les tables système, tuner les index et réaliser les autres paramétrages fins dont il est le seul garant. Bien entendu, le DBA doit être consulté en amont, dès la conception, pour définir les règles et principes à respecter.

Le cas le plus typique est le choix de la stratégie d'héritage. Il est important que le DBA participe à ce choix en fonction des contraintes de performance et d'intégrité des données.

## Enrichissement des annotations pour la génération

Par défaut, les annotations contiennent 80 % des éléments métier structurants de la base de données. Vous pouvez enrichir le schéma généré en utilisant certaines annotations ou membres d'annotation dédiés à la génération du schéma. Ces métadonnées n'ont généralement pas de grand intérêt pendant l'exécution de votre application. Pour autant, si votre organisation se rapproche de celle décrite précédemment, il peut être intéressant d'enrichir au maximum les annotations.

Le tableau 9.1 récapitule les diverses options utiles à la génération de schémas.

**Tableau 9.1 Options de génération de schémas**

| Annotation/Membre | Valeur | Interprétation |
|---|---|---|
| @Column(length=...) | int | Taille d'une colonne |
| @Column(nullable=...) | boolean | Spécifie que la colonne doit être non nulle. |
| @Column(unique=...) | boolean | Spécifie que la colonne doit avoir une contrainte d'unicité. |
| @Column(precision=...) | int | Précision de la colonne |
| @Column(scale=...) | int | Échelle de la colonne |
| @UniqueConstraint | | Définition de contraintes d'unicité |
| @org.hibernate.annotations.Index | | Définition du nom d'un index |
| @org.hibernate.annotations.ForeignKey | | Définition du nom d'une clé étrangère |
| @org.hibernate.annotations.Type | Type Hibernate | Permet de forcer le type Hibernate à utiliser. |
| @org.hibernate.annotations.Check | Expression SQL | Créé une contrainte de vérification sur la table ou la colonne. |

## Exécution de SchemaExport

Avant d'aborder les différentes manières d'exécuter SchemaExport, le tableau 9.2 récapitule les options disponibles à l'exécution.

**Tableau 9.2 Options d'exécution de SchemaExport**

| Option | Description |
|---|---|
| export (true/false) | Exécute directement le script sur la base de données cible. |
| update (true/false) | Tente la création d'un *delta* entre le schéma existant et les métadonnées réelles. Ne jamais utiliser cette option en environnement de production. |
| drop (true/false) | Supprimer ou non les tables (avant de les recréer) |
| text | Ne pas exécuter sur la base de données |
| outputfile-name=my_schema.ddl | Écrit le script DDL vers un fichier. |
| format | Formate proprement le SQL généré dans le script. |
| delimiter=x | Paramètre un délimiteur de fin de ligne pour le script. |

Les sections qui suivent détaillent les différents moyens de déclencher SchemaExport.

### Déclenchement de SchemaExport *via* Ant

La tâche Ant HibernateToolTask vous permet d'automatiser la création du schéma ou de l'appeler de manière ponctuelle. Cela peut se révéler utile lors de la mise à jour du script SQL :

```
<path id="toolslib">
   <path location="lib/hibernate-tools.jar" />
   <path location="lib/hibernate3.jar" />
   <path location="lib/freemarker.jar" />
   <path location="${jdbc.driver.jar}" />
</path>

<target name="hibernatetool" >
   <taskdef name="hibernatetool"
      classname="org.hibernate.tool.ant.HibernateToolTask"
      classpathref="toolslib" />
   <hibernatetool destdir="" >
      <jpaconfiguration />
      <classpath>
     <path location="${classes.dir}" />
      </classpath>
      <hbm2ddl export="false" outputfilename="sql.ddl" />
   </hibernatetool>
</target>
```

SchemaExport ne déroge pas à la règle des exporters et a besoin d'une configuration matérialisée par le nœud <jpaconfiguration/>. Ensuite, l'export en lui-même est défini dans le nœud <hbm2ddl/>. Le reste de la configuration est du ressort des compétences d'Ant et de la définition du classpath.

### Déclenchement automatique

Vous avez la possibilité d'exécuter SchemaExport à la création de la SessionFactory ou de l'EntityManagerFactory grâce au paramètre global hibernate.hbm2ddl.auto placé dans META-INF/persistence.xml ou dans hibernate.cfg.xml :

```
<persistence>
  <persistence-unit name="eyrollesEntityManager">
    <jta-data-source>java:/myDS</jta-data-source>
    <properties>
      <property name="hibernate.hbm2ddl.auto"
         value="create-drop"/>
      …
    </properties>
  </persistence-unit>
</persistence>
```

Les valeurs possibles pour ce paramètre sont update, create, create-drop et validate pour vérifier que le schéma est en phase avec les métadonnées spécifiées.

### En résumé

Couplé à une organisation de développement dans laquelle chaque développeur travaille avec sa propre base de données, SchemaExport réduit notablement certaines charges de développement, comme la gestion et la maintenance de la base de données et des jeux de test par un DBA. L'intervention d'un DBA avant mise en production reste toutefois indispensable pour le tuning du schéma généré.

Voyons désormais la génération inverse, à savoir l'exploitation des métadonnées JDBC d'un schéma existant pour générer des entités annotées.

## Reverse engineering

Le reverse engineering consiste à exploiter un schéma de base de données existant. Au niveau applicatif, rien n'existe. Le point d'entrée est donc la base de données.

Les paramètres de connexion doivent être définis dans un fichier hibernate.cfg.xml ou hibernate.properties minimaliste, par exemple :

```
hibernate.connection.url jdbc:oracle:thin:@localhost:1521:
hibernate.connection.driver_class oracle.jdbc.driver.OracleDriver
hibernate.connection.user sb
hibernate.connection.password sb
```

### Hibernate Console minimaliste

Une fois ce fichier de configuration créé, vous pouvez en créer une configuration de console Hibernate, comme l'illustre la figure 9.25.

Cette console ne vous permet que de naviguer dans la base de données. Deux options s'offrent à vous pour exécuter le reverse engineering : l'utilisation d'Eclipse et des plug-ins Hibernate ou l'exécution d'une tâche Ant.

Dans les deux cas, vous pouvez affiner le choix des tables, le mapping de tables et colonnes ainsi que la personnalisation des correspondances de type.

### Le fichier reveng.xml

Pour ce faire, créez un fichier reveng.xml *via* Fichier, New, Other, Hibernate et Hibernate Reverse Engineering File.

Ouvrez ce fichier. Un éditeur spécifique le prend en charge, comme illustré à la figure 9.26.

Dans l'onglet Overview, affectez la configuration de console Hibernate créée précédemment.

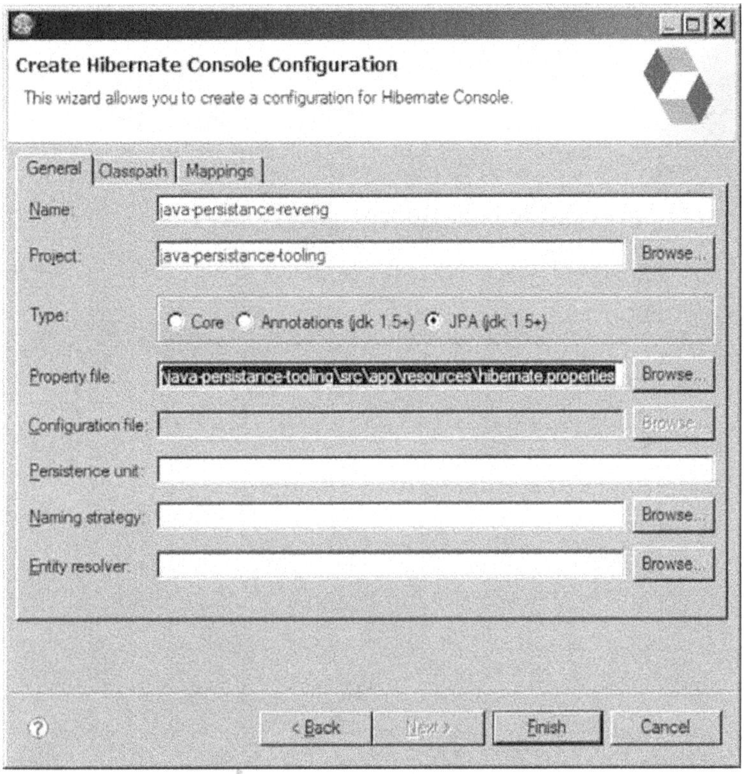

**Figure 9-25**
*Hibernate Console minimaliste*

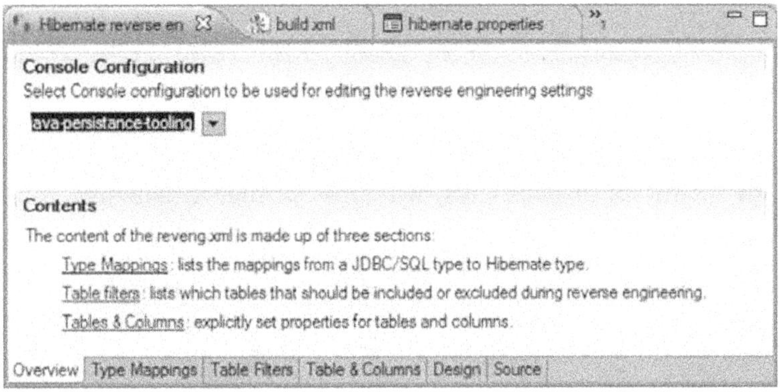

**Figure 9-26**
*Éditeur de fichier reveng.xml*

L'onglet Type Mappings vous permet de personnaliser la correspondance entre les types SQL de la base de données et les types Hibernate.

Pour limiter les tables à prendre en compte, cliquez sur l'onglet Table Filters illustré à la figure 9.27.

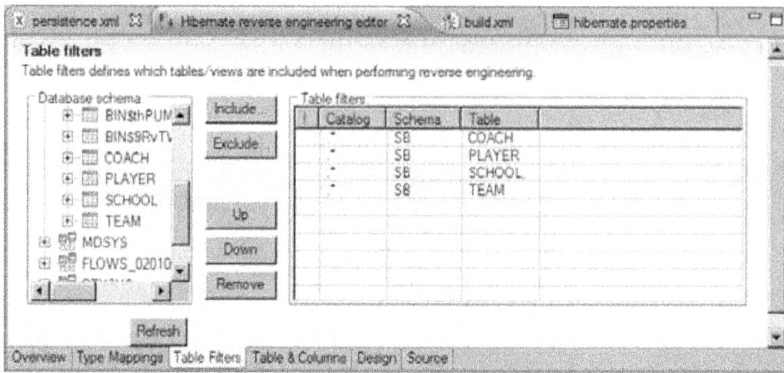

**Figure 9-27**
*Filtrer les tables*

Cette phase est importante, car si vous ne filtrez pas les tables, vous risquez d'effectuer le reverse engineering sur la totalité de la base de données ; dans ce cas, seront pris en compte tous les schémas et même toutes les tables système.

Les règles de génération par défaut conviennent dans beaucoup de cas. Si vous souhaitez les surcharger, faites-le dans l'onglet Tables & Columns illustré à la figure 9.28.

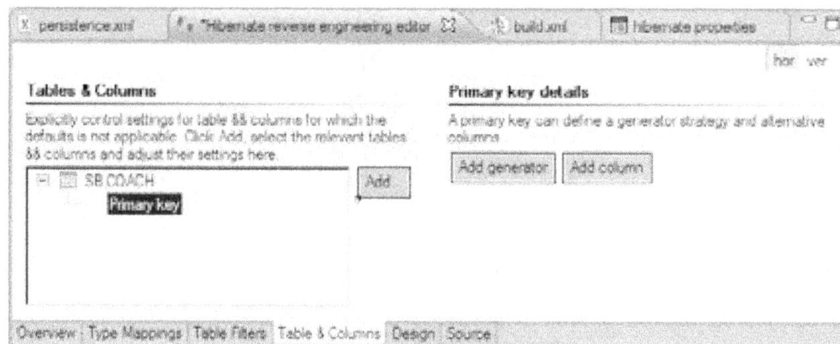

**Figure 9-28**
*Onglet Table et Colonnes*

En cliquant sur le bouton Add, vous pouvez sélectionner la ou les tables à affiner. Vous pouvez, par exemple, surcharger le nommage automatique de la classe qui y sera mappée, définir un générateur particulier pour l'identifiant, etc.

Une fois que vous en avez terminé avec le fichier reveng.xml, n'oubliez pas de le sauvegarder.

Il est temps d'exécuter le reverse engineering.

## *Exécution* via *Eclipse*

Pour exécuter le reverse engineering depuis Eclipse, cliquez sur l'icône Run As personnalisée d'Hibernate, comme l'illustre la figure 9.29.

Vous avez déjà rencontré cet assistant dans le cadre de la génération de code. La seule différence réside dans le choix de la source des métadonnées : la connexion JDBC, elle-même couplée au fichier reveng.xml. Cela se traduit par les paramètres illustrés à la figure 9.30.

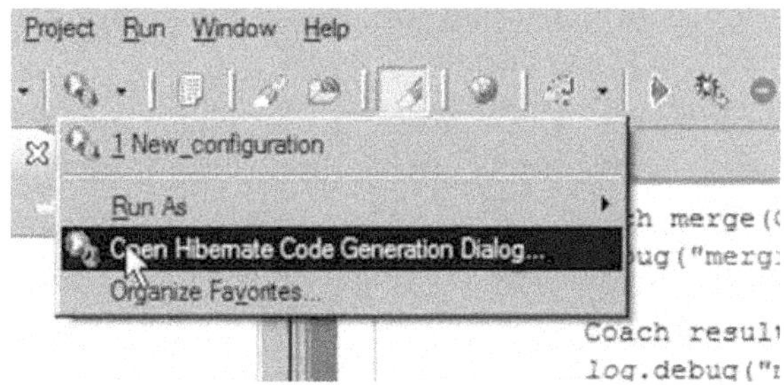


**Figure 9-29**
*Exécution du reverse engineering*

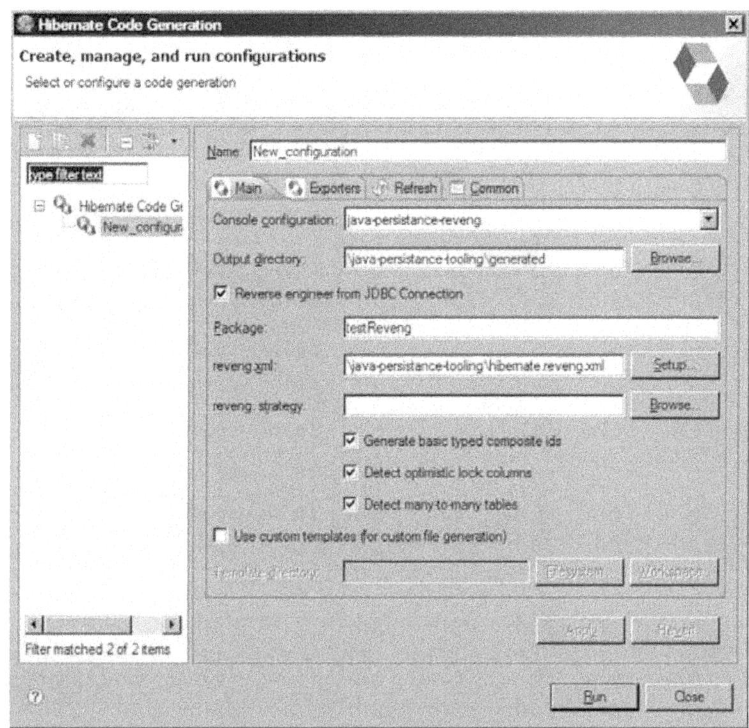


**Figure 9-30**
*Paramètres d'exécution*

Il est toujours nécessaire de sélectionner une configuration de console : ici la console minimaliste créée précédemment. Cette fois, nous devons cocher Reverse engineer from JDBC Connection et renseigner le champ reveng.xml.

Le champ reveng. strategy permet de définir une stratégie de reverse engineering personnalisée. Une telle stratégie s'opère par le biais d'une classe implémentant org.hibernate.cfg.reveng.ReverseEngineeringStrategy (pour plus d'informations voir *http://www.hibernate.org/hib_docs/tools/reference/en/html_single/#custom-reveng-strategy).*

À ce stade, trois options supplémentaires vous sont proposées :

- Generate basic typed composite ids : permet de gérer le cas très particulier où une colonne composant une clé composée est aussi une clé étrangère vers une autre table.

Si vous cochez cette case, une association ManyToOne sera générée dans l'IdClass ou EmbeddedId (voir chapitres 3 et 4).

- Detect optimistic lock columns : si une colonne est nommée VERSION ou TIMESTAMP, activez cette option pour générer l'annotation @Version sur la propriété mappée.
- Detect many-to-many tables : permet la détection des tables d'association. Activez cette option pour que la gestion de cette table soit transparente *via* une association ManyToMany et non mappée à une entité dédiée.

Nous avons déjà traité de l'onglet Exporters précédemment. Ici, le plus intéressant est de générer les entités annotées et d'exploiter Java 5. Configurez cet onglet comme illustré à la figure 9.31.

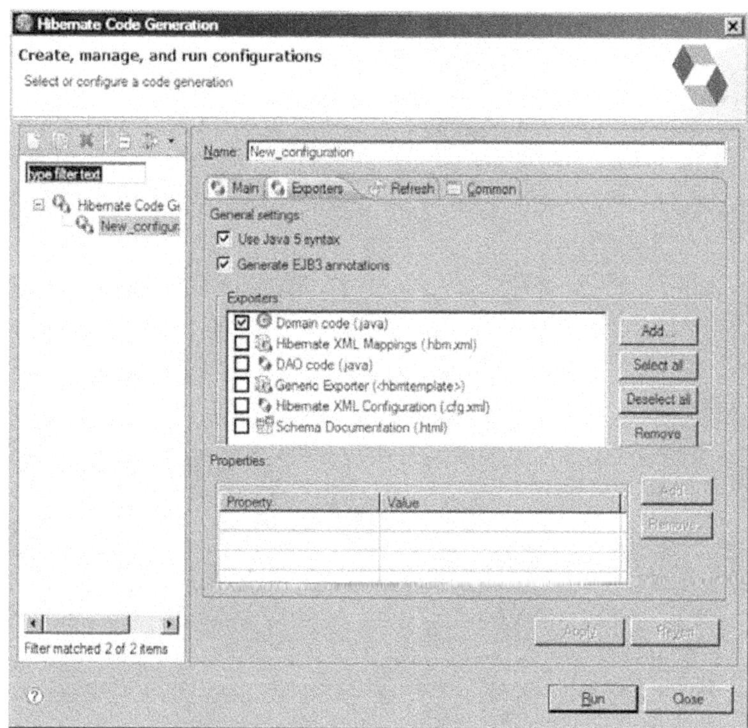


**Figure 9-31**
*Paramètres de génération*

Une autre possibilité pour exécuter le reverse engineering consiste à utiliser une tâche Ant.

## *Exécution* via *Ant*

Voici un exemple de paramétrage d'Ant permettant l'exécution du reverse engineering :

```
<target name="reveng" >
   <taskdef name="reveng"
      classname="org.hibernate.tool.ant.HibernateToolTask"
```

```
        classpathref="toolslib" />
    <reveng destdir="generated" >
        <jdbcconfiguration
            propertyfile="src/app/resources/hibernate.properties"
            packagename="renvegTest"
            revengfile="hibernate.reveng.xml"
            detectmanytomany="true"
        >
        </jdbcconfiguration>
        <hbm2java
            jdk5="true"
            ejb3="true"/>
    </reveng>

</target>
```

Vous retrouvez là tous les concepts vus précédemment, à commencer par le nœud <jdbc-configuration/>, qui s'appuie sur les paramètres de connexion définis dans le fichier hibernate.properties ainsi que sur le fichier reveng.xml que vous avez créé précédemment.

Le nœud <hbm2java/> définit quel exporter exécuter, ici la génération des sources des entités annotée exploitant le JDK 5.

### En résumé

Dans cette section, vous êtes allé droit au but concernant le reverse engineering avec un exemple simple. La personnalisation d'une telle opération est cependant beaucoup plus poussée. N'hésitez pas à consulter le site d'Hibernate Tools pour en connaître toutes les possibilités : *http://www.hibernate.org/255.html.*

## Conclusion

L'éventail des outils de la suite Hibernate Tools est vaste, que ce soit pour générer du code source, de la documentation ou un schéma ou encore pour prototyper des requêtes. Tôt ou tard vous tirerez profit de ces outils. Pour les allergiques à Eclipse, il est possible d'exécuter les exporters depuis une tâche Ant.

La suite Hibernate Tools étant encore en version *bêta*, certaines sections de ce chapitre pourraient se voir dépréciées à moyen ou long terme. De plus, d'autres composants pourraient voir le jour. Il est donc indispensable de consulter régulièrement le site officiel d'Hibernate Tools.

Nous nous sommes focalisés dans ce chapitre sur la suite Hibernate Tools mais du fait du rachat d'Exadel par Red Hat, la suite Red Hat Developper Studio s'est dotée d'une suite d'outils intégrés non moins intéressants. Si vous êtes impliqué dans le développement Web, nous vous conseillons d'explorer toutes les possibilités offertes par ce studio.

# 10

# Projets annexes Java Persistence/Hibernate

Hibernate permet d'utiliser des extensions pour couvrir notamment la gestion des connexions JDBC ainsi que le cache de second niveau. Hibernate n'ayant pas vocation à réinventer des composants existants, il propose dans sa distribution principale (Hibernate Core) certains caches et pools de connexions éprouvés.

La communauté Hibernate est désormais focalisée non plus sur un seul projet mais une constellation de projets, parmi lesquels Hibernate Validator, que nous détaillons dans ce chapitre.

## Intégration d'un pool de connexions JDBC

Si vous ne disposez pas d'une datasource, vous devez brancher un pool de connexions JBDC. Le principe du pool est illustré à la figure 10.1. Sa problématique inhérente est que l'établissement d'une connexion JDBC est très coûteux en performances. Il ne faut donc pas que la demande d'accès aux données depuis le client final ouvre la connexion de ce dernier au fil du temps.

## Introduction

Chaque connexion ouverte doit le rester du point de vue du pool, et non de celui du client final. Lorsqu'elle n'est plus utilisée, elle reste disponible, prête à l'emploi pour les applications clientes du pool.

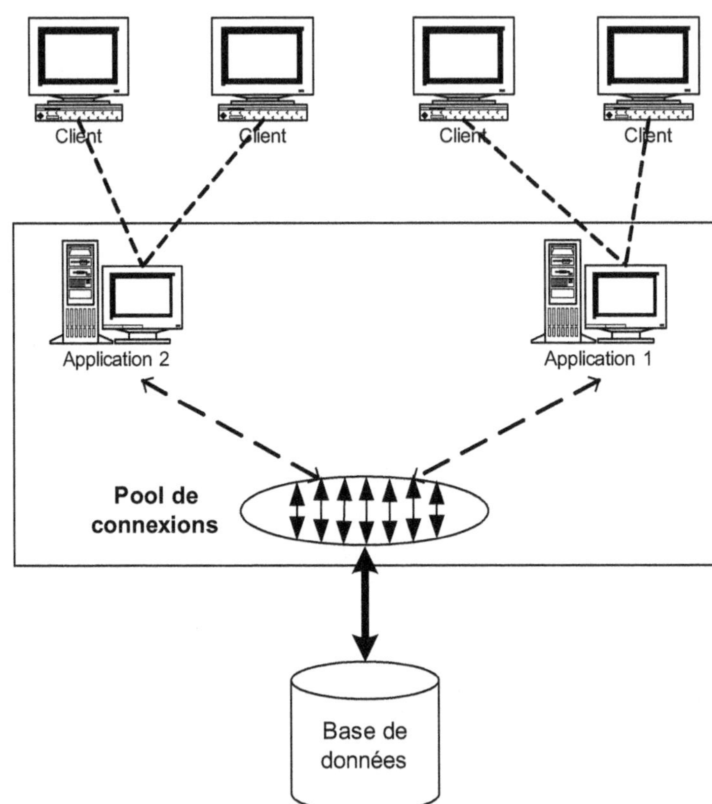


**Figure 10-1**
*Principe d'utilisation du pool de connexions*

Les pools de connexions offrent généralement un certain nombre de services, comme le contrôle du nombre maximal de connexions ouvertes ou de la validité des connexions ouvertes et le délai maximal de veille et de vie des connexions.

Hibernate se branche par défaut à C3P0 ou Proxool. Si vous souhaitez brancher un autre pool de connexions, il vous suffit d'écrire une implémentation de l'interface org.hibernate.connection.ConnectionProvider, dont voici le source :

```
/**
 * A strategy for obtaining JDBC connections.
 * <br><br>
 * Implementors might also implement connection pooling.<br>
 * <br>
 * The <tt>ConnectionProvider</tt> interface is not intended to be
 * exposed to the application. Instead it is used internally by
```

```
 * Hibernate to obtain connections.<br>
 * <br>
 * Implementors should provide a public default constructor.
 *
 * @see ConnectionProviderFactory
 * @author Gavin King
 */
public interface ConnectionProvider {
  /**
   * Initialize the connection provider from given properties.
   * @param props <tt>SessionFactory</tt> properties
   */
  public void configure(Properties props)
    throws HibernateException;

  /**
   * Grab a connection
   * @return a JDBC connection
   * @throws SQLException
   */
  public Connection getConnection() throws SQLException;

  /**
   * Dispose of a used connection.
   * @param conn a JDBC connection
   * @throws SQLException
   */
  public void closeConnection(Connection conn) throws SQLException;

  /**
   * Release all resources held by this provider. JavaDoc
   * requires   a second sentence.
   * @throws HibernateException
   */
  public void close() throws HibernateException;

  /**
   * Does this connection provider support aggressive release
   * of JDBC
   * connections and re-acquistion of those connections
   * (if need be) later ?
   * <p/>
   * This is used in conjunction with
   * {@link org.hibernate.cfg.Environment.RELEASE_CONNECTIONS}
   * to aggressively release JDBC connections.
   * However, the configured ConnectionProvider
   * must support re-acquisition of the same underlying connection
   * for that semantic to work.
   * <p/>
   * Typically, this is only true in managed environments
   * where a container
```

```
     * tracks connections by transaction or thread.
     *
     * Note that JTA semantic depends on the fact that the underlying
     * connection provider does support aggressive release.
     */
    public boolean supportsAggressiveRelease();
}
```

Cette interface n'est pas très complexe à implémenter, les pools de connexions ne devant offrir que des méthodes de type fermeture et ouverture de connexion ainsi qu'un paramétrage minimal.

Les sections qui suivent montrent comment utiliser les pools livrés avec Hibernate.

## C3P0

Le pool de connexions C3P0 présente deux atouts majeurs : il est reconnu fiable et propose des possibilités de paramétrage étendues.

Pour activer ce pool, il faut définir que le fournisseur de connexions à utiliser est celui de C3P0 :

```
<persistence>
   <persistence-unit name="eyrollesEntityManager">
      <!--jta-data-source>java:/myDS</jta-data-source-->
      <properties>
         <property name="hibernate.hbm2ddl.auto"
            value="create-drop"/>
         <property name="hibernate.dialect"
            value="org.hibernate.dialect.HSQLDialect"/>
         <property name="hibernate.show_sql" value="true"/>
         <property name="hibernate.connection.driver_class"
            value="org.hsqldb.jdbcDriver"/>
         <property name="hibernate.connection.url"
            value="jdbc:hsqldb:."/>
         <property name="hibernate.connection.user" value="sa"/>
         <property name="hibernate.connection.provider_class"
value="org.hibernate.connection.C3P0ConnectionProvider"/>
      </properties>
   </persistence-unit>
</persistence>
```

Il est possible de paramétrer quelques-unes de propriétés de C3P0 *via* les nœuds <property/> du fichier de configuration globale. Cependant, cette approche est déconseillée. Optez plutôt pour le fichier c3p0.properties dédié à C3P0. Une fois dans votre classpath, C3P0 le détectera et l'exploitera lors de l'initialisation.

Dans ce fichier, vous avez le loisir d'utiliser la totalité des paramètres disponibles, notamment les principaux décrits au tableau 10.1.

**Tableau 10.1 Paramétrage principal du pool de connexions C3P0**

| Paramètre | Défaut | Définition |
|---|---|---|
| initialPoolSize | 3 | Taille initiale du pool |
| minPoolSize | 3 | Taille minimale du pool |
| maxPoolSize | 15 | Taille maximale du pool |
| idleConnectionTestPeriod | 0 | Une connexion non utilisée pendant ce délai (en secondes) sera déclarée comme idle (en veille). |
| maxIdleTime | 0 | Une connexion idle sera relâchée du pool au bout de ce délai (en secondes) d'inactivité. |
| checkoutTimeout | 0 | Délai (en millisecondes) d'attente au bout duquel une tentative d'acquisition de connexion sera considérée en échec. Un délai survient lorsque le pool a atteint sa taille maximale. Cet échec soulève une SQLException. 0 signifie un délai d'attente infini. |
| acquireIncrement | 3 | Nombre de connexion à ouvrir lorsque la taille du pool doit être augmentée. |
| acquireRetryAttempts | 30 | Nombre de tentatives d'acquisition d'une connexion avant abandon définitif. Si cette valeur est inférieure ou égale à 0, il y aura un nombre infini de tentatives. |
| acquireRetryDelay | 1000 | Délai (en millisecondes) entre chaque essai |
| autoCommitOnClose | false | Si false, un rollback sur les transactions ouvertes d'une connexion qui se ferme sera exécuté. Si true, un commit sur les transactions ouvertes d'une connexion qui se ferme sera exécuté. |

Pour plus de détails sur C3P0 et l'exhaustivité des paramètres de configuration, voir *http://www.mchange.com/projects/c3p0/index.html#configuration.*

## *Proxool*

Proxool est un pool de connexions proposé par défaut lorsque vous téléchargez Hibernate. Il offre sensiblement les mêmes fonctionnalités que C3P0 mais dispose d'une servlet, qui permet de visualiser l'état du pool de connexions.

Le tableau 10.2 récapitule le paramétrage d'un pool de connexions Proxool.

**Tableau 10.2 Paramétrage d'un pool de connexions Proxool**

| |
|---|
| static String PROXOOL_EXISTING_POOL : configurer Proxool à partir d'un pool existant |
| static String PROXOOL_POOL_ALIAS : alias à utiliser pour l'utilisation de Proxool (requis par PROXOOL_EXISTING_POOL, PROXOOL_PROPERTIES ou PROXOOL_XML) |
| static String PROXOOL_PREFIX : préfixe Proxool/Hibernate |
| static String PROXOOL_PROPERTIES : définition du fournisseur de configuration Proxool *via* un fichier de propriété (/path/to/proxool.properties) |
| static String PROXOOL_XML : définition du fournisseur de configuration Proxool *via* un fichier XML de propriété (/path/to/proxool.xml) |

En naviguant dans la javadoc, vous obtenez les propriétés suivantes :

```
public static final String PROXOOL_EXISTING_POOL
  = "hibernate.proxool.existing_pool"
public static final String PROXOOL_POOL_ALIAS
  = "hibernate.proxool.pool_alias"
public static final String PROXOOL_PREFIX
  = "hibernate.proxool"
public static final String PROXOOL_PROPERTIES
  = "hibernate.proxool.properties"
public static final String PROXOOL_XML
  = "hibernate.proxool.xml"
```

Comme pour C3P0, il ne vous reste qu'à insérer ces paramètres dans META-INF/persistence.xml.

Si vous souhaitez tirer profit de l'ensemble du paramétrage (voir tableau 10.3), il vous faut externaliser le paramétrage dans un fichier de propriétés proxool.properties. Cependant, ce paramétrage est un peu plus délicat qu'avec C3P0 *(voir l'article dédié sur le wiki d'Hibernate, à l'adresse http://www.hibernate.org/222.html).*

**Tableau 10.3 Paramétrage de Proxool**

| Paramètre | Défaut | Définition |
|---|---|---|
| house-keeping-sleep-time | 30 | Définit le délai de test du thread (en secondes). |
| house-keeping-test-sql | | Si le thread de test trouve une connexion idle, il exécute cette requête pour déterminer si la connexion est toujours valide. Cette requête doit être rapide à utiliser. Exemple : select 1 from dual. |
| test-before-use | false | Si true, chaque utilisation d'une connexion force un test de celle-ci. Si le test échoue, la connexion est abandonnée et une autre est acquise. Si toutes les connexions disponibles échouent, une nouvelle connexion est ouverte. Si celle-ci échoue aussi, une SQLException est levée. |
| test-after-use | false | Si true, chaque fermeture (la connexion est rendue au pool) entraîne un test de celle-ci. Si le test échoue, la connexion est abandonnée et une autre est acquise. |
| maximum-connection-count | 15 | Nombre maximal de connexions à la base de données. |
| maximum-connection-lifetime | 4 heures | Durée de vie d'une connexion. Après ce délai, la connexion est détruite. |
| maximum-new-connections | 10 | Nombre maximal de connexions à la base de données |
| maximum-active-time | 5 minutes | Durée de vie de la connexion. Si le thread de test tombe sur une connexion active depuis plus longtemps que ce délai, il la détruit. Cette valeur doit être supérieure au temps de réponse le plus long que vous prévoyez. |
| trace | false | Si true, le SQL sera logué (niveau debug) tout au long de l'exécution. |
| maximum-connection-count | 10 | Nombre maximal de connexions pouvant être ouvertes simultanément. |

Pour disposer de la servlet de visualisation des statistiques Proxool, paramétrez une application Web comme suit :

```
<servlet>
  <servlet-name>proxool</servlet-name>
    <servlet-class>  org.logicalcobwebs.proxool.admin.servlet.AdminServlet</servlet-
class>
</servlet>
<servlet-mapping>
<servlet-name>proxool</servlet-name>
  <url-pattern>/proxool</url-pattern>
</servlet-mapping>
```

La figure 10.2 illustre la servlet permettant de visionner les statistiques de Proxool.

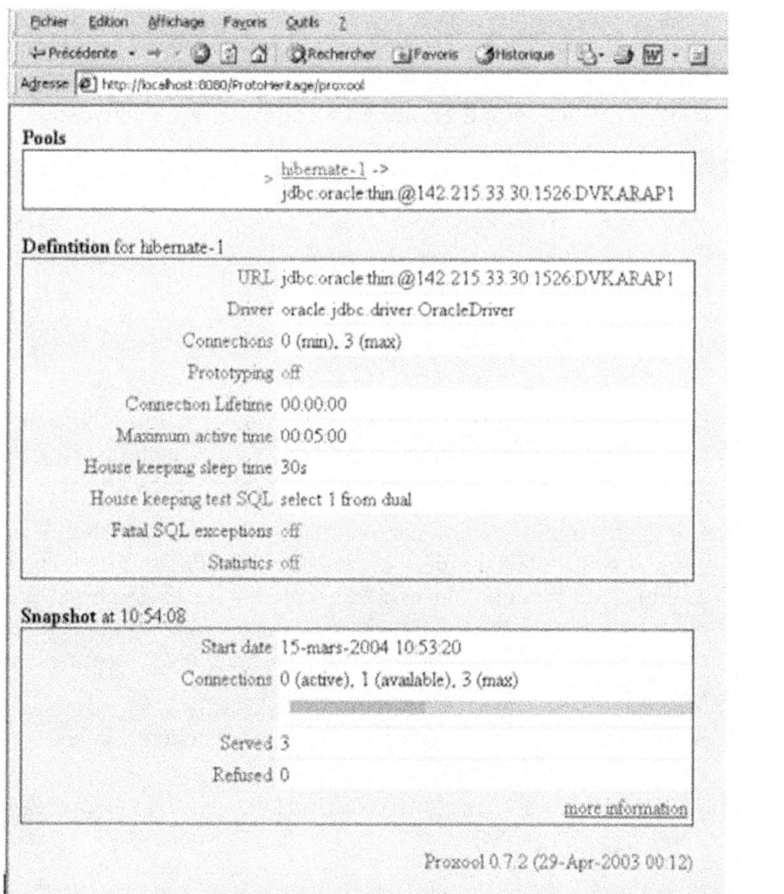


**Figure 10-2**
*Statistiques de Proxool*

Pour plus d'informations sur Proxool, référez-vous au site de référence, à l'adresse *http://proxool.sourceforge.net*.

### En résumé

La qualité d'un projet se mesure en partie à la facilité de l'étendre ou d'y intégrer d'autres technologies. En guise d'extension fonctionnelle, nous avons déjà parlé, par exemple, des UserTypes.

En ce qui concerne les points d'intégration techniques, Hibernate propose, par le biais d'une implémentation de l'interface ConnectionProvider, d'exploiter des pools de connexions existants. Il est livré avec une implémentation de cette interface pour les pools connus que sont C3P0 ou Proxool.

Un second point d'intégration technique concerne le cache de second niveau, c'est ce que nous nous proposons d'aborder à présent.

## Utilisation du cache de second niveau

Le cache de premier niveau est le gestionnaire d'entités. Comme vous le savez désormais, le gestionnaire d'entités a une durée de vie relativement courte et n'est pas partageable par plusieurs traitements.

Pour améliorer les performances, des caches de second niveau sont disponibles. N'allez toutefois pas croire que le cache de second niveau soit la solution ultime à vos problèmes de performances. Le cache relève en effet d'une problématique plus complexe à appréhender qu'il n'y paraît.

### Types de caches

Gérer un cache demande des ressources et donc du temps serveur. Il demande encore plus de temps si votre environnement de production répartit la charge sur plusieurs serveurs, la latence réseau venant s'ajouter au temps machine.

Une règle simple à retenir est que moins le cache est manipulé en écriture, plus il est efficace. À ce titre, les données les plus propices à être mises en cache sont les données de référence, de paramétrage et celles rarement mises à jour par l'application. Il est évidemment inutile de mettre en cache des données rarement consultées. De bons exemples de données pour le cache sont les codes postaux, les pays ou les articles d'un catalogue qui ne serait mis à jour que trimestriellement.

Ayez toujours à l'esprit que l'utilisation du cache à l'exécution se produit lorsque Java Persistence tente de récupérer :

- soit une instance d'une entité particulière avec un id particulier, par exemple instance de `Team` ayant l'id 1 ;
- soit une collection ayant un rôle particulier et appartenant à une entité particulière, par exemple la collection ayant le rôle `players` et appartenant à l'entité `Team` ayant l'id 1.

On parle ainsi de *cache d'entités* et de *cache de collections*.

Un cas particulier subsiste, lorsque vous exécutez des requêtes et en obtenez les résultats par invocation de la méthode `query.getResultList()`. Nous reviendrons sur l'utilisation spécifique du cache de requêtes.

La spécification Java Persistence ne définit aucunement l'interaction entre le gestionnaire d'entités et un cache de second niveau. Cette section est donc uniquement valable si vous utilisez Hibernate Entity Manager.

## Fournisseurs de caches compatibles Hibernate

Sachez prévoir au plus tôt dans vos études si votre application nécessitera un cluster ou non. Le cache de second niveau est un cache de données. En l'absence de cluster, les gestionnaires d'entités doivent uniquement accéder au cache de second niveau pour assembler ou désassembler les entités. Dans un environnement en cluster, il va autrement, et il faut inclure un protocole d'accès à distance pour synchroniser les caches de chacun des nœuds qui composent le cluster.

Java Persistence ne définit aucune interaction avec les caches. Ce sont les implémentations qui ont la responsabilité de proposer des gestions spécifiques de ces mécanismes. Les caches que vous pouvez intégrer nativement avec Hibernate sont recensés au tableau 10.4. Comme pour les pools de connexions, il s'agit de projets à part entière, qui ne sont pas fortement liés à Hibernate.

Les paramètres à prendre en compte lorsque vous choisissez un cache sont les suivants :

- Votre application fonctionne-t-elle en cluster ? Si oui, souhaitez-vous une stratégie par invalidation de cache ou par réplication ?
- Souhaitez-vous tirer profit du cache des requêtes ?
- Souhaitez-vous utiliser le support physique disque pour certaines conditions ?

**Tableau 10.4 Caches supportés nativement par Hibernate**

| Cache | Provider Class org.hibernate.cache. | Type | Cluster Safe | Support cache de requête |
|---|---|---|---|---|
| Hashtable | HashtableCacheProvider | Mémoire | | Oui |
| EHCache | EhCacheProvider | Mémoire, disque | Oui, fonction relativement jeune | Oui |
| OSCache | OSCacheProvider | Mémoire, disque | | Oui |
| SwarmCache | SwarmCacheProvider | Clustérisé (IP multicast) | Oui (invalidation clustérisée) | |
| JBossTreeCache | TreeCacheProvider, OptimisticTreCacheProvider | Clustérisé (IP multicast), transactionnel | Oui (réplication ou invalidation) | Oui (synchronisation des horloges nécessaire + mode réplication) |

> **CacheProviders**
>
> À l'heure d'écrire ce livre, une refonte est en cours, et il est possible que les CacheProviders dédiés à JBossCache évoluent légèrement à partir de la version 3.3. Référez-vous à la release note ou aux javadocs pour utiliser le bon CacheProvider.

Voici les définitions des différentes stratégies de cache :

- Lecture seule (read-only): si votre application a besoin de lire mais ne modifie jamais les instances d'une classe, un cache read-only peut être utilisé. C'est la stratégie la plus simple et la plus performante. Elle est même parfaitement sûre dans un cluster.
- Lecture/écriture (read-write) : si l'application a besoin de mettre à jour des données, un cache read-write peut être approprié. Cette stratégie ne devrait jamais être utilisée si votre application nécessite un niveau d'isolation transactionnelle sérialisable. Ne doit pas être utilisé en cluster.
- Lecture/écriture non stricte (nonstrict-read-write) : si l'application a besoin de mettre à jour les données de manière occasionnelle, c'est-à-dire s'il est très peu probable que deux transactions essaient de mettre à jour le même élément simultanément, et qu'une isolation transactionnelle stricte ne soit pas nécessaire, un cache nonstrict-read-write peut être approprié.
- Transactionnelle (transactional) : la stratégie de cache transactional supporte un cache complètement transactionnel, par exemple JBoss TreeCache. Un tel cache ne peut être utilisé que dans un environnement JTA.

Comme le montre le tableau 10.5, aucun cache ne supporte la totalité de ces stratégies.

**Tableau 10.5 Support des stratégies de cache**

| Cache | Read-only | Nonstrict-read-write | Read-write | Transactional |
|---|---|---|---|---|
| Hashtable | Oui | Oui | Oui | Non |
| EHCache | Oui | Oui | Oui | Non |
| OSCache | Oui | Oui | Oui | Non |
| SwarmCache | Oui | Oui | Non | Non |
| JBossTreeCache | Oui | Non | Non | Oui |

Il est temps d'analyser votre diagramme de classes et de définir quelles classes et collections peuvent être mises en cache. Souvenez-vous que seules les entités peu modifiées voire pas du tout modifiées vous permettront de tirer profit du cache de second niveau.

## Mise en œuvre d'un cache local EHCache

EHCache est simple à configurer. La première étape consiste à extraire ehcache-x.x.jar et à le placer dans le classpath de votre application.

Il faut ensuite spécifier dans META-INF/persistence.xml l'utilisation d'EHCache en ajoutant la ligne suivante :

```
<property name="hibernate.cache.provider_class"
   value="org.hibernate.cache.EhCacheProvider"/>
```

EHCache nécessite un fichier de configuration (ehcache.xml) spécifique, dans lequel vous spécifiez, classe par classe, les paramètres principaux suivants :

- Nombre maximal d'instances qui peuvent être placées dans le cache.
- Délai maximal de veille, qui correspond à la durée maximale au terme de laquelle une instance non utilisée sera supprimée du cache.
- Durée de vie maximale, qui correspond à la durée, depuis la mise en cache, au bout de laquelle une instance, même fréquemment consultée, sera supprimée du cache.

Dans notre projet, placez ce fichier dans le répertoire resources et n'oubliez pas de la déployer dynamiquement lors de l'exécution de notre test. Voici un exemple de fichier ehcache.xml :

```
<ehcache>
  <diskStore path="java.io.tmpdir"/>

  <defaultCache
    maxElementsInMemory="10000"
    eternal="false"
    overflowToDisk="true"
    timeToIdleSeconds="120"
    timeToLiveSeconds="120"
    diskPersistent="false"
    diskExpiryThreadIntervalSeconds="120"
  />

  <cache name="ch10.Team"
    maxElementsInMemory="1000"
    eternal="false"
    timeToIdleSeconds="300"
    timeToLiveSeconds="600"
    overflowToDisk="false"
  />
  <cache name="ch10.Player"
    maxElementsInMemory="1000"
    eternal="false"
    timeToIdleSeconds="300"
    timeToLiveSeconds="600"
    overflowToDisk="false"
  />
  <cache name="ch10.Team.players"
    maxElementsInMemory="1000"
    eternal="false"
    timeToIdleSeconds="300"
    timeToLiveSeconds="600"
```

```
    overflowToDisk="false"
  />
</ehcache>
```

Vous y configurez les entités mais aussi les collections.

Vous pouvez vérifier que EHCache est actif sur votre application en scrutant les traces au démarrage de l'application. Vous devriez retrouver les lignes suivantes :

```
INFO SettingsFactory:259 - Cache provider:
  org.hibernate.cache.EhCacheProvider
INFO SettingsFactory:186 - Second-level cache: enabled
```

Pour toute information supplémentaire concernant EHCache, consultez le site de référence, à l'adresse *http://ehcache.sourceforge.net/documentation/hibernate.html.*

Une fois le cache mis en place, il est nécessaire de spécifier, au niveau Java Persistence, quelles entités et collections sont impliquées dans le cache de second niveau.

## Activation du cache pour les classes et collections

Vous venez de voir comment configurer globalement le cache au niveau applicatif en utilisant, par exemple, EHCache. Il ne vous reste plus qu'à définir la stratégie de vos mapping. Cela se fait *via* l'annotation spécifique Hibernate @org.hibernate.annotations.Cache, qui prend trois membres. Cette annotation n'est pas spécifique d'EHCache : elle est globale dès lors que vous activez le cache de second niveau.

Les trois membres de l'annotation sont :

- usage : de type org.hibernate.annotations.CacheConcurrencyStrategy. Pour la stratégie de cache à mettre en place, les choix possibles sont NONE, READ_ONLY, NONSTRICT_READ_WRITE, READ_WRITE et TRANSACTIONAL.
- region (optionnel) : région de cache. Par défaut, c'est le nom entièrement qualifié de la classe ou de la collection.
- include (optionnel) : all pour inclure toutes les propriétés ; non-lazy pour exclure les propriétés lazy ; par défaut all.

Il vous faut désormais annoter les classes et collections en question.

Voici, par exemple, comment configurer les classes `Player` et `Team`:

```
@Entity
@org.hibernate.annotations.Cache(
   usage = org.hibernate.annotations
      .CacheConcurrencyStrategy.NONSTRICT_READ_WRITE)
public class Player {…}
```

```
@Entity
@org.hibernate.annotations.Cache(
   usage = org.hibernate.annotations
      .CacheConcurrencyStrategy.NONSTRICT_READ_WRITE)
public class Team {…}
```

Le dernier exemple permet de visualiser comment déclarer la mise en cache d'une collection :

```
@Entity
@org.hibernate.annotations.Cache(
   usage = org.hibernate.annotations
      .CacheConcurrencyStrategy.NONSTRICT_READ_WRITE)
public class Team {
   …
   @OneToMany(mappedBy="team")
   @org.hibernate.annotations.Cache(
      usage = org.hibernate.annotations
         .CacheConcurrencyStrategy.NONSTRICT_READ_WRITE)
   private Set<Player> players = new HashSet<Player>();
   …
}
```

### Exemples de comportements selon la stratégie retenue

Il est important de saisir les nuances qui existent entre ces différentes stratégies.

Le code ci-dessous permet de mettre en œuvre le cache. En l'exécutant, vous vous rendrez compte qu'aucune requête n'est exécutée à la récupération de l'entité déjà chargée par un gestionnaire d'entités précédent :

```
EntityManager em = (EntityManager) new InitialContext()
   .lookup("java:/EntityManagers/eyrollesEntityManager");

TransactionManager tm = (TransactionManager) new InitialContext()
   .lookup("java:/TransactionManager");

tm.begin();
Team team = em.find(Team.class, new Integer(1));
tm.commit();
em.clear();

tm.begin();
Team team2 = em.find(Team.class, new Integer(1));
tm.commit();
```

L'idée est la suivante : un premier gestionnaire d'entités permet d'alimenter le cache, tandis qu'un second permet de vérifier qu'aucune requête n'est exécutée à la récupération de la même entité.

L'exemple de code suivant permet de mesurer les impacts d'une écriture sur une entité présente dans le cache :

```
EntityManager em = (EntityManager) new InitialContext()
   .lookup("java:/EntityManagers/eyrollesEntityManager");

TransactionManager tm = (TransactionManager) new InitialContext()
   .lookup("java:/TransactionManager");

tm.begin();
Team team = em.find(Team.class, new Integer(1));
team.setName("new name");
tm.commit();
em.clear();

tm.begin();
Team team2 = em.find(Team.class, new Integer(1));
tm.commit();
```

Voici ce que vous observez dans les traces pour la stratégie read-only :

```
14:24:09,281 ERROR [ReadOnlyCache] Application attempted to edit read only
item: ch10.Team.players#1

14:24:09,297 WARN  [arjLoggerI18N]
[com.arjuna.ats.arjuna.coordinator.TwoPhaseCoordinator_2]
TwoPhaseCoordinator.beforeCompletion - failed for
com.arjuna.ats.internal.jta.resources.arjunacore.SynchronizationImple@1304ef4

javax.persistence.PersistenceException:
java.lang.UnsupportedOperationException: Can't write to a readonly object

at
org.hibernate.ejb.AbstractEntityManagerImpl$1.beforeCompletion(AbstractEntity
ManagerImpl.java:528)

at
com.arjuna.ats.internal.jta.resources.arjunacore.SynchronizationImple.beforeC
ompletion(SynchronizationImple.java:114)

at
com.arjuna.ats.arjuna.coordinator.TwoPhaseCoordinator.beforeCompletion(TwoPha
seCoordinator.java:249)

at
com.arjuna.ats.arjuna.coordinator.TwoPhaseCoordinator.end(TwoPhaseCoordinator
.java:88)
```

Une exception est soulevée. La modification d'une entité configurée pour un cache avec la stratégie read-only ne peut être modifiée.

Modifiez donc la stratégie en la paramétrant en nonstrict-read-write. Cette fois, aucune exception n'est soulevée. La modification est autorisée mais entraîne l'invalidation du cache pour l'entité modifiée. Le cache n'est pas mis à jour, l'entité y étant simplement supprimée, ce qui engendre un ordre SQL SELECT à la récupération suivante de l'entité.

Cette stratégie n'a aucun intérêt pour des entités fréquemment mise à jour.

Testez désormais la dernière stratégie, read-write. Le cache est mis à jour en même temps que la base de données. Cette dernière stratégie est plus efficace pour les entités que vous pouvez mettre à jour. Elle ne peut toutefois être utilisée que si le risque de modification concourante est nul.

## Contrôler l'interaction avec le cache

Il est possible de contrôler l'interaction avec le cache. Cette possibilité requiert cependant d'exploiter la session Hibernate, le cache de second niveau étant inexistant dans la spécification Java Persistence. Cela passe par l'invocation de la méthode session.setCacheMode().

Les différents modes d'interaction sont les suivants :

- CacheMode.NORMAL : récupère les objets depuis le cache de second niveau et les place dans le cache de second niveau.
- CacheMode.GET : récupère les objets du cache de second niveau mais n'y accède pas en écriture, excepté lors de la mise à jour de données.
- CacheMode.PUT : ne récupère pas les objets depuis le cache de second niveau (lecture directe depuis la base de données) mais écrit les objets dans le cache de second niveau.
- CacheMode.IGNORE : ignore le cache sauf pour effectuer l'invalidation lorsque des mises à jour surviennent.
- CacheMode.REFRESH : ne récupère pas les objets depuis le cache de second niveau (lecture directe depuis la base de données) mais écrit les objets dans le cache de second niveau, tout en ignorant l'effet du paramètre hibernate.use_minimal_puts (que l'on peut placer dans META-INF/persistence.xml), ce qui force le rafraîchissement du cache de second niveau pour toutes les données lues en base de données.

Par exemple, le code suivant :

```
tx = session.beginTransaction();
//mise en cache
Team t = (Team)session.get(Team.class,new Long(1));
tx.commit();
HibernateUtil.closeSession();
session = HibernateUtil.getSession();
session.setCacheMode(CacheMode.IGNORE);
tx = session.beginTransaction();
//récupération du cache
Team t2 = (Team)session.get(Team.class,new Long(1));
tx.commit();
```

évite la lecture depuis le cache et réexécute la requête en base de données pour permettre la récupération de l'objet.

De même, l'exemple suivant :

```
EntityManager em = (EntityManager) new InitialContext()
   .lookup("java:/EntityManagers/eyrollesEntityManager");
Session session = (Session)em.getDelegate();
TransactionManager tm = (TransactionManager) new InitialContext()
   .lookup("java:/TransactionManager");

tm.begin();
session.setCacheMode(CacheMode.GET);
Team team = (Team)session.get(Team.class, new Integer(1));
tm.commit();
em.clear();

tm.begin();
Team team2 = (Team)session.get(Team.class, new Integer(1));
tm.commit();
```

n'alimente pas le cache à l'exécution du premier appel à la méthode `session.get()`. Le second appel ne trouve donc pas l'instance demandée en cache et interroge à nouveau la base de données.

## Le cache de requête

Nous avons vu que les classes et les collections étaient deux notions différentes du point de vue du cache. Il en va de même des requêtes, qui demandent des traitements spécifiques pour bénéficier du cache mais aussi pour être utilisées conjointement avec le cache des classes et collections.

Vous allez tester le comportement des requêtes. Pour ce faire, créez une requête nommée relativement simple, comme nous l'avons vu au chapitre 5 :

```
@Entity
@org.hibernate.annotations.Cache(usage =
  org.hibernate.annotations.CacheConcurrencyStrategy.TRANSACTIONAL)
@NamedQuery(name="myNamedQuery",
   query="Select team from Team team where team.name = :param ")
public class Team {…}
```

Puis effectuez un test qui l'exploite :

```
EntityManager em = (EntityManager) new InitialContext()
   .lookup("java:/EntityManagers/eyrollesEntityManager");

TransactionManager tm = (TransactionManager) new InitialContext()
   .lookup("java:/TransactionManager");

tm.begin();
```

```
Team team = em.find(Team.class, new Integer(1));

Query query = em.createNamedQuery("myNamedQuery");
query.setParameter("param","xxxxxx");
List result = query.getResultList();

//exécution de la même requête
List result2 = query.getResultList();

tm.commit();
```

Ce code génère trois requêtes SQL successives quasiment identiques. Les traces sont les suivantes :

```
Hibernate: select team0_.TEAM_ID as TEAM1_0_1_, team0_.coach_id as
   coach3_0_1_, team0_.name as name0_1_, coach1_.id as id1_0_,
   coach1_.name as name1_0_
from Team team0_
   left outer join Coach coach1_
   on team0_.coach_id=coach1_.id
where team0_.TEAM_ID=?
Hibernate: select team0_.TEAM_ID as TEAM1_0_, team0_.coach_id as
   coach3_0_, team0_.name as name0_
from Team team0_
where team0_.name=?
Hibernate: select team0_.TEAM_ID as TEAM1_0_, team0_.coach_id as
   coach3_0_, team0_.name as name0_
from Team team0_
where team0_.name=?
```

La première requête correspond à l'appel de `em.find()`, tandis que les deux dernières correspondent à l'exécution de la requête. Lorsque l'instance est en cache, l'ensemble des informations est retourné à l'appel de `query.getResultList()`. Ce comportement est attendu.

Afin de tirer profit du cache à partir des requêtes, il faut tout d'abord activer le paramètre global hibernate.cache.use_query_cache dans META-INF/persistence.xml :

```
<property name="hibernate.cache.use_query_cache" value="true"/>
```

Ensuite, il faut basculer l'annotation dédiée aux requêtes nommées vers l'annotation spécifique Hibernate, qui propose un membre pour l'exploitation de la requête par le cache. Votre annotation devient :

```
@Entity
@org.hibernate.annotations.Cache(usage =
  org.hibernate.annotations.CacheConcurrencyStrategy.TRANSACTIONAL)
@org.hibernate.annotations.NamedQuery(name="myNamedQuery",
  query="Select team from Team team where team.name = :param ",
  cacheable=true
)
public class Team {…}
```

Suite à ce paramétrage, la troisième requête du test précédent est évitée.

Si vous ne voulez pas utiliser les requêtes nommées, il est possible d'exploiter directement la session Hibernate puis d'invoquer query.setCacheable(true) avant la première exécution.

Notez que le cache de requête met en cache non pas l'état de chaque entité du résultat mais les valeurs des identifiants et les résultats de type valeur. C'est pourquoi le cache de requête est généralement utilisé en association avec le cache de second niveau, comme vous venez de le voir.

Sachez enfin qu'une même requête dans laquelle vous injectez des valeurs de paramètres différentes a toutes les chances de ne pas retourner les mêmes résultats. Le cache de requête n'a donc de sens que pour une même requête, avec les mêmes valeurs de paramètres injectées et en association avec le cache d'entités.

## Réplication de cache avec JBossCache

La figure 10.3 illustre la nécessité d'un cache par réplication comme JBossCache.

**Figure 10-3**
*Configuration en cluster*

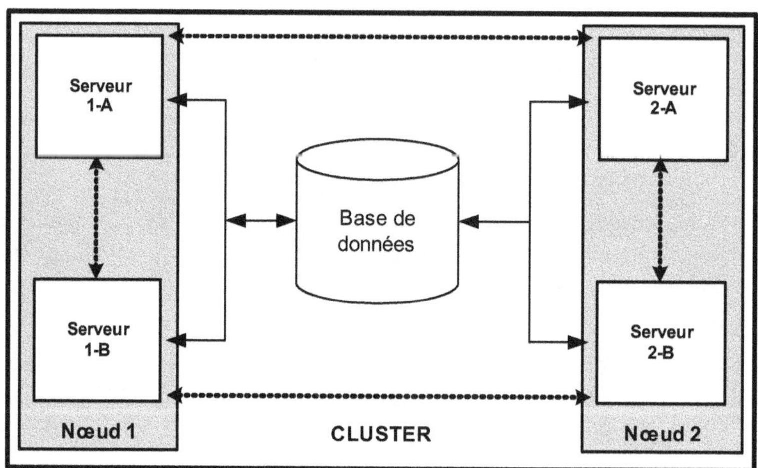


Cela n'est qu'un exemple simplifié d'une architecture de déploiement. Votre application peut être déployée sur plusieurs machines physiques (nœuds), chacune de ces machines pouvant héberger des serveurs (logiques à l'inverse de physiques) pour tirer profit de fonctionnalités propres aux dernières générations de machines. L'ensemble de ces serveurs peut être client d'une même base de données.

Si vous souhaitez utiliser un cache, celui-ci sera dédié à un seul serveur. La validité des instances contenues dans le cache est primordiale. Une modification d'instance dans le cache du serveur 1-A doit être répliquée aux caches des autres serveurs ou invalidée. Il y a donc nécessité de communication entre tous les acteurs.

Il est important de bien vous assurer que le trafic réseau engendré par un tel environnement ne contrarie pas les apports du cache.

Malheureusement, du fait des concepts réseau, JBossCache est plus complexe à configurer qu'EHCache. Vous allez en effectuer une mise en œuvre « par défaut » dans la section suivante Pour en savoir plus, référez-vous à la documentation du produit, à l'adresse *http://www.jboss.com/fr/products/jbosscache*.

### Mise en œuvre d'un cache répliqué JBossCache

EHCache convient lorsque vous ne travaillez que dans une seule JVM. Dès que votre application est déployée dans un cluster, il vous faut un cache supportant cette architecture. Dans ces cas, nous recommandons l'utilisation de JBossCache et de la bibliothèque JGroups Multicast.

Pour utiliser JBossCache, référez-vous au tableau 2.1 du chapitre 2 pour visualiser les bibliothèques que vous devez importer dans votre projet. Vous devriez ajouter six bibliothèques : jboss-cache, concurrent, jboss-common, jboss-jmx, jboss-system et jgroups.

Déclarez ensuite l'utilisation de JBossCache dans le fichier META-INF/persistence.xml :

```
<property name="hibernate.cache.provider_class"
  value="org.hibernate.cache.TreeCacheProvider"/>
```

Comme pour EHCache, un fichier de configuration doit être créé ; il se nomme treecache.xml. En voici une configuration de base :

```
<server>
  <classpath codebase="./lib"
    archives="jboss-cache.jar, jgroups.jar" />
  <mbean code="org.jboss.cache.TreeCache"
    name="jboss.cache:service=TreeCache">
    <depends>jboss:service=Naming</depends>
    <depends>jboss:service=TransactionManager</depends>
    <attribute name="TransactionManagerLookupClass">
      org.jboss.cache.GenericTransactionManagerLookup
    </attribute>
    <attribute name="ClusterName">MyCluster</attribute>
    <attribute name="NodeLockingScheme">PESSIMISTIC</attribute>
    <attribute name="CacheMode">REPL_SYNC</attribute>
    <attribute name="IsolationLevel">REPEATABLE_READ</attribute>
    <attribute name="FetchInMemoryState">false</attribute>
```

```
      <attribute name="InitialStateRetrievalTimeout">
        20000
      </attribute>
      <attribute name="SyncReplTimeout">20000</attribute>
      <attribute name="LockAcquisitionTimeout">15000</attribute>
      <attribute name="ClusterConfig">
        <config>
          <UDP loopback="false" />
          <PING timeout="2000" num_initial_members="3"
            up_thread="false" down_thread="false" />
          <FD_SOCK />
          <pbcast.NAKACK gc_lag="50"
            retransmit_timeout="600,1200,2400,4800"
            max_xmit_size="8192"
            up_thread="false" down_thread="false" />
          <UNICAST timeout="600,1200,2400" window_size="100"
            min_threshold="10" down_thread="false" />
          <pbcast.STABLE desired_avg_gossip="20000"
            up_thread="false" down_thread="false" />
          <FRAG frag_size="8192" down_thread="false"
            up_thread="false" />
          <pbcast.GMS join_timeout="5000"
            join_retry_timeout="2000" shun="true"
            print_local_addr="true" />
          <pbcast.STATE_TRANSFER up_thread="true"
            down_thread="true" />
        </config>
      </attribute>
    </mbean>
  </server>
```

Ce fichier semble bien plus compliqué que celui d'EHCache. Pour autant, il n'est pas si difficile à lire. L'important est qu'il regroupe diverses configurations et permet de maîtriser plusieurs technologies :

- Celle de JBossCache.
- Une configuration de service JMX pour le déploiement de JBossAS.
- Une configuration fine de JGroups, qui est très technique *(http://www.jgroups.org/javagroupsnew/docs/index.html).*

Les deux dernières configurations sortent du sujet de ce livre, et nous ne les détaillerons pas.

Votre application est déployée sur un cluster comportant *n* nœuds. Ce cluster est nommé MyCluster, et vous y faites référence *via* l'attribut ClusterName. L'autre attribut intéressant est CacheMode. Dans cet exemple, il stipule l'utilisation d'une communication synchronisée (REPL_SYNC). Cela signifie qu'un nœud envoyant un message de synchronisation attend l'accusé de réception des autres nœuds. REPL_SYNC est une valeur qui convient pour un cache réellement répliqué. L'utilisation de communications asynchrones est parfois justifiée selon le rôle de chacun de vos nœuds.

Les autres attributs dédiés à JBossCache parlent d'eux-mêmes. Pour une explication détaillée et une liste exhaustive des attributs, voir la documentation officielle sur le site *http://www.jboss.com/fr/products/jbosscache.*

Pour vérifier que vos applications utilisent bien JBossCache, scrutez les traces et recherchez les lignes suivantes :

```
INFO SettingsFactory:259 - Cache provider:
  org.hibernate.cache.TreeCacheProvider
INFO SettingsFactory:186 - Second-level cache: enabled
```

JBossCache supporte l'invalidation en plus de la réplication. Au lieu d'envoyer un message contenant le différentiel des données à mettre à jour, un nœud peut émettre un message aux autres nœuds pour invalider certaines données. Cela permet de réduire considérablement le volume des messages qui transitent sur le réseau au cours d'un chargement depuis la base de données lors de la prochaine interrogation des données invalidées. Cela se révèle parfois préférable pour les performances.

**Approche optimiste au lieu de pessimiste**

Comme vous l'avez remarquez dans le paramétrage précédent, vous utilisez une approche pessimiste pour les accès concourants (entre nœuds du cluster). Si vous préférez opter pour une approche optimiste, passez l'attribut NodeLockingScheme à OPTIMISTIC et basculez le CacheProvider vers org.hibernate.cache.OptimisticTreeCacheProvider.

## Utiliser un autre cache

Comme pour les pools de connexions, il est possible de brancher n'importe quel système de cache, pourvu que vous fournissiez une implémentation de l'interface org.hibernate.cache.CacheProvider :

```
package org.hibernate.cache;
import java.util.Properties;

/**
 * Support for pluggable caches.
 *
 * @author Gavin King
 * @deprecated As of 3.3; see <a href="package.html"/> for details.
 */
public interface CacheProvider {
   /**
    * Configure the cache
    *
    * @param regionName the name of the cache region
    * @param properties configuration settings
```

```
     * @throws CacheException
     */
    public Cache buildCache(String regionName,
       Properties properties) throws CacheException;

    /**
     * Generate a timestamp
     */
    public long nextTimestamp();

    /**
     * Callback to perform any necessary initialization of the
     * underlying cache implementation
     * during SessionFactory construction.
     *
     * @param properties current configuration settings.
     */
    public void start(Properties properties) throws CacheException;

   /**
    * Callback to perform any necessary cleanup of the underlying
    * cache implementation
    * during SessionFactory.close().
    */
    public void stop();

    public boolean isMinimalPutsEnabledByDefault();
}
```

Vous pouvez prendre exemple sur org.hibernate.cache.EHCacheProvider pour comprendre comment le CacheProvider fait le lien entre Hibernate et le système de cache à utiliser.

La fonctionnalité abordée à la section suivante vous sera utile pour affiner le paramétrage de votre cache.

## Visualiser les statistiques

Dans Hibernate, la SessionFactory, que vous avez rencontrée au chapitre 2, propose un ensemble complet de statistiques. Pour y accéder, invoquez `sessionFactory.getStatistics()`.

La première chose à faire est d'obtenir la SessionFactory. Celle-ci peut être récupérée grâce au registre JNDI. Il faut cependant définir un nom auquel l'associer. Vous pouvez effectuer cette opération grâce au paramètre hibernate.session_factory_name du fichier META-INF/persistence.xml.

Profitez-en pour activer la génération des statistiques et leur mise en forme *via* les paramètres hibernate.generate_statistics et hibernate.cache.use_structured_entries :

```
<property name="hibernate.session_factory_name"
  value="java:/HibernateSessionFactory"/>
<property name="hibernate.generate_statistics"
```

```
    value="true"/>
  <property name="hibernate.cache.use_structured_entries"
    value="true"/>
```

À partir de ce moment, vous pouvez obtenir la SessionFactory depuis le registre JNDI comme vous le faites pour la UserTransaction ou EntityManager :

Le code suivant a déjà été utilisé pour montrer comment utiliser le cache de second niveau. Complétez-le afin d'obtenir les statistiques :

```
EntityManager em = (EntityManager) new InitialContext()
   .lookup("java:/EntityManagers/eyrollesEntityManager");
TransactionManager tm = (TransactionManager) new InitialContext()
   .lookup("java:/TransactionManager");

SessionFactory sf = (SessionFactory) new InitialContext()
   .lookup("java:/HibernateSessionFactory");
Statistics stats = sf.getStatistics();

tm.begin();
Team team = em.find(Team.class, new Integer(1));
tm.commit();
em.clear();

tm.begin();
Team team2 = em.find(Team.class, new Integer(1));
tm.commit();
```

Regardez au débogueur de votre IDE préféré à quoi ressemble `stats` (voir figure 10.4).

`stats` propose un large éventail de statistiques, notamment, pour cet exemple, les suivants :

- Le premier appel de `get()` interroge le cache de second niveau sans succès (secondLevelCacheMissCount +1 ).
- Il provoque l'exécution d'une requête en base de données.
- À la récupération des données, le cache de second niveau est alimenté (secondLevelCachePutCount + 1).
- Le second appel de `get()` interroge à nouveau le cache de second niveau et récupère l'instance demandée sans interroger la base de données (secondLevelCacheHitCount + 1).

Il s'agit là des statistiques globales relatives au cache de second niveau. Les statistiques globales relatives aux requêtes, aux entités et aux collections sont aussi disponibles, par exemple *via* les méthodes `stats.getQueryCacheMissCount()`, `stats.getEntityDeleteCount()` ou `stats.getCollectionLoadCount()`. La méthode `stats.getFlushCount()` permet de mesurer le nombre de fois où le flush a été réalisé. Par défaut, le gestionnaire d'entités exécute le flush automatiquement lorsqu'il en a besoin. Grâce à cette méthode, vous pouvez contrôler à quelle fréquence et à quelles occasions le flush s'exécute.

**Figure 10-4**
*Objet statistique*

Variables | Breakpoints | Web Data

| Name | Value |
|---|---|
| stats | StatisticsImpl (id=170) |
| closeStatementCount | 8 |
| collectionFetchCount | 0 |
| collectionLoadCount | 0 |
| collectionRecreateCount | 3 |
| collectionRemoveCount | 0 |
| collectionStatistics | HashMap<K,V> (id=182) |
| collectionUpdateCount | 0 |
| commitedTransactionCount | 2 |
| connectCount | 8 |
| entityDeleteCount | 0 |
| entityFetchCount | 0 |
| entityInsertCount | 3 |
| entityLoadCount | 1 |
| entityStatistics | HashMap<K,V> (id=187) |
| entityUpdateCount | 2 |
| flushCount | 2 |
| isStatisticsEnabled | true |
| optimisticFailureCount | 0 |
| prepareStatementCount | 8 |
| queryCacheHitCount | 0 |
| queryCacheMissCount | 0 |
| queryCachePutCount | 0 |
| queryExecutionCount | 0 |
| queryExecutionMaxTime | 0 |
| queryExecutionMaxTimeQueryS | null |
| queryStatistics | HashMap<K,V> (id=191) |
| secondLevelCacheHitCount | 1 |
| secondLevelCacheMissCount | 1 |
| secondLevelCachePutCount | 3 |
| secondLevelCacheStatistics | HashMap<K,V> (id=192) |
| sessionCloseCount | 2 |
| sessionFactory | SessionFactoryImpl (id=166) |
| sessionOpenCount | 4 |
| startTime | 1192628476843 |
| transactionCount | 2 |

Pour obtenir un niveau de détails plus fin sur les aspects du cache de second niveau, vous pouvez invoquer la méthode `getSecondLevelCacheStatistics(String regionName)` sur stats. La même finesse de statistiques est fournie pour les collections (`getCollectionStatistics(String role)`), les entités (`getEntityStatistics(String entityName)`) et les requêtes (`getQueryStatistics(String queryString)`).

Pour la liste complète des statistiques disponibles, référez-vous à la javadoc du package org.hibernate.stat. Hibernate peut être configuré pour remonter les statistiques *via* JMX.

## En résumé

Si l'utilisation d'un pool de connexions n'est guère complexe, il n'en va pas de même pour le cache de second niveau.

Vous avez vu que l'utilisation d'un cache n'était pas la solution magique aux problèmes de performances. Il s'agit d'un élément d'architecture technique à part entière. Un cache configuré à la hâte pourrait affecter négativement les performances, rendre inconsistantes les données, voire rendre instable votre application.

Si vous observez des problèmes de performances, commencez par en analyser la source. Le plus souvent, une optimisation des requêtes sera plus adaptée. Paramétrer finement un cache ne peut réellement se faire qu'en analysant le comportement de votre application une fois que celle-ci est en production. Ce n'est qu'à ce moment que vous êtes à même de traduire le comportement des utilisateurs en nombre d'instances récurrentes, en taux de modification ou encore en nombre de requêtes les plus utilisées.

## Hibernate Validator

Le besoin de validation est essentiel dans les projets, mais peut s'avérer coûteux et dangereux. Coûteux, car il est régulièrement nécessaire de dupliquer la validation sur chaque tiers. Dans le cas d'une application Web, par exemple, on souhaitera effectuer une validation de formulaire. Puis, dans le cas ou l'utilisateur aurait désactivé JavaScript, cette même validation sera codée sur le tiers applicatif, en Java. Enfin, pour ne pas mettre en danger le dernier rempart qu'est la base de données, des contraintes seront définies sur celle-ci.

### *Principe*

Qui dit duplication, dit coût et surtout coût de maintenance. La duplication est aussi dangereuse car si un des tiers est omis lors d'une mise à jour de la règle de validation, c'est l'ensemble applicatif et les données qui sont en péril.

La validation est donc un domaine ou le concept DRY (Don't Repeat Yourself), que l'on pourrait traduire par « ne te répète pas » est souhaité. Face à cette problématique récurrente, la validation s'est dotée d'une Java Specification Request, la JSR 303-Bean Validation.

En attendant, vous pouvez utiliser le projet précurseur Hibernate Validator, qui a pour but de centraliser les contrôles de validation en un point unique et sous une forme qui vous est désormais chère et qui s'y prête parfaitement : les annotations.

Ne vous laissez pas mener en erreur par le nom de ce projet. Hibernate Validator fait bien partie de la constellation de projets Hibernate, mais est totalement indépendant des autres projets. Il pourra bien sûr s'intégrer et interagir avec d'autres composants selon les combinaisons utilisées.

Hibernate Validator vous permet d'annoter les propriétés de vos beans avec des règles de validation. Ces règles peuvent ensuite être exploitées depuis n'importe lequel des tiers composant votre application.

Utilisé en conjonction d'Hibernate (ou Hibernate EntityManager), il permet aussi la génération des contraintes de base de données que vous avons déjà rencontrées à la section dédiée à SchemaExport du chapitre 9.

Ainsi, un bean annoté comme suit :

```
public class Coach {
private int id;

  @Length(min=2, max=5)
  private String name;
  ...
}
```

permet d'effectuer une validation des instances en mémoire, invocable depuis le tiers applicatif ou depuis la validation d'un formulaire JSF associé, mais permet aussi d'affiner le typage de la colonne `NAME` de la table `COACH` à laquelle est mappée l'entité lors de la génération du schéma *via* SchemaExport.

> **Rappel**
> Il est généralement conseillé d'appliquer les annotations dédiées aux propriétés sur le getter. C'est uniquement par souci de lisibilité que nous les appliquons ici directement sur les propriétés.

Avant d'aborder l'exécution de la validation, il est important de récapituler les règles de validation (ou contraintes) natives d'Hibernate Validator.

## Règles de validation

Hivernate Validator fournit un ensemble large de règles de validation natives. Vous pouvez toutefois écrire vos propres règles.

### Règles de validation natives

Le tableau 10.6 récapitule les règles de validation natives d'Hibernate Validator.

**Tableau 10.6 Règles de validation natives**

| Annotation | S'applique sur | Définition | Impact sur les métadonnées Hibernate |
|---|---|---|---|
| @Length(min=,max=) | Propriété (String) | Vérifie la taille de la propriété. | Taille max de la colonne fixée à max |
| @Max(value=) | Propriété (numérique ou string représentant un numérique) | Vérifie si la valeur est inférieure ou égale à. | Ajoute une check constraint sur la colonne. |
| @Min(value=) | Propriété (numérique ou string représentant un numérique) | Vérifie si la valeur est supérieure ou égale à. | Ajoute une check constraint sur la colonne. |
| @NotNull | Propriété | Vérifie que la valeur est non nulle. | Colonne non nullable |

| Annotation | S'applique sur | Définition | Impact sur les métadonnées Hibernate |
|---|---|---|---|
| @NotEmpty | Propriété | Vérifie que la chaîne de caractères est non nulle ou vide. | Colonne non nullable |
| @Past | Propriété (date ou calendar) | Vérifie que la date est dans le passé. | Ajoute une check constraint sur la colonne. |
| @Future | Propriété | Vérifie que la date est dans le futur. | Aucun |
| @Pattern(regex=,flag=) ou @Patterns({@Pattern(...)}) | Propriété (string) | Vérification selon expression régulière (voir java.util.regex.Pattern) | Aucun |
| @Range(min=,max=) | Propriété (numérique ou string représentant un numérique) | Vérifie que la valeur est comprise en max et min (inclus). | Aucun |
| @Size(min=,max=) | Propriété (tableau ou collection) | Vérifie la taille de la collection. | Aucun |
| @AssertFalse | Propriété | Vérifie que la méthode est évaluée à faux. | Aucun |
| @AssertTrue | Propriété | Vérifie que la méthode est évaluée à vrai. | Aucun |
| @Valid | Propriété (objet) | Exécute une validation récursive sur l'objet. Si la propriété est une collection, cela s'applique aux éléments de la collection. | Aucun |
| @Email | Propriété (string) | Vérifie que l'e-mail est correctement formé. | Aucun |
| @CreditCardNumber | Propriété (string) | Vérifie que le numéro de carte est correctement formé (dérivé de l'algorithme Luhn). | Aucun |
| @Digits | Propriété (numérique ou string représentant un numérique) | Vérifie le format du numérique. | Définit la précision et l'échelle d'une colonne. |
| @EAN | Propriété (string) | Vérifie que la chaîne de caractères forme un code EAN ou UPC-A. | Aucun |

Si ces règles ne suffisent pas, vous pouvez en créer.

### Créer une règle de validation

La création d'une règle de validation se fait en trois étapes : définition de l'annotation, implémentation de la contrainte et personnalisation du message d'erreur. Vous allez créer une contrainte relativement simple qui consiste à vérifier qu'un nom commence bien par une majuscule.

La première étape consiste à définir l'annotation de validation :

```
@ValidatorClass(CommenceMajusculeValidator.class)
@Target(ElementType.METHOD)
@Retention(RetentionPolicy.RUNTIME)
@Documented
public @interface CommenceMajuscule {
   String message() default "has incorrect format";
}
```

Pour savoir comment créer ou lire la source d'une annotation, référez-vous au chapitre 3. Dans cette annotation, vous avez un seul membre. Le message d'erreur y étant défini de manière statique, la présence de ce membre est requise. Le point important est que l'annotation elle-même est annotée avec @org.hibernate.validator.ValidatorClass, qui prend comme valeur de son membre unique la classe implémentant la règle de validation.

Vous avez l'entière liberté d'ajouter les membres à l'annotation si, pour des besoins fonctionnels, vous deviez définir d'autres informations pour traiter la règle.

Par exemple l'annotation de validation @Max définit un membre value pour spécifier la valeur maximale autorisée :

```
@Documented
@ValidatorClass(MaxValidator.class)
@Target({METHOD, FIELD})
@Retention(RUNTIME)
public @interface Max {
   long value();
   …
}
```

Il vous faut maintenant implémenter à proprement parler la règle *via* la classe CommenceMajusculeValidator. Cela passe par l'implémentation de l'interface org.hibernate.validator.Validator, qui exploite l'annotation de validation *via* les génériques Java 5 :

```
public class CommenceMajusculeValidator
   implements Validator<CommenceMajuscule>{
   public void initialize(CommenceMajuscule parameters) {
   }

   public boolean isValid(Object value) {
      if (value==null) return true;
      if ( !(value instanceof String) ) return false;
      String string = (String) value;
      char firstChar = string.charAt(0);
      char upperFirstChar = string.toUpperCase().charAt(0);
      return (upperFirstChar == firstChar);
   }
}
```

Deux méthodes sont à implémenter : `initialize()`, sur laquelle nous reviendrons dans le second exemple, puis `isValid()`, qui est l'implémentation fonctionnelle de la règle. value est la valeur de la propriété que vous testiez. La méthode retourne vrai si la règle est respectée, faux dans le cas inverse.

`initialize()` permet d'initialiser les différents paramètres nécessaire à la vérification de la règle.

Si vous vous penchez sur la règle de validation @Max, qui nécessite l'emploi d'un membre value, voici comment ce membre est exploité pour initialiser la variable d'instance max de l'implémentation :

```
public class MaxValidator
   implements Validator<Max>,
   PropertyConstraint, Serializable {

   private long max;

   public void initialize(Max parameters) {
      max = parameters.value();
   }

   public boolean isValid(Object value) {…}
   …
}
```

Vous aurez peut-être remarqué que cette classe implémente l'interface org.hibernate.validator.PropertyConstraint. Cette interface définit la méthode `apply(Property property)`, qui prend comme paramètre une instance de type org.hibernate.mapping.Property. Cette méthode permet d'implémenter la contrainte à créer en base de données lorsque c'est faisable. Dans le cas de @Max (selon de tableau 10.6), la règle de validation est censée générer une check constraint. Vérifiez-le en consultant l'implémentation la méthode `apply()` dans la classe MaxValidator :

```
public class MaxValidator
   implements Validator<Max>,
   PropertyConstraint, Serializable {
   …
   public void apply(Property property) {
      Column col = (Column) property.getColumnIterator().next();
      col.setCheckConstraint( col.getName() + "<=" + max );
   }
}
```

La dernière étape est plutôt une best practice et consiste à externaliser le message d'erreur *via* le mécanisme Java ResourceBundle. Pour ce faire, il vous faut créer et placer dans votre classpath un fichier nommé ValidatorMessages.properties ou, si vous souhaitez l'internationalisation, ValidatorMessages_loc.properties. Ce fichier étend celui intégré au framework Hibernate Validator.

Il suffit ensuite de créer une entrée pour votre règle de validation, par exemple :

```
validator.CommenceMajuscule = "has incorrect format"
```

et d'y faire référence dans le membre message de l'annotation précédemment créée :

```
@ValidatorClass(CommenceMajusculeValidator.class)
@Target(ElementType.METHOD)
@Retention(RetentionPolicy.RUNTIME)
@Documented
public @interface CommenceMajuscule {
   String message() default "{validator.CommenceMajuscule}";
}
```

Une fois l'annotation et l'implémentation de validation créées, vous pouvez annoter le getter sur lequel vous souhaitez appliquer la règle :

```
public class Coach {
   ...
   @CommenceMajuscule
   public String getName() {
      return name;
   }
   ...
}
```

N'oubliez pas que vous êtes libre de créer des validations aux niveaux champ, propriété ou classe.

Il ne vous reste plus qu'à exécuter le moteur de validation. Il existe divers moyens de le faire.

## Exécuter la validation

Hibernate Validator étant indépendant il peut être exécuté facilement depuis votre application. Il peut cependant s'intégrer de manière transparente à certains frameworks Web ainsi qu'aux fournisseurs de persistance.

### Exécution depuis le code applicatif

L'exécution manuelle du moteur de validation passe par l'API ClassValidator et s'utilise comme suit :

```
Coach coach = new Coach();
coach.setName("xxxxxx");

ClassValidator coachValidator = new ClassValidator( Coach.class );

InvalidValue[] validationMessages = coachValidator
  .getInvalidValues(coach);
```

Il vous faut tout d'abord instancier le moteur de validation en passant au constructeur la classe à valider. Il existe un autre constructeur qui prend en second paramètre le ResourceBundle à exploiter.

Une fois le ClassValidator instancié, vous avez divers moyens de l'exploiter, les principaux étant les suivants :

- Tester l'intégralité d'une instance, c'est-à-dire toutes les propriétés soumises à des contraintes de validation. Cela passe par l'invocation de `myClassValidator.getInvalidValues(instanceParticulière)`, qui renvoie un tableau de messages d'erreur exploitables facilement par l'application.
- Tester une propriété en particulier. Pour cela invoquez `myClassValidator.getInvalidValues(instanceParticulière, "nomDePropriété")`, qui renvoie un tableau de messages d'erreur exploitables facilement par l'application.
- Tester une potentielle valeur invalide pour une propriété en particulier. Pour cela invoquez `myClassValidator.getPotentialInvalidValues("valeur", "nomDePropriété")`, qui renvoie un tableau de messages d'erreur exploitables facilement par l'application.

Il est aussi possible d'intégrer Hibernate Validator à Java Persistence.

### Intégration à Java Persistence

Pour effectuer cette intégration, il faut paramétrer un listener sur chaque entité soumise à des règles de validation. Voici comment faire :

```
@Entity
@EntityListeners(
   org.hibernate.validator.event.JPAValidateListener.class )
public class Player {
   …
   @CommenceMajuscule
   public String getName() {
      return name;
   }
   …
}
```

Chaque fois qu'une entité est rendue persistante ou mise à jour, les règles de validation d'exécutent. Dès lors qu'une règle n'est pas vérifiée, une InvalidStateException est soulevée, celle-ci contenant un tableau de InvalidValue décrivant chaque erreur.

Si Hibernate Validator est présent dans votre classpath, il est automatiquement activé. Si, pour une raison ou une autre, vous souhaitez le désactiver, passez le paramètre hibernate.validator.autoregister_listeners à false dans META-INF/persistence.xml.

Si vous exploitez nativement Hibernate, une seconde possibilité, moins contraignante s'offre à vous.

### Intégration à Hibernate

Hibernate dispose de deux listeners qui lui sont spécifiques : PreInsertEvent et PreUpdateEvent. Par défaut, ces listeners sont actifs et traquent automatiquement toutes les entités soumises à validation.

Contrairement à Java Persistence, il n'est nul besoin de lister les entités une à une. Si Hibernate Validator est présent dans votre classpath, il est automatiquement activé. Si, pour une raison ou une autre, vous souhaitez le désactiver, passez le paramètre hibernate.validator.autoregister_listeners à false dans META-INF/persistence.xml.

### Intégration à SchemaExport

Hibernate Validator est par défaut exploité par SchemaExport pour la génération des contraintes de base de données définies lorsque des règles de validation implémentant l'interface org.hibernate.validator.PropertyConstraint sont utilisées.

Pour désactiver cette interaction, passez le paramètre hibernate.validator.apply_to_ddl à false dans META-INF/persistence.xml.

Une autre couche applicative peut interagir avec Hibernate Validator : il s'agit de la couche Web.

### Intégration Web avec Seam

Lorsque vous utilisez JSF et Seam, vous pouvez invoquer le moteur de validation depuis vos vues, les messages d'erreur étant directement exploités et disponibles dans la vue :

```
<h:form>
   <div>
      <h:messages/>
   </div>
   <s:validateAll>
      <div>
         Name:
         <h:inputText value="#{player.name}" required="true"/>
      </div>
      <div>
         <h:commandButton/>
      </div>
   </s:validateAll>
</h:form>
```

L'invocation du moteur de validation passe par l'utilisation des balises JSF <s:validate/> et <s:validateAll/>. Cette validation demande toutefois un aller-retour serveur à l'exécution pour exécuter la validation.

En ajoutant l'utilisation de Ajax4JSF et quelques balises JSF, vous pouvez activer la validation côté client.

## En résumé

Le domaine de la validation est l'une des principales sources de duplication de code. Grâce à Hibernate Validator, vous pouvez centraliser vos règles de validation et les exploiter dans la plupart des couches applicatives constituant votre application.

## Conclusion

Ce dernier chapitre s'est penché sur deux points d'intégration techniques, l'exploitation d'un pool de connexions et l'utilisation d'un cache de second niveau. Sur ce dernier point, retenez que la mise en place d'un cache est une opération qui demande une étude préalable.

Nous avons détaillé Hibernate Validator, l'un des projets de la constellation Hibernate.

La constellation Hibernate comprend beaucoup de modules, dont nous n'avons exploité tout au long du livre que les principaux, axés sur la problématique de la persistance. Ces modules sont Hibernate Core, Hibernate Annotations et Hibernate Entity Manager. Des modules secondaires viennent compléter la constellation, comme Hibernate Tools, notamment les suviants :

- Hibernate Search, un module complémentaire qui permet, *via* l'intégration de Lucene, de disposer d'un moteur de recherche full text extrêmement puissant. Nous vous recommandons vivement de consulter la documentation de ce module pour en mesurer l'importance, d'autant qu'il est désormais disponible en version finale : *http://www.hibernate.org/410.html*.
- Hibernate Shards, qui permet un partitionnement horizontal lors de l'utilisation de plusieurs base de données, réduisant notablement la complexité de l'architecture. Pour plus d'infos, visitez *http://www.hibernate.org/414.html*.

On pourrait dire que la constellation Hibernate fait partie de la galaxie JBoss Enterprise Application Platform, dont nous avons exploité le conteneur JBoss Intégré, le cache de second niveau JBossCache mais aussi implicitement JBossTransaction ou JBossMicroContainer.

Cette galaxie est elle-même une composante de l'univers Red Hat MiddleWare dont nous avons utilisé le studio de développement Red Hat Developper Studio. Dans le domaine de la persistance, l'acquisition de MetaMatrix par Red Hat est importante. Cet outil permet d'exploiter *n* bases de données et d'en créer un point d'entrée unique. Ce point d'entrée unique n'est autre qu'un schéma relationnel composé de parties provenant des *n* bases de données sources.

Ce produit robuste et éprouvé avait l'inconvénient d'être payant. Depuis l'acquisition par Red Hat, une version free est en cours d'analyse. Nous vous recommandons fortement de surveiller sa sortie et de la tester dès que possible : *http://www.metamatrix.com/*.

Au même titre qu'Hibernate en son temps, un autre projet Open Source marque une avancée remarquable, voire une révolution dans la programmation Java : il s'agit de Seam, qui a été créé par Gavin King, le concepteur d'Hibernate.

# Index

## Symbols



## A

## B



## C



## D



## E

www.ingramcontent.com/pod-product-compliance
Lightning Source LLC
Chambersburg PA
CBHW080707220326
41598CB00033B/5339

* 9 7 8 2 2 1 2 1 2 2 5 9 6 *